水下通信技术

韩东 刘聪 李利 张永◎编著

哈尔滨工程大学出版社
Harbin Engineering University Press

内 容 简 介

本书内容属于水下信息传输领域,主要介绍水下通信涉及的基础技术和技术应用。本书共6章内容:第1章绪论,全面梳理与水下通信相关的兵力、武器以及水下信息保障装备,概述水下通信的难点;第2章水下有线通信,重点介绍水下光纤通信原理和光缆通信系统关键技术;第3章水声通信,由水声传播波动方程理论出发,详述海洋声学特性、水声传播信道和传播损失、典型水声通信数字调制技术、水声传播计算、水声通信系统和网络;第4章水下激光通信,梳理了当前研究的热点问题,即蓝绿激光对潜通信和激光致声通信;第5章水下无线电通信,介绍电磁场基础理论、电磁波在自由空间、海水中的传播特性及典型无线电通信调制技术等;第6章其他水下通信手段,介绍短波、超短波、卫星、数据链等通信手段在水下通信中的应用。

本书是一本基础理论与实际应用并重的著作,全面展现了这一领域的最新成果与发展趋势,可为从事水下通信研究的科研人员、工程技术人员以及相关专业的学生提供全面、系统的指导与参考。

图书在版编目(CIP)数据

水下通信技术 / 韩东等编著. -- 哈尔滨 : 哈尔滨工程大学出版社, 2024. 7. -- ISBN 978-7-5661-4757-8

Ⅰ. TN929. 3

中国国家版本馆 CIP 数据核字第 2025PF6838 号

水下通信技术

SHUIXIA TONGXIN JISHU

◎**选题策划** 姜珊 ◎**责任编辑** 丁伟 ◎**封面设计** 李海波

出版发行	哈尔滨工程大学出版社
社　　址	哈尔滨市南岗区南通大街 145 号
邮政编码	150001
发行电话	0451-82519328
传　　真	0451-82519699
经　　销	新华书店
印　　刷	哈尔滨市海德利商务印刷有限公司
开　　本	787 mm×1 092 mm　1/16
印　　张	16
字　　数	385 千字
版　　次	2024 年 7 月第 1 版
印　　次	2024 年 7 月第 1 次印刷
书　　号	ISBN 978-7-5661-4757-8
定　　价	79. 00 元

http://www.hrbeupress.com

E-mail:heupress@hrbeu.edu.cn

前　　言

海洋,作为地球上最广阔、最神秘的水域,蕴藏着无尽的资源与未知。它不仅是人类生存与发展的重要空间,更是现代军事战略的核心区域。随着科技的飞速发展,海洋的开发利用逐渐深入,而水下通信技术作为连接海洋与陆地、水面与水下、舰艇与潜艇的关键纽带,其重要性愈发凸显。

水下通信技术的发展历程,是一部人类探索海洋、突破自然限制的壮丽史诗。从早期的水声通信到现代的水下无线电、激光通信,每一次技术的突破都极大地拓展了人类在海洋中的活动范围与能力。水声通信以其独特的声学特性,成为水下通信的基础手段,其发展历程印证了从模拟到数字、从高频到低频的逐步演进。水下无线电通信则利用电磁波的特性,解决了潜艇与岸基之间的远距离通信难题,尤其在军事领域具有不可替代的作用。而近年来兴起的水下激光通信,则凭借其高带宽、高隐蔽性的优势,为水下通信带来了新的希望与挑战。

然而,水下通信技术的发展并非一帆风顺。海洋环境的复杂性、电磁波在海水中的衰减特性、声学信道的多径效应以及通信设备的高能耗等问题,都成为制约其技术发展的瓶颈。面对这些挑战,科研人员不断探索新的解决方案,从改进通信协议、优化调制技术,到开发新型材料与设备,每一次创新都为水下通信技术的进步注入了新的活力。

本书系统地介绍了水下通信技术的各个方面,从基础理论到实际应用,从传统技术到前沿研究,全面展现了这一领域的最新成果与发展趋势。书中详细阐述了水下有线通信、水声通信、水下无线电通信和水下激光通信的原理、技术特点及应用场景,同时结合实际案例,深入分析了水下通信技术在军事、海洋科学、水下工程等领域的广泛应用。

通过对水下通信技术的深入研究,我们不仅能够更好地探索海洋的奥秘,还能为未来的海洋开发与利用提供坚实的技术支持。在海洋强国战略的指引下,水下通信技术的发展将为人类探索海洋、保护海洋、利用海洋开辟新的道路。本书旨在为从事水下通信研究的科研人员、工程技术人员以及相关专业的学生提供全面、系统的参考,同时也为对海洋科技感兴趣的读者揭开水下通信的神秘面纱,展现其独特的魅力与价值。

在编著过程中,本书参考了大量国内外最新的研究成果与文献资料,并结合了编著者团队多年的研究经验与实践成果。我们希望通过本书的出版,能够促进水下通信技术的交流与发展,激发更多科研人员投身于这一充满机遇与挑战的领域,共同推动水下通信技术迈向新的高度。

最后,谨以此书献给所有致力于海洋科技研究与发展的同人。愿我们在探索海洋的道路上携手共进,为海洋强国建设贡献智慧与力量,共同开创水下通信技术更加辉煌的未来。

编著者

2024 年 4 月

目　　录

第1章 绪 论

海洋与人类生活息息相关,紧密相连。海洋面积约占地球表面积的71%。21世纪作为一个人类文明发展的重要时代,各个国家和民族都把海洋作为发展的空间,争取海洋权益是所有临海国家所面对的重要问题。海洋环境的研究、海洋资源的开发利用、海上航运交通等已经受到各国的普遍重视。海洋中含有丰富的资源,海洋生物资源、海水化学资源、海洋矿产资源、海洋能源等皆对人类的生存发展产生重大的影响。海洋的多种资源和产生的巨大经济效益越来越引起人类的关注。实践证明,海洋是人类生产生活不可或缺的领域,是社会持续发展的希望所在。

除了蕴含丰富的海洋资源外,辽阔的海洋还是交通航道和防御外敌入侵的天然屏障。通过军事力量维护和发展海洋权益,对于保护国家海洋和陆地安全,使经济持续、稳定、高速发展,具有深刻的现实意义和重要的战略意义。在陆军、海军、空军、战略支援部队等作战力量中,海军与海洋的关系最为密切,直接关系到海上国土安全。以潜艇、蛙人、鱼雷、水雷等为主的兵力和武器装备,构成了现代海军的主要水下作战力量。以潜标、浮标、无人潜航器(unmanned underwater vehicle,UUV)、水下滑翔机、水下分布式声通信网、水下声探测装置等为主的探测侦察设备和体系构成了水下信息保障体系。然而,如何与这些水下作战力量和保障力量之间建立起有效、可靠的通信链路,是摆在各国海军面前的一大难题。

1.1 水下通信涉及的装备和设备

1.1.1 水下兵力

1.1.1.1 潜艇

1.潜艇发展简史

潜艇又称潜水船、潜舰,是能够在水下运行的舰艇。潜艇的种类繁多,形制各异,小到全自动或一两人操作、作业时间数小时的小型民用潜水探测器,大至可装载数百人、连续潜航3~6个月的俄罗斯"台风"级核潜艇。潜艇按体积可分为大型(主要为军用)、中型或小型(袖珍潜艇、潜水器)和水下自动机械装置等。

大型潜艇多为圆柱形,艇中部通常设立一个垂直结构(舰桥),早期称为指挥塔或指挥台,内有通信设备、感应器、潜望镜和控制设备等。

一战后,潜艇得到了广泛应用,并在许多大国海军中占据重要位置。其功能包括攻击敌人军舰或潜艇、近岸保护、突破封锁、侦察和掩饰特种部队行动等。潜艇也具有非军事用途,如海洋科学研究、勘探开采、科学侦测、维护设备、搜索救援、海底电缆维修、水下旅游观光、学术调查等。

潜艇是公认的战略性武器(尤其是在裁军或扩军谈判中),其研发需要高度和全面的工业能力,目前只有少数国家能够自行设计和生产。弹道导弹核潜艇更是核三位一体的关键一级。潜艇也是早期就有的匿踪载具,当噪声降至90 dB左右时就可以"淹没"在浩瀚的海洋背景噪声中,很难被声呐设备侦测到。

对现代潜艇的发展做出过最大贡献的,当数爱尔兰裔潜艇设计师约翰·霍兰。1897年5月17日,时年56岁的霍兰成功制造出"霍兰-VI"号潜艇,如图1-1所示。该艇长15 m,装有33.1 kW汽油发动机和以蓄电池为能源的电动机,是一艘采用双推进系统的最新潜艇。其在水面航行时,以汽油发动机为动力装置,航速可达7 kn,续航力为1 000 n mile;在水下潜航时,则以电动机为动力装置,航速可达5 kn,续航力为50 n mile。该艇共有5名艇员,武器为一具艇首鱼雷发射管(有3枚鱼雷)和2门火炮(向前、向后各1门),火炮瞄准靠操纵潜艇艇体对准目标。该艇能在水下发射鱼雷,水上航行平稳,下潜迅速,机动灵活。这是霍兰一生中设计和建造出的最后一艘潜艇。为了纪念这位伟大的先驱者,人们将这艘潜艇称为"霍兰"号。双推进系统在该艇上的运用,使其取得了潜艇发展史上前所未有的成功,从而奠定了霍兰"现代潜艇之父"的地位。

图1-1 "霍兰-VI"号潜艇

19世纪末20世纪初,法国在潜艇这一领域也同处领先地位。1899年,由法国科学家劳贝夫于设计的"纳维尔"号潜艇在法国下水。"纳维尔"号与其他潜艇的不同之处在于,该艇在其内壳之外又包了一层外壳。这使得"纳维尔"号既有一个酷似鱼雷艇的外壳,又有一个按照潜艇要求设计的内壳,艇员及所有装备都装在耐压的内壳之中。内、外壳之间的空间被充作压载水柜,并以此控制潜艇下潜和上浮。当该艇排除压载水柜中的水之后,即可像鱼雷艇一样具有良好的适航性,其水面航速可达11 kn,续航力为500 n mile。当压载水柜中注满水之后,"纳维尔"号又可与早先潜艇一样下潜,它的水下最高航速可达8 kn,水下长时航行时航速可达5 kn。

20世纪初,潜艇装备逐步完善,性能逐渐提高,出现具备一定实战能力的潜艇。这些潜艇采用双层壳体,具有良好的适航性,排水量为数百吨,使用柴油机-电动机双推进系统,水面航速 10～15 kn,水下航速 6～8 kn,续航力有明显提高。武器主要有火炮、水雷和鱼雷。一战前,各主要海军国家共拥有潜艇 260 余艘,这些潜艇成为海军重要作战兵力之一。

一战一开始,潜艇就被用于战斗。1914 年 9 月 22 日,德国"U-9"号潜艇在一个多小时时间内,接连击沉 3 艘英国巡洋舰,充分显示了潜艇的作战威力。一战期间,各国潜艇共击沉 192 艘战斗舰艇。使用潜艇攻击海洋交通线上的运输商船,取得了更为显著的战果,各国潜艇共击沉商船 5 000 余艘,达 1 400 万吨。其中被德国潜艇击沉的商船约 1 300 万吨。同时,反潜战开始受到重视,一战期间潜艇被击沉 265 艘,其中德国损失达 200 余艘。

一战后,各主要海军国家更加重视建造和发展潜艇,潜艇的数量不断增加,种类也不断增多,到二战前夕,共有潜艇 600 余艘。二战期间,潜艇技战术性能有很大改进:排水量增加到 2 000 t,下潜深度 100～200 m,水下最高航速 7～10 kn,水面航速 16～20 kn,续航力达 1×10^4 n mile,自给力 1～2 个月,装有 6～10 个鱼雷发射管,可携带 20 余枚鱼雷,并安装 1～2 门火炮。二战后期,潜艇上装备雷达、雷达侦察仪和自导鱼雷,德国潜艇上还安装了用于柴油机水下工作的通气管。潜艇战斗活动几乎遍及各大洋,担负攻击运输舰船、水面战斗舰艇,侦察、运输、反潜、布雷,以及运送侦察、爆破人员登陆等任务。二战期间共击沉运输船 5 000 多艘(2 000 多万吨),大、中型水面舰艇 300 余艘;反潜兵力和兵器也得到很大加强和发展,被击沉潜艇达 1 100 多艘。

二战后,各国海军十分重视新型潜艇的研制。核动力和战略导弹的运用,使潜艇发展进入一个新阶段。1955 年,美国建成的世界上第一艘核动力潜艇"鹦鹉螺"号正式服役,水下航速增大 1 倍多,而且能长时间在水下航行。1958 年,"鹦鹉螺"号首次成功地在冰层下穿越北极。1959 年前后,苏联建成核动力潜艇。1960 年,美国又建成了"北极星"战略导弹潜艇"乔治华盛顿"号,并在水下成功发射了"北极星"弹道导弹,射程达 2 000 km。弹道导弹核潜艇的出现,使潜艇的作用发生了根本性变化,它已成为活动于水下的战略核打击力量。此后,英国、法国和中国也相继建成核动力战略导弹潜艇和攻击潜艇。20 世纪 80 年代,核动力潜艇排水量已增大到 2.6×10^4 t,装备有弹道导弹、巡航导弹、鱼雷等武器,水下航速达 20～42 kn,下潜深度达 300～900 m,续航力、隐蔽性、机动性和突击威力大为提高。1982 年,在马尔维纳斯(福克兰)群岛海战中,英国海军核动力攻击潜艇"征服者"号于 5 月 2 日用鱼雷击沉阿根廷海军巡洋舰"贝尔格拉诺将军"号,这是核动力潜艇击沉水面战斗舰艇的首次战例。至 20 世纪 80 年代末,世界上近 40 个国家和地区,共拥有各种类型潜艇 900 余艘。

2. 各国潜艇

(1)美国潜艇

①"洛杉矶"级。

"洛杉矶"(Los Angeles - SSN)级是美国第五代核动力攻击潜艇,也是美国核动力攻击潜艇的中坚力量。该级艇在保持高航速的同时广泛采用了各种降噪措施,例如,放弃了核动力装置最大的噪声源——主循环泵,而采用了具有自然循环冷却能力的 S6G 反应堆,对减速齿轮箱和辅机也运用了减震/隔震技术。该级首艇"洛杉矶"号于 1972 年 2 月开工,1976 年 11 月建成服役;直到 1996 年 3 月,该级最后一艘艇"夏延"号才服役。该级艇建造时间长达 20 余年,共建造 62 艘,是世界上建造数量最大的一级核潜艇。"洛杉矶"级具有全面的反潜、反舰和对陆作战能力,攻击俄罗斯核潜艇、为美国航母编队护航和打击陆上目标是其主要使命。

②"海狼"级。

随着俄罗斯核潜艇技术的不断提高,尤其是其噪声的大幅下降和潜深的持续增加,美国越来越有危机感。从 20 世纪 80 年代开始,美国着手进行第六代核动力攻击潜艇"海狼"(Seawolf-SSN)级的开发工作。该级首艇"海狼"号于 1989 年 10 月 25 日开工,1997 年 7 月 19 日服役。由于造价过高,加之苏联解体,美国海军战略改变,"海狼"级仅建造了 3 艘。其综合性能大大领先于任何一级核动力攻击潜艇,所以被誉为"21 世纪的核潜艇"。在"海狼"级停建之后,美国海军开始发展更适合其"冷战"后战略需求、价格也更低廉的新一代核潜艇"弗吉尼亚"级(又称为"百人队长"级)。

③"弗吉尼亚"级。

"弗吉尼亚"级核动力攻击潜艇(Virginia class submarine)是美国海军第一艘同时针对大洋和濒海两种功能设计的第七代核潜艇,由 NSSN 计划衍生而来,同时也是一种取代"冷战"时期"海狼"级核潜艇的低成本方案。"弗吉尼亚"级成军后计划取代"洛杉矶"级核潜艇,均由纽波特纽斯造船及船坞公司、通用动力电船公司联合建造,截至 2024 年底,共有 24 艘交付美国海军。

(2)俄罗斯潜艇

①"台风"级弹道导弹核潜艇。

"台风"级弹道导弹核潜艇是俄罗斯海军第四代核动力弹道导弹潜艇。该级艇共建造 6 艘,首艇于 1981 年 12 月服役,目前在役 4 艘(其余 2 艘中,1 艘封存,另 1 艘待毁)。该级艇全长 171.5 m,宽 24.6 m,吃水 12.5 m,水上排水量 21 500 t,水下排水量 26 500 t,为世界之最;水下航速 27 kn。其上装有 2 个核反应堆,2 台蒸气涡轮机;原装载 20 枚 SS-N-20 弹道导弹,现已改进为 SS-N-28 弹道导弹,射程 9 260 km;每枚导弹可携带 6~9 个威力为 1.5×10^5 t TNT 当量的分导式多弹头;4 具 533 mm 鱼雷发射管和 2 具 650 mm 鱼雷发射管,24 枚鱼雷、反潜导弹和防空导弹。

根据 1994 年 12 月生效的俄美《第一阶段削减战略武器条约》,美国答应出资协助俄海军拆毁 32 艘战略导弹核潜艇,其中包括 5 艘"台风"级。1996 年 12 月 25 日,面向 21 世纪的俄罗斯海军第五代弹道导弹核潜艇"北风之神"级(955A 型)开工建造。该艇长 170 m,宽 13.5 m,水下排水量约 24 000 t,水下最高航速 29 kn,采用泵喷推进技术降低噪声,艇体覆盖 150 mm 消声瓦,采用减震基座和流线型设计,噪声约 90 dB,首艇"尤里戈尔多鲁基"号于 2012 年服役。

②"奥斯卡"级导弹核潜艇。

"奥斯卡"级导弹核潜艇是俄罗斯海军第三代飞航导弹核潜艇,为俄罗斯海军所特有,主要用于对付航母编队及大型舰船。"奥斯卡"级首艇于 1980 年下水,前 2 艘称为"奥斯卡"Ⅰ型,第 3 艘以后称为"奥斯卡"Ⅱ型。到 1996 年,2 艘Ⅰ型全部退役,目前在役的Ⅱ型有 10 艘,还有 1 艘在建。

第 10 艘"库尔斯克"号(K-141)于 1994 年 10 月服役,2000 年 8 月 12 日在参加俄北方舰队演习时沉没于巴伦支海。Ⅱ型长 154 m,宽 18.2 m,吃水 9 m,水上排水量 13 900 t,水下排水量 18 300 t;水面航速 15 kn,水下航速 28 kn,下潜深度 300 m;2 个核反应堆。其上装载 24 枚 SS-N-19 超音速反舰导弹,射程 550 km,战斗部为 750 kg 高爆炸药或 $5.5×10^5$ t TNT 当量核装药;4 具 533 mm 鱼雷发射管和 2 具 650 mm 鱼雷发射管,28 枚鱼雷和反潜导弹。据报道,Ⅱ型可能已装备了新型巡航导弹 SS-N-24,射程达 3 000 m,具备了对陆攻击能力。

③"拉达"/"阿穆尔"级常规潜艇。

"拉达"/"阿穆尔"级常规潜艇是俄罗斯"红宝石"中央设计局设计的第四代常规潜艇。俄罗斯海军自用型称为"拉达"级(Lada)677 型,外销型称为"阿穆尔"级(Amur)1650 型,除海军通信系统之外,两者完全相同。"拉达"级 677 型首艇"圣彼得堡"号和"阿穆尔"级 1650 型首艇于 1997 年 12 月开工建造,2002 年服役。

该级艇长 67 m,宽 7.1 m;水上排水量 1 950 t,水下排水量 2 650 t;水面航速 10 kn,水下航速 21 kn,水下续航力 650 n mile/3 kn,下潜深度 250 m。艇壳采用高强度的 AB-2 钢材,艇身表面敷设消声瓦,使该级艇的噪声水平仅为"基洛"级的三分之一。

艇上装有"利蒂"综合作战系统和"利拉"声呐系统;装备 6 具 533 mm 鱼雷发射管,共携带 18 枚雷弹,具有自动装填系统。

④"基洛"级常规潜艇。

"基洛"级常规潜艇是苏联海洋机械中央设计局设计的第三代常规潜艇。该级艇于 1974 年设计,首艇于 1979 年开工建造,1981 年底加入苏联太平洋舰队,目前现有 15 艘在役。

原型编号 877 型,发展型有 636 型和 636M 型。除装备俄罗斯海军之外,还出口到印度、中国、伊朗、波兰、罗马尼亚等国,出口型为 877EKM 型。该级艇采用水滴形艇体,艇壳装有消声瓦和反声呐橡胶涂层,具有极佳的静音效果,被称为"世界上最安静的常规潜艇之一"。

该级艇长 73 m,宽 9.5 m,吃水 6 m;水上排水量 2 500 t,水下排水量 3 000 t;水面航速 11 kn,水下航速 17 kn,潜深 300 m,水下续航力 400 n mile/3 kn。装备 6 具 533 mm 鱼雷发射管,18 枚 53 型鱼雷或 24 枚水雷。据报道,该级艇改进型还安装了 1 座 SA-N-8 防空导弹发射器(携带 6 枚导弹)、1 座"俱乐部-S"远程反舰导弹系统。

(3)中国潜艇

中国先后研制生产出五种常规动力潜艇,建造数量超过 130 艘。在中国海军武库中,论吨位、数量,至今还没有任何其他型舰艇的建造和装备规模超过常规动力潜艇。

①035 型常规动力潜艇("明"级)。

"明"级潜艇是 1967 年由中央军委批准,我国自行研制的中国第一代常规动力鱼雷攻击潜艇。该艇第一次采用了尖艉线型,并采用了航向自动操舵仪和深度自动操舵仪,在所有航速范围内保证潜艇有正常的操纵性。

改装要求在保持原 035 型潜艇总体性能基本不变的前提下,在武器系统、水声设备、通信设备、导航设备、水声对抗、噪声控制、生活和工作条件等多个方面进行改进,使艇的作战能力、生存能力以及机动性、隐蔽性、可靠性、安全性等均有一定程度的提高。

②039 型常规动力潜艇("宋"级)。

中国海军装备的最新一代国产常规动力攻击潜艇,代号 039 型,西方国家称其为"宋"级潜艇。"宋"级的各项指标都达到世界先进水平。它最早引起世人瞩目是在 1994 年 5月,当时美国侦察卫星发现一艘新型常规动力潜艇从武昌造船厂下水。这就是中国从 20 世纪 80 年代中期开始研制的 039 型潜艇。

20 世纪 80 年代初,中国海军装备有大量仿制的 033 型常规动力潜艇和少量自制的 035型常规动力潜艇。但这两种潜艇技术落后,无法适应现代战争的需要。1982 年,刘华清同志接任海军司令员后,立即下令研制新一代常规动力潜艇,并将其列为海军二代舰艇建设的重点之一。当时,中国海军对新潜艇提出了技战术要求:艇体为水滴形,以获较高水下航速和较小流体噪声;采用单轴七叶高弯角螺旋桨推进器,以减少航行噪声;使用数字化声呐和显示设备,以提高情报处理能力,并实现指挥控制自动化。

③091 型攻击核潜艇("汉"级)。

中国海军装备的首种攻击核潜艇,代号 091 型,西方国家称其为"汉"级攻击核潜艇,如图 1-2 所示。中国海军迄今装备有 5 艘"汉"级核潜艇,舷号分别为 401、402、403、404、405。首艘"汉"级核潜艇于 1968 年 10 月在葫芦岛造船厂开工建造,1970 年 7 月核反应炉启动,12 月下水,经过几年试航后,1974 年 8 月 1 日正式编入海军序列,被命名为"长征一号"。"汉"级核潜艇在某些技术方面亦取得相当突破,如采用水滴形艇体(是当时国际先进技术)、单壳结构,外形短粗,艇体没有很多明显的开孔,与仿制的苏联常规潜艇明显不同。20 世纪 90 年代之前,这 5 艘潜艇均部署在北海舰队,90 年代之后有 2 艘转移部署到南海舰队,以加强海上作战力量。

图 1-2　"汉"级攻击核潜艇

④092 型弹道导弹核潜艇("夏"级)。

092 型弹道导弹核潜艇(北约代号"夏"级潜艇)是中国海军第一代核动力弹道导弹潜艇,1978 年开始研制,1981 年 4 月下水,1983 年 8 月交付海军使用。2009 年该型潜艇"长征六号"参与中国海军成立 60 周年阅兵时首次公开亮相。

该型潜艇排水量 7 000 t,艇长 120 m,舰宽 10 m;采用单壳结构;水面最高航速 16 kn,水下最高航速 22 kn,潜深 300 m;艇员 140 人;武器主要为 12 枚"巨浪-Ⅰ"型潜射洲际导弹,携带一个 30 万吨 TNT 当量核弹头,射程 2 000 km,有 6 具 533 mm 艇首鱼雷发射管,发射"鱼-3"型鱼雷,备弹 18 枚。该型潜艇的主要问题在于:一是"巨浪-Ⅰ"型潜射洲际导弹最大射程仅有 2 000 km,在大陆近海发射只能覆盖美军的亚洲基地、日本全境和俄罗斯远东滨海地区。如要覆盖美国西部目标,几乎要跨越 90% 的太平洋。二是噪声大,隐蔽性差。"夏"级潜艇是"汉"级潜艇的加长型,在艇体上部还开有很多自由流水口,静音性能更差。"汉"级潜艇噪声级约 160 dB,"夏"级潜艇噪声级约 165 dB。

⑤ 093 型攻击核潜艇("商"级)。

093 型攻击核潜艇水面排水量约 6 000 t,采用双壳体结构,装有一座改进型压水堆,功率 10 MW。该艇水面航速 18 kn,水下航速 25 kn。艇首有 6 个鱼雷发射管,其中 4 个 533 mm 鱼雷发射管用于发射"鱼-5 改"和"鱼-6"反舰反潜两用鱼雷;2 个 650 mm 鱼雷发射管,专门发射"鱼-8"重型反舰鱼雷和"鹰击-83"反舰导弹。在其指挥台围壳后,有一个导弹垂直发射舱段,可以发射远程反舰用"HHN-3"型反舰导弹,携载量 12 枚。主要的电子设备有新型主动攻击声呐、中频舰壳声呐、艇中部侦听声呐基阵以及艇尾拖曳阵列声呐基阵。该艇也装设了最新型的超低频通信天线和激光卫星通信接收装置,可以在远洋深海随时与基地保持通信联系。该艇一改中国核潜艇使用五叶螺旋桨的历史,首次应用了中国自研的核潜艇用七叶大侧斜桨,其安静性和推进效率都有明显提高。特别是中国首次在核潜艇上应用橡胶消声瓦取得成功,此举极大地提高了核潜艇自身的隐蔽性,缩短了敌方声呐的探测距离。该级艇还在反应堆减速装置与艇的固定连接中首次使用了弹性减震装置和减震套垫,使得艇的动力系统所产生的噪声需通过减震装置传向艇体,大大减少了噪声辐射。该级艇的主要特点是噪声小、隐蔽性强、机动性好、生存率高、导弹射程远、高科技含量大等。

⑥ 094 型弹道导弹核潜艇("晋"级)。

094 型弹道导弹核潜艇是在 093 型的基础上放大改进而来的。其水面排水量 9 000 t,水面最高航速 15.5 kn,水下最高航速 23 kn。其动力系统与 093 型相同,艇体结构是半双壳体。艇首自卫用武器与 093 型几乎一样,也是两种鱼雷发射管。不同的是,094 型指挥台围壳后的武器是大名鼎鼎的"巨浪-Ⅰ"型战略弹道导弹,这是中国二次核反击的中坚力量,共有 16 枚,射程 8 000 km,每枚可以载分导式核弹头 3~6 枚,载 3 枚时是大当量弹头,载 6 枚时是小当量弹头。这样,每艘核潜艇就具有携载 96 枚核弹头的能力,可以攻击 96 个不同的目标。

1.1.1.2 蛙人

蛙人,就是进行水下侦察、爆破和执行特殊作战任务的部队,因他们携带的装备中有形似青蛙脚的游泳工具,所以称之为蛙人。蛙人长时间在水下游动,戴着面罩、备有脚蹼、潜水服、呼吸器等,如图 1-3 所示。

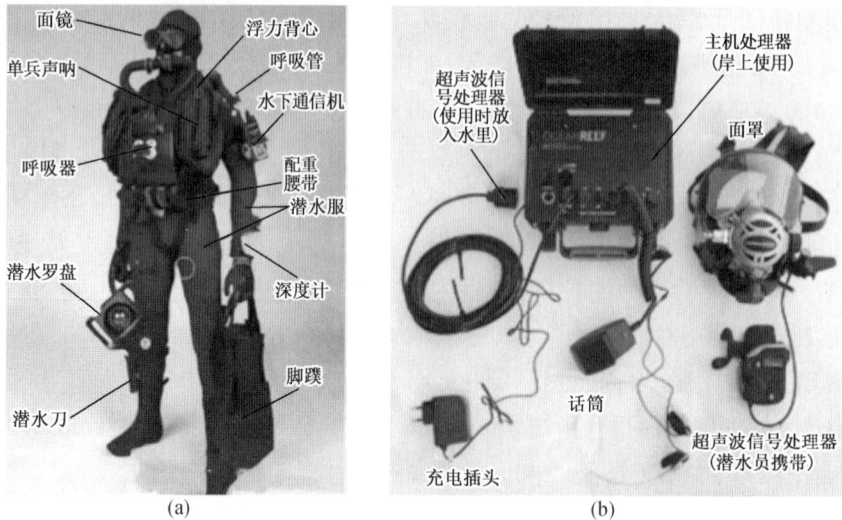

图 1-3　典型蛙人装备

1.1.2　水下武器

1.1.2.1　水雷

水雷指布设于水中的针对舰艇或潜艇的爆炸装置。与深水炸弹不同的是,水雷是预先布设于水中,由舰艇靠近或接触而引发的,这一点类似于地雷。水雷在进攻中可以封锁敌方港口或航道,限制敌方舰艇的行动;在防御中则可以保护己方航道和舰艇,为其开辟安全区。

水雷的布设方式有多种,可以由专门的布雷艇布设,也可以由飞机、潜艇等布设,甚至可以在己方控制的港口内手动布设。水雷造价一般很低,但现在也有造价达上百万美元的水雷,这种水雷多装备有复杂的传感器,其战斗部往往是小型导弹或鱼雷。

水雷的低造价和易于布设,使其成为非对称战争中经常使用的一种武器。一般来说,水雷的清除成本是其布设成本的 10~200 倍。时至今日,一些二战时布设的水雷由于成本原因仍未被清除。国际法规定,当战斗的一方铺设水雷时,必须明确宣告其范围,以便民用船只避开,但实际上这条规定很难施行。在二战中,英国就只笼统地宣称其在英吉利海峡、北海和法国沿海布设了水雷。

水雷用以引爆的机制有以下几种:

一是接触。接触是指当物体与水雷碰撞时,触发内部炸药而达到攻击的目的。接触引信是最早用于水雷的设计,同时也是水雷早期通用的引爆手段。

二是压力。无论是水面上还是水中的船只,都会使下方区域产生压力的变化,排水量越大的船只,这种影响越显著。压力引爆属于非接触性的一种,当船只通过时,水雷内部的传感器一旦判断到压力发生变化就会启爆。由于船只不需要与水雷接触,只要通过水雷附近就可能引爆,有效范围较大。比较精密的引信还可以在预设吨位以上的船只出现时才会爆炸,以增强破坏效果。

三是声响。船只在运动时难免会发出声响,尤其是动力系统发出的讯号,音响引信利用船只发出的声音讯号作为引爆的依据，不需要与物体有直接的接触，有效范围较大。较为精密的设计还可以针对特定的讯号来源。

四是磁性。绝大多数的船只在结构上是用会与地球磁场产生交互影响的材料建造，当船只通过水雷附近区域时，周遭磁场会受到干扰而发生变化。水雷利用内部传感器判断磁场的变化来决定引爆的时机。因为是非接触性设计，有效范围较大，但是在磁场不稳定的区域可能无法有效工作或是出现意外爆炸的情况。鱼雷的磁性引信也是通过类似的手段工作。对于磁性触发，舰艇通常采用消磁手段以缩小触发范围。有鉴于此，现代的扫雷艇、扫雷舰往往都采用非磁性材料制作，如玻璃钢、铝合金等，以避免触发磁性水雷。

二战期间，水雷的使用量达到高峰，各国共布设了 110 万枚水雷，炸沉艇船 3 700 余艘。20 世纪 80 年代，一些阿拉伯国家在红海和波斯湾布设了发现式水雷，有十几艘过往的商船和油轮触雷，护航的美国军舰也被炸伤。这说明，在现代海战中，水雷是不可缺少的武器。一枚所费无几的老式水雷就足以将一艘造价数千万乃至上亿美元的现代化军舰置于死地。除了大量使用锚雷外，还出现了新型的非触发水雷，如磁感应水雷、音响水雷；战争后期又出现了水压水雷。二战中，各国通过水面舰艇、潜艇和飞机布设的 80 万枚各种触发和非触发水雷，共毁沉舰船 3 000 余艘。

1952 年朝鲜战争中，朝鲜人民军在元山港外布设了 3 000 多枚水雷，美军出动了 60 艘扫雷舰和 30 多艘保障舰船，外加不少扫雷直升机进行清扫，结果使美整个登陆计划推迟达 8 天之久。在此后的越南战争、中东战争、海湾战争中，水雷都得到充分应用，发挥了巨大的威力。尤其是海湾战争中，伊拉克海军布设的 1 200 余枚水雷毁伤了多国部队 9 艘舰艇，其中仅美国就有 4 艘战舰被毁伤。

水雷具有以下优点：

一是破坏力大，雷体内装的炸药多，战斗威力大。一枚大型水雷即可炸沉一艘中型军舰或重创一艘大型战舰。

二是隐蔽性好，特别是沉底雷布设在海底，难以被发现和探测到。而且水雷可构成对敌较长时间的威胁，有的甚至达几十年。

三是布设简便，海军的水面舰艇、潜艇和航空兵都可布设水雷；商船、渔轮在战时也可被征用来布放水雷。

四是造价低，因而被称为"穷国的武器"。

水雷具有以下缺点：

一是动作被动性。对于非触发水雷，需要敌舰航行至水雷引信的作用范围内才能引爆；对于触发水雷，需要敌舰直接碰撞才能引爆。

二是受海区水文条件影响大。

水雷包括磁性水雷、音响水雷、水压水雷、遥控水雷、自航水雷、定向攻击水雷、新概念水雷等类型。

"风暴"遥控水雷系统是瑞士在 20 世纪 80 年代研制的，它由控制台和遥控水雷组成，一个控制台可遥控 5 枚水雷。遥控方式有两种：无线电遥控方式和水声遥控方式。前者最大遥控距离为 500 km，后者为 40 km，控制台可安放在岸台、飞机、潜艇或水面舰艇上。"风暴"遥控水雷是鱼雷和水雷的结合体。它可以像一般水雷那样长期布放在水下，也可以在近岸防御中像鱼雷那样阻挡和摧毁敌人的水面舰艇,实际上是一个装有水雷战斗部的遥控水下航行体。该雷可由水面舰艇、潜艇和直升机布放,布放深度可达150 m。平时水雷放置在一个悬浮于水中的水鼓上,水鼓同锚固定。水鼓上有雷体自动解脱装置、接收天线和电缆等;水鼓内有蓄电池,水雷可在水下待命2年。作战时,遥控水雷由控制台用预先设定的水声信号或低频无线电信号启动。水雷收到信号后,立即释放50 kg的主压载,上浮到距水面20 m的位置转入水平航行,并将雷上1.5 m长天线伸出水面。此时,遥控台可在100 km范围内控制水雷的航行,引导水雷进入正确的攻击航向,水雷在航行到距离目标500 m处时会再次上浮,水雷中的雷达、声呐和电视摄像机开始工作,将目标数据或图像发回控制台,控制台随后发出攻击目标的信号;当水雷距攻击目标20 m处时,由雷达进行末制导,并由撞发或近炸引信引爆水雷。"风暴"遥控水雷长5 m,最大直径550 mm,总重650 kg,装药量170 kg,最高航速20 kn,最大航程100 km。它主要用来攻击水面舰艇。

近年来丹麦成功研制出一种由标准电缆控制、用最新工艺制造的MIP-19线控水雷。这种非触发式沉底水雷装有声、磁传感器。同时,它通过控制电缆与岸上的水雷控制装置相连接,可由岸控进行保险、解除保险或起爆,也可自控起爆。作为一般沉底雷使用时,其适用水深20 m。整个水雷系统由水雷、配电箱和控制装置组成,由轻型电缆及接头连接,操作方便快捷。当控制电缆被破坏时,水雷自动进入自控状态。

日本海上自卫队发明出一种声呐浮标水雷,通过连接电缆将声呐浮标与锚雷或沉底雷组合在一起。声呐浮标与连接电缆的传感器一起装在水雷内,由飞机等运载平台向海上投放。投放后,连接电缆释放,声呐浮标浮在水上,水雷则下沉到设定深度或海底。声呐浮标接收由飞机上控制中心发出的无线电控制信号,并将接收由水雷提供的各种数据作为应答信号发送出去,使水雷受控而动作。

1.1.2.2 线导鱼雷

线导鱼雷是指由发射平台通过导线传输指令控制导向目标的鱼雷。其通常由潜艇和水面舰艇发射,也可由反潜直升机发射,用以攻击潜艇和水面舰船。线导鱼雷航速为35~60 kn,最大航程达46 km。

世界上第一枚线导鱼雷是德国在二战中研制的"云雀"鱼雷。1950年,美国在此基础上研仿的第一代MK37-1型电动自导线导鱼雷正式服役。1957年服役的MK39型和1964年服役的MK45型是美国第二代线导鱼雷,60年代末服役的NT37-2C型为第三代,1975年研制成功的MK48-1型为第四代。除美国之外,在线导鱼雷方面有突出特色的还有意大利的A-184型、瑞典的TP-61和TP-42型、英国的MK24"虎鱼"和"鲸鱼"型鱼雷等。我国潜射鱼雷也大量采用线导方式,导线主要有光纤和铜线两种。

线导鱼雷的制导方式通常为线导加末段声自导。对鱼雷的线导控制,由鱼雷线导控制系统和发射平台的鱼雷射击控制系统密切配合实现。鱼雷线导控制系统由导线、放线器和导线传输设备等构成。导线一般为外径小于1.2 mm、芯线直径小于0.4 mm的特制导线,具有较强抗拉和抗腐蚀性能,分别存放在鱼雷及其发射装置的放线机构内,其长度通常达46 km(如MK48型),比鱼雷航程长数百至数千米。用于制导鱼雷的导线芯线虽只有头发丝那么细,但每秒钟可双向传输14 bit数据。

　　发射鱼雷时,连接在发射平台和鱼雷上的导线同时放出,并随着鱼雷向前运动而不断放线,使导线始终悬浮在水中并处于基本不受力状态,以保证发射平台与鱼雷之间的传输通畅。为了不影响舰艇的攻击机动和保护导线,在发射舰艇的一端通常还随鱼雷发射伸出长 30~60 m 的软管,以避免导线与舰体接触受损。发射平台通过导线传输控制鱼雷的航向、航速、航深和姿态的指令;鱼雷通过导线向发射平台连续传回自身的工作状态、位置、运动姿态,以及攻击目标的方位、距离和干扰情况等信息。发射平台的鱼雷射击控制系统,根据目标和鱼雷的运动参数,经自动适时处理后,向鱼雷发出遥控指令,操纵鱼雷导向目标。鱼雷进入声自导作用距离范围时,开启自导系统搜索目标,先以被动声自导方式低速运动,发现目标后,自动跟踪、识别目标,并适时转入主动声自导方式对目标精确定位,转入高速攻击。此时,被动声自导与线导处于监控状态,一旦鱼雷遭受干扰或未命中目标,则自动转为线导,重新进行搜索、攻击。当导线断开或线导失控时,鱼雷即自动以声自导攻击程序完成攻击。在引导线导鱼雷攻击过程中,目标、鱼雷和发射平台的位置和运动轨迹,均可显示在鱼雷射击控制系统的显示屏幕上,供指挥员随时观察、判断和指挥操纵鱼雷攻击目标。

　　线导鱼雷的特点是用一根细小的导线或光纤把发射平台(舰艇、飞机或岸基)与鱼雷连接起来,使发射平台的火控系统和雷上装置组成回路,用以对鱼雷进行遥控,引导鱼雷接近、捕获和攻击敌方舰艇。因此,它具有其他鱼雷难以比拟的优点。

　　1. 线导鱼雷捕捉目标的成功概率大

　　对距离远、速度大、机动性能强的目标,在目标运动要素测定误差较大、鱼雷本身发射散布较大或自导作用距离较短时,鱼雷捕捉目标的成功概率将迅速减小,而线导鱼雷发射后由发射舰艇直接操纵,可一直引导鱼雷捕捉目标,大大增大了捕捉目标的成功概率。

　　2. 线导鱼雷发射迅速

　　鱼雷发射前必须精确测定目标运动要素,才能为鱼雷设定射击参数,最后将鱼雷射出。但使用线导鱼雷,在探测设备初步判别目标方位距离的基础上即可将鱼雷射出,而后再精确测定目标运动要素,通过导线通信随时进行修正和导引。这样就赢得了时间,利于先发制人。

　　3. 线导鱼雷抗干扰能力强

　　因线导鱼雷由发射舰艇直接操纵,所有对其干扰的器材将不起作用,故大大提高了鱼雷的抗干扰能力。

　　4. 线导鱼雷攻击效果好

　　线导鱼雷在导引时,可不受自身噪声的干扰,有利于提高鱼雷的接敌速度,缩短从发射到命中的时间,降低目标规避机动的效果。

　　5. 线导鱼雷机动灵活

　　线导鱼雷既可单雷射击,也可多雷齐射,由发射舰船火控系统同时分别引导,进行多目标攻击或多雷围攻同一目标,甚至让其脱离原攻击目标,中途改变航向攻击另一目标。如英国 MK24 型线导鱼雷的 TIOS 火控系统可以自动跟踪 6 个目标。此外,线导鱼雷还可以与导弹进行协同攻击,由线导鱼雷先行发射并在接敌过程中对目标进行补充识别,而后发射导弹,双管齐下,彻底摧毁目标。

　　不过,由于发射线导鱼雷时,发射平台和鱼雷上都须增加线导设备,且拖挂导线,故在一定程度上影响了鱼雷的运动和发射平台的机动。

线导鱼雷可由潜艇、水面舰艇和直升机等平台发射。潜艇在水下航行,隐蔽性好,一般都能先于水面舰艇之前发现对方,实施水下隐蔽攻击。潜对潜使用线导鱼雷攻击时,由于双方处于同等环境条件下,攻击效果视双方武器装备的性能和谁先发现、谁先使用鱼雷攻击以及是否采取水声对抗等情况而定。

1.1.3 水下信息保障装备

1.1.3.1 潜标

潜标又称水下浮标系统,是一种系泊于海洋水面以下并可通过释放装置回收的铆钉绷紧型海洋探测系统,主要用于水下温度、海流、噪声等海洋环境要素的长期、定点、连续、多测层同步检测。它能在恶劣的环境下收集水下情报,是岸基站、潜艇和飞机在空间上的延伸扩展,具有观测时间长、隐蔽、测量不易受海面气象条件影响的优点,被广泛用于国防军事、海洋科学研究、海洋开发等领域。

潜标通常安装有通信设备,如水声通信机或无线电通信机,装配的电池能够保证潜标可以长期潜伏于海底。水声通信设备可以与潜艇、无人潜航器等设备通信。当潜标布放于外海,在水下探测到重点威胁目标后,可以通过上浮或释放无线电通信设备的方式,利用微波卫星通信手段或短波通信手段与地面指挥机构建立通信链路,从而实现威胁目标信息的回传。

1.1.3.2 浮标

浮标,即浮于水面的一种航标,是锚定在指定位置,用以标示航道范围、指示浅滩和碍航物或表示专门用途的水面助航标志。浮标在航标中数量最多,应用广泛,一般设置在难以或不宜设立固定航标之处。装有灯具的浮标称为灯浮标,在日夜通航水域用于助航。有的浮标还装有雷达应答器、无线电指向标、雾警信号、探测和海洋调查仪器等设备。美国国家海洋和大气管理局(NOAA)的天气浮标如图 1-4 所示。圣迭戈港的导航浮标如图 1-5 所示。

图 1-4　NOAA 的天气浮标　　　　图 1-5　圣迭戈港的导航浮标

现今,在大洋中使用的浮标有多种类型。比较典型的浮标有航海浮标、标记浮标、潜水浮标、营救浮标、研究浮标、系泊浮标、军事浮标等。

在各类浮标中,比较有代表性的是 Argo 浮标,其结构如图 1-6 所示。Argo 计划是全球性的项目,用于观察海洋洋流的温度、盐度、流动,以及生物光学属性,这项计划开始于 2000 年,为天气和海洋环境研究提供了实时数据。Argo 浮标采用卫星通信设备实现信息传输。

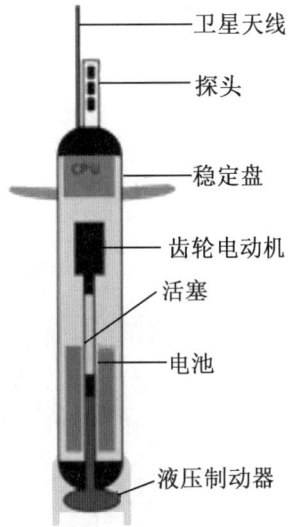

卫星天线
探头
稳定盘
齿轮电动机
活塞
电池
液压制动器

图 1-6 Argo 浮标结构图

1.1.3.3 无人潜航器

无人潜航器是可实现探测、救生、搜救、情报、监视和侦察的智能化无人水下系统,也被称为潜水机器人或水下机器人。在军用中,无人潜航器可作为无人作战武器平台,一般由推进系统、航行控制系统、探测系统、通信系统、武器系统等部分组成。其可通过远程通信实现操控或自主操控,能够支撑舰队行动、海上拒止、海洋封锁等任务。图 1-7 所示为美国 Bluefin-12 型无人潜航器。

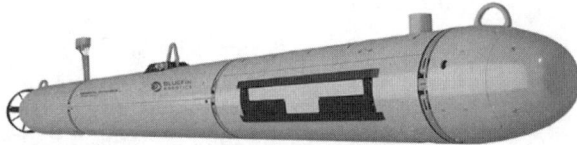

图 1-7 美国 Bluefin-12 型无人潜航器

无人潜航器目前分为两大类:无人遥控潜航器(remote-operated vehicle, ROV)和无人水下潜航器(autonomous underwater vehicle, AUV)。ROV 是由操作人员持续控制的;AUV 可经过编程航行至一个或多个航点,在预定时间段内独立作战。

1.1.3.4 水下滑翔机

水下滑翔机是一种 AUV,它采用可变浮力推进代替传统的螺旋桨或推进器。它采用类似于浮标的可变浮力,但是与只能上下移动的浮标不同,水下滑翔机装有水翼(水下机翼),可使其在滑入水中时向前滑动。在一定深度处,水下滑翔机切换为正浮力以向上爬升,然后重复该循环。

水下滑翔机虽然不如传统的 AUV 航速高,但与传统的 AUV 相比,其航程和续航力要大得多,将海洋采样任务从数小时延长至数周或数月,甚至达到数千海里的航程。典型的上下锯齿状行走路线可以提供普通 AUV 无法达到的时空尺度数据,与传统舰载技术水下数据采集相比成本更低。水下滑翔机滑翔时由于无动力推进,噪声极小,这一重要特点使其在军事上也有很大的应用价值。水下滑翔机可由潜艇远程投放,以完成特定的任务,并且不易被发现。然而,由于单纯使用浮力驱动方式,水下滑翔机在水下只能以锯齿状和螺旋回转轨迹航行,其航迹控制和定位精度低,航速低,在风浪较大的海面可能会出现随波逐流的情况。美国华盛顿大学研发的 Seaglider 水下滑翔机如图 1-8 所示。中国科学院沈阳自动化研究所研发的海翼水下滑翔机如图 1-9 所示。

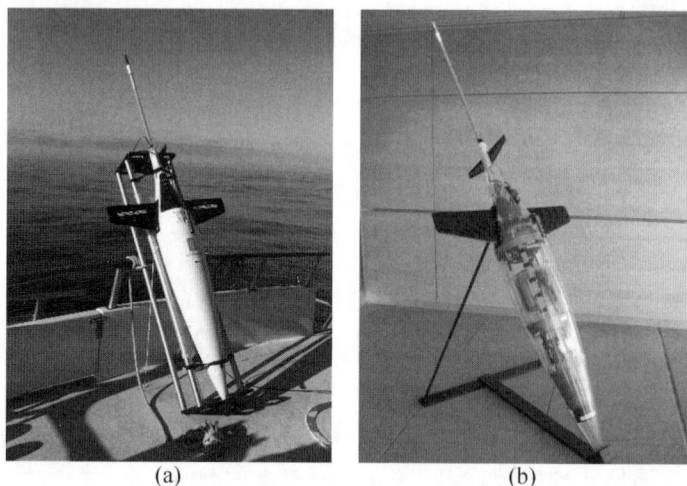

(a)　　　　　　　(b)

图 1-8　Seaglider 水下滑翔机

图 1-9　海翼水下滑翔机

1.2　水下通信技术概述

目前,水下通信技术主要包括有线通信、水声通信、无线电通信、激光通信。这些技术在实施与水下作战力量的通信时,有各自的优缺点。各类通信技术具有各自的适用范围,需要结合具体的海洋环境条件和作战使用条件进行选择。

1.2.1　有线通信

水下有线通信方式适用于平台和岸基、岛基距离较近范围内的通信。现有的水下有线通信方式已基本由原始的电缆通信向新型的光缆通信转变。在有线通信方式中,比较典型的应用场景是连接各国的海底光缆系统,即通过海底光缆实现沿海国家的信息联通,再由陆地光缆实现世界范围的互联互通。

除海底光缆之外,无人遥控潜航器通常由电缆或光缆与母船或岸基平台相连,既可以通过线缆传输电力,又可以实现数据的实时传输。无人遥控潜航器的线缆通常都能承受一定的拉力,在潜航器出现故障时,可以通过线缆将其拽出,从而提高其安全性。

在水下武器中,线导鱼雷是一种比较典型的有线通信应用装备。线导鱼雷通过金属电缆或光纤将鱼雷与舰艇或潜艇连接,从而可以由舰艇或潜艇控制线导鱼雷对目标进行攻击。这样做的优点是可以抓住战机,先发制人;同时也能避免鱼雷在开启主动搜索声呐时,出现误伤己方的情况。

1.2.2 水声通信

水下信息传输由于受海水的影响,绝大多数的无线电波都被屏蔽。水声作为最适宜的能量传输形态,其声波能量在水下传播过程中的衰减与电磁波相比小很多,因此水声通信在水下探测、通信领域具有十分重要的地位。所有的军用潜艇中均配备有各型声呐,既包括用于探测水声信号的主动、被动声呐,也包括用于通信的通信声呐。而其他如潜标、浮标等装置,通常也有声探测传感器。采用水声通信的优点是不受海水深度的限制,水下声源以球面波或柱面波方式扩展,向远处传输。这就使得潜艇或者其他类型水下装备、设备在接收水声信号时,可以不必上浮至海面,避免了被敌方侦察到。但是,采用这种通信方式也存在一定的问题。通常水下武器装备、设备的位置是需要保密的,尤其对于潜艇装备,隐蔽性是其第一要求。除非确定安全,否则不会主动采用水声通信方式向外发送信息。

1.2.3 无线电通信

无线电波在自由空间(大气)环境中受到的噪声干扰较少,且衰减十分有限,因此目前是陆上平台、空中平台、海上平台之间的主要通信手段。无线电波包含多种频率,如超低频、甚低频、低频、中频、高频、超高频、甚高频等,这些无线电波穿透海水的能力与频率直接相关。频率越低,海水对电磁波的吸收和衰减越少,因此穿透海水的能力越强。所以,当潜艇位于水下时,超低频、甚低频无线电通信是各国海军潜艇通信的主用手段,潜艇可以保持在水下航行状态接收岸基指挥机构的信息。而短波、超短波、微波卫星通信是辅助手段,选择这些通信频率及相应的装备时,潜艇必须处于水面航行状态或潜望状态,即要求将通信天线暴露于空气之中,避免海水对无线电波的吸收和衰减作用,这就不可避免地增加了暴露的风险。

1.2.4 激光通信

通过光的方式实现直接与水下装备、设备的通信,有以下两种途径:

第一种途径是直接采用海水吸收少的激光波段。蓝绿激光在海水中穿透能力强,被海水吸收的程度相对其他颜色光更小。因此,可以蓝绿激光为光源,以直升机、无人机、飞机、卫星为载体,实施与潜艇或其他水下装备、设备的通信。利用蓝绿激光通信,激光入水深度与海水的清澈程度有关。当海水清澈时,利用蓝绿激光通信方式可以实现约 200 m 深度的穿透能力。而对于近海区域,由于海水相对混浊,蓝绿激光穿透能力约 50 m 深度。

第二种途径是采用激光致声通信技术。当激光的能量足够强且照射到水面时,会使水面产生膨胀或汽化的效应,从而使激光的光能转化为水下的声能。目前,水下的声源通常由水声换能器产生。换能器通过将电能转化为机械能,自身在水中震动产生声音。在水下产生的最大音量并不是由换能器产生的,而是由 X 射线激光所激发的音量,最高达 270 dB。

1.3 水下通信的难点

水下通信所涉及的范围既包含岸基指挥机构和水下装备之间的通信,又包含海面、空中平台和水下装备之间的通信。同时,水下装备之间的通信也属于水下通信范畴。相对于陆上通信而言,海水是水下通信的天然屏障。无线电波适宜在自由空间(真空或大气)中传播,这是因为自由空间为无线电波提供了适于电磁波传输的信道。而海水对无线电波具有较强的吸收和衰减作用,海水信道不利于无线电波传输。正是这个原因,使得水下通信比陆上通信更难以实现,所以必须采用适于水下传输的手段。目前,水下通信的难点总结起来主要包括以下几个方面。

1.3.1 远距离通信

水下航行器通常需要在大洋中执行特定任务,一旦航行器与海岸线之间的距离超出了一定范围,想要建立岸基指挥机构与水下航行器之间的通信链路就会尤为困难。我们以潜艇为例,说明这一问题。潜艇是在水下遂行作战任务的海军兵器。它有较大的自给力、续航力和作战半径,具有隐蔽性好、生存力强、突击威力大等优点,可远离基地,深入大洋和敌方海区进行独立作战。但是潜艇自身的防护能力较差,潜艇战斗力的发挥主要依赖于自身的隐蔽性。潜艇的隐蔽性就是潜艇的生命力,而潜艇通信特别是无线电通信,易被敌方电子侦察兵力探测和定位到。随着现代无线电通信无源定位技术的发展,来自敌方的这种威胁更为突出。为保持潜艇作战行动的隐蔽性,潜艇通信必须采取必要的技术手段。早在二战期间,德国潜艇为了对抗同盟国的无线电侦察,就已通过缩短发信时间来降低无线电电波被敌方侦听和截获的概率。目前,潜艇通信还依然沿用这种手段。此外,现代潜艇通信还采用扩频通信、卫星通信等多种技术手段来提高潜艇通信的隐蔽性,降低潜艇因通信造成暴露的概率。

当潜艇远航执行特定任务时,通常与岸基发信台之间的距离达数千甚至上万千米,这一距离不仅给岸基发信和潜艇收信带来了较大的挑战,而且对潜艇发信而言也是一个巨大的挑战。潜艇可用的通信方式主要包括超长波(超低频)通信、甚长波(甚低频)通信、短波通信、超短波通信、微波通信、水声通信。

采用超长波、甚长波通信方式时,潜艇需要提前释放拖曳式通信天线,并保持在某个航行深度,在特定方向上做匀速直线运动。超长波天线通常有数十千米到数百千米的长度,通信距离能达到 8 000 ~ 10 000 km,但是超长波通信通常采用单线天线、双线天线或十字天线,这些天线都有一定的方向性,即便其最远通信距离已能够达到地球半周长的程度,但当潜艇处于天线辐射盲区时,也不能实现有效的对潜通信。甚长波通信距离通常小于 2 000 km,适用于潜艇活动在距离岸基发信台较小范围情况下的通信。

当采用短波、超短波、卫星通信方式时,潜艇必须上浮,至少使通信天线露出水面。这种通信方式,不论通信时长多短,都不可避免地存在潜艇暴露的风险。

当采用水声通信方式时,在近岸、岛屿设置水声通信发送装置,或者以舰艇作为中转平台,通过舰艇上的水声通信设备发送声信号与潜艇通信。水下潜艇被动接收通信信号时,可以不受水下接收深度的限制。但这种方式也存在较大的不足:首先,近岸、岛屿或者舰艇的水声通信设备不能实现大范围的通信区域覆盖,不足以实现数百至数千千米的远距离通信需求;其次,潜艇为了隐蔽,通常只收不发,使得这种通信手段实质上仅能使用单工方式,潜艇是否接收到岸基指挥信息不得而知,只有当潜艇反馈相应的收报信息时才能确认,而潜艇通常不会采用水声通信方式反馈收报情况。

1.3.2　大深度通信

海洋一般分为四层:第一层是照光层,深度为 200 m 以内。这一层阳光充足,平均温度约为 20 ℃,很多鱼类和海藻、珊瑚等生活在这一层。第二层是弱光层,深度为 200~1 000 m。这一层是阳光和黑暗的交叉处,温度为 5~10 ℃,只有少数生物生活在这一层。第三层是深海层,深度为 1 000~6 000 m,温度为 0~4 ℃,小型生物生活在这一层。第四层是深渊层,深度为 6 000~11 000 m 及以下。马里亚纳海沟就属于这一层。水下航行器通常的使用深度位于照光层和弱光层,进行科学研究的深潜器使用深度可达深渊层。

在水下航行器航行于大深度时,如何依旧可以实现与它的通信,是一个非常困难的问题。通常,深潜器下潜过程中,有辅助船只配合,船只通过电缆和光缆进行供电与通信,这是采用有线通信的方式。由于船只通常位于深潜器的正上方,船只与深潜器的直线距离与作业海域的最大海深相当,此时也可以采用水声通信的方式,不需要考虑暴露深潜器位置的问题。如果是潜艇、无人潜航器、水下滑翔机等水下航行器单独执行任务,若没有辅助船只的配合,深入大洋之中,通过近程水声通信或者有线通信的方式显然不适合。基于电磁波的无线电通信方式,受海水屏蔽作用,穿透海水的深度有限。即便是使用超长波(超低频)的核潜艇,航行深度也通常限于 150 m 以内,通信天线距离海面的距离更远小于这一深度。虽然通过加长通信天线,使潜艇巡航于正常作业深度,能够实现远距离条件下的大深度通信,但这一方式的前提是通信电缆必须具备足够的抗拉能力,不会在使用过程中被拉断。同时,潜艇上也必须预留足够的空间,以保证不使用通信天线时能将其收回。但并不是说,满足了这些就足够了。当潜艇释放通信天线后,它必须以一个固定的航向和固定的航速行驶,这样才能保证通信天线保持一种良好的形状,避免天线在潜艇不规则运动时与螺旋桨缠绕,通信天线所承受的拉力也可以保持均匀,但这对潜艇的机动是不利的。通常情况下,潜艇在不收信时,是不会释放通信天线的。而不释放通信天线,就不能接收岸基指挥机构的信息。对于潜艇来说,它所能接收到的信息非常匮乏。

1.3.3　高速率通信

根据信息传输的香农定理可知,在高斯白噪声条件下,信道中信息传输的最大速率也就是信道容量。信道容量受信息传输的带宽、信号发射功率、噪声功率三个因素共同影响。通过香农定理,很容易得出一个简单的结论:信息传输所使用的频率越高,对应的信息传输速率越大。对于潜艇而言,前面所说的超低频、甚低频通信,其通信频率都非常低,其通信速率自然也非常低。在此通信速率下,对潜通信也只能传输一些指令性信息,而不适用于传输图像、视频等。在实际作战时，对于潜艇也有掌握战场态势的需求，而复杂战场态势所对应的信息量是巨大的，基于超低频、甚低频的对潜通信手段，并不能满足这一需求。当水下航行器采用水声通信方式时，水声通信设备可以提供几千比特每秒的通信速率。但这一通信方式的达成，是建立在收发双方处于相对近程的基础上。蓝绿激光通信方式目前处于实验阶段，这种方式的通信速率非常高，足以满足语音、图像甚至视频通信的需求。但是采用这种方式，收发双方都必须知道对方的准确位置，而且水下航行器航行深度必须小于200 m，否则激光也不能穿透海水。当潜艇或者其他类型的水下航行器出航执行任务时，为了达到保密的要求，同时受航行器自身导航定位设备的限制以及海流的制约，航行器在水下并不知道自身的准确位置。因此，采用蓝绿激光通信方式，所面临的问题不仅有技术方面的，还有使用方面的。

1.3.4 双向通信

与水下航行器之间的通信，不仅仅局限于单向的信息传输，岸基指挥机构也需要实时掌握水下航行器的状态和位置信息。因此，建立二者之间的双向通信是非常必要的。但是，当航行器位于水下一定深度时，海水对电磁波具有天然的屏障作用，此时对于水下航行器而言，收发信息都存在较大的难度。即便是巡航能力强和装备配置齐全的潜艇，也仅能做到在一定深度的收信，而在巡航深度是不能实现无线电发信的。目前，水下航行器要想实现双向通信，就必须使航行器处于水面状态或接近水面的潜浮状态，通过将天线伸出水面以上，利用短波、超短波、卫星通信方式，实现向岸基指挥机构发信。此时，通信是双向的。但是，水下航行器处于水下时，通常无法实现对岸通信。

1.3.5 隐蔽通信

不同的水下航行器具有不同的通信密级。对于执行一般科学环境研究考察的民用水下航行器，其通信内容通常不涉密。但对于水下滑翔机、潜艇等装备，其涉密程度高，通信内容也应严格保密。在岸基指挥机构和这些装备之间必须实现信号级和信息级的保密，这就要求水下装备收发信号应严格保密，信号的内容应进行加密处理。一旦信号收发泄露，敌方就可以通过多基阵交叉定位的方式，确定信号的发射位置，从而对己方潜艇等装备构成威胁。

当潜艇采用超长波通信手段时，巡航深度在百米左右，通信天线在海水中悬浮，末端深度在10 m左右。这时，通信天线在日间容易被敌方的侦察卫星观察到。当潜艇采用甚长波通信手段时，巡航深度在50 m左右，通信天线深度小于采用超长波通信方式时天线的深度，因此，这时通信天线更容易暴露。不仅如此，由于潜艇深度不大，对于远海，在日光良好的情况下，潜艇极有可能被敌方卫星观察到。潜艇航行过程中会引起尾流，潜艇的尾流与舰艇尾流形状不同，因此可以通过尾流的方式判断是否为潜艇；潜艇航行深度越小，尾流越明显。

当潜艇采用短波、超短波、微波通信时，潜艇必须至少上浮至潜望状态，此时不论是白天还是晚上，通信信号被敌方侦察飞机、侦察卫星、岸上侦察设备截获的可能性都非常大，既存在无线电信号暴露的风险，同时也存在潜艇的视觉特征和红外特征暴露的风险，所以这时的隐蔽性很难保障。

当潜艇采用水声通信方式时,保持潜艇隐蔽性这一问题就更为突出。通常潜艇为了隐蔽,并不主动发射声信号,而是会采取各种各样的手段,尽量避免自身机械设备以及人员产生噪声,从而保证在水下时不被敌方的主动声呐或被动声呐检测到。除非能够确认自身的安全性,否则不会采用水声通信方式。当潜艇和舰艇、航母等构成编队出航时,由于水面舰艇能够保障水面以上的安全性,此时水声通信才是可选的方式。

当采用蓝绿激光通信方式时,在白天,这种光源通过视觉很难被发现,但是在夜晚,蓝绿激光会从海面至天空,在收发两端之间产生非常明显的光柱,很显然这种通信方式不可避免地会产生水下航行器位置暴露的问题。

1.3.6　实时通信

战场环境、战场态势瞬息万变,对水下装备的指挥控制要靠实时通信才能达成,时效性是通信必须满足的基本要求。而这一要求对于水下通信而言,具有较大的难度。当潜艇出航执行作战任务时,通常会与岸基指挥机构之间约定收信的时间,以便提前释放通信天线,在水下接收岸基指挥机构的指令信息,除非必要,否则潜艇不会上浮回信。这种通信方式决定了潜艇作为战略性武器,考虑到隐蔽性和安全性,不能够做到实时接收岸基指挥机构的信息。岸基指挥机构和潜艇能够实现双向实时通信,一般是基于潜艇处于潜望状态或水面航行状态,短波、超短波、卫星通信等天线设备露出水面。当采用水声通信方式时,只有潜艇通信设备与岸基、岛基或船基水声通信设备能同时相互覆盖,才能实现双向水声通信,但此时潜艇位置有暴露的风险。

思　考　题

1. 水下通信技术主要包括哪些?其特点分别是什么?
2. 对潜通信的难点是什么?
3. 水下设备能否与岸基指挥机构之间实现实时通信?
4. 水下通信的技术瓶颈主要有哪些?
5. 从隐蔽性的角度出发,分析潜艇与岸基指挥机构之间双向通信存在的问题。

第2章 水下有线通信

水下有线通信一般包括水下电缆通信与水下光缆通信。海底光缆自1989年跨越太平洋建设成功后,就在跨洋洲际海缆领域取代了海底同轴电缆。目前,水下有线通信主要是以水下(海底)光缆通信为主。

2.1 水下有线通信发展综述

海底通信已有100多年的历史,当时的海底通信还是借助电缆来实现的——1850年益格鲁-法国电报公司开始在英法两国之间(英吉利海峡)铺设了世界上第一条海底电缆,只能发送莫尔斯电报密码。1852年,海底电报公司第一次用缆线将伦敦与巴黎联系起来。1866年,英国在美英两国之间成功铺设了跨大西洋海底电缆,实现了欧美大陆之间跨大西洋的电报通信。1876年,贝尔发明电话后,海底电缆具备了新的功能,各国大规模铺设海底电缆的步伐加快了。1902年,环球海底通信电缆建成。

中国第一条海底电缆是清朝台湾首任巡抚刘铭传在1886年铺设的通联台湾全岛以及大陆的水路电线,主要用于发送电报。到1888年共架设完成两条水线:一条是福建川石岛与台湾沪尾(淡水)之间的177 n mile水线,主要用于台湾府向清政府通报台湾的天灾、治安、财经情况,并供商务通信使用;另外一条为台南安平通往澎湖的53 n mile水线。福建川石岛的大陆登陆点目前依旧存在,但是台湾沪尾的具体登陆点已经不可考。

与陆地电缆相比,海底电缆的优越性体现在:一是铺设不需要挖坑道或用支架支撑,因而投资少,建设速度快;二是除了登陆地段外,电缆大多在一定深度的海底,不受风浪等自然环境的破坏和人类生产活动的干扰,因而安全稳定,抗干扰能力强,保密性能好。

20世纪50年代,随着互联网开始崭露头角,人们对于海底通信的通话质量及数据传输速度有了更高的要求。

1960年,世界上第一台激光器问世,人们开始尝试借助激光实现在光导纤维中传输数据信息。20世纪七八十年代,互联网已经开始在发达国家中兴起,而海底电缆的不足(带宽有限、传输稳定性差等)也开始逐步凸显,因此,具备传输距离长、容量大等特性的光纤(即海底光缆)被寄予了厚望!

目前,海底光缆是世界上最重要的通信手段之一。1986年,美国ATT公司在西班牙加那利群岛和相邻的特内里弗岛之间,铺设了世界上第一条商用海底光缆,全长120 km。1988年,美国与英国、法国之间铺设了世界上第一条跨大西洋海底光缆(TAT-8)系统,全长6 700 km,含有3对光纤,每对的传输速率为280 Mbit/s,中继站之间距离为67 km。这标志着海底光缆时代的到来。1989年,跨越太平洋全长13 200 km的海底光缆(TPC-3)建设成功,从此,海底光缆就在跨洋洲际海缆领域取代了同轴电缆。铺设 1 000 km 的同轴电缆大约需要 500 t 的铜,改用光缆只需几吨的石英玻璃材料。与昂贵的铜相比,沙石中就含有石英,几乎取之不尽。此外一根头发丝粗细的光纤,传输的信息量相当于一捆饭桌般粗细的铜线所传输的。一对金属电话线至多只能同时传送 1 000 多路电话,而一对细如蛛丝的光纤理论上可以同时接通一百亿路电话!

20 世纪 90 年代,海底光缆已经同卫星通信一道成为当代洲际通信的主要手段。

据不完全统计,从 1987 年到 2021 年,全世界大大小小总共建设了 436 条海底光缆,总长近亿千米,有 130 多个国家通过海底光缆联网。目前,全世界超过 90% 的通信流量都由海底光缆承担,最先进的光缆每秒钟可以传输 7 Tbit 数据,几乎相当于普通 1 M 家用网络带宽的 730 万倍。通过太平洋的海底光缆已经有 5 条,每天有数亿网民使用这些线路。

随着互联网技术的高速发展,全球海底光缆的建设也在不断提速,全球已投入使用的海底光缆超过 436 条(2021 年数据),实现了除南极洲之外的六大洲的网络连接;此外还有正在建设的海底光缆。世界各国的网络可以被看作一个大型局域网,海底和陆上光缆将世界各国的网络连接成国际互联网,而光缆是互联网的"中枢神经"。

2.2　光纤通信原理

2.2.1　光波在光纤中的传输原理

光波与无线电波一样,也是一种电波,光波的波长很短,或者说频率很高,达到 $10^{13} \sim 10^{14}$ Hz。无线电波一般用于广播电台、电视台、移动通信的信号传输,光波同样适用,尤其是大容量、高速度、数字化和综合业务的信号传输。二者不同的是:无线电波通信一般通过空气传输,而光波通信则是通过光纤来实现的,是一种有线传输。

图 2-1 所示为光波波谱,可见光的波长为 0.39~0.76 μm,由红、橙、黄、绿、蓝、靛、紫等颜色混合而成。

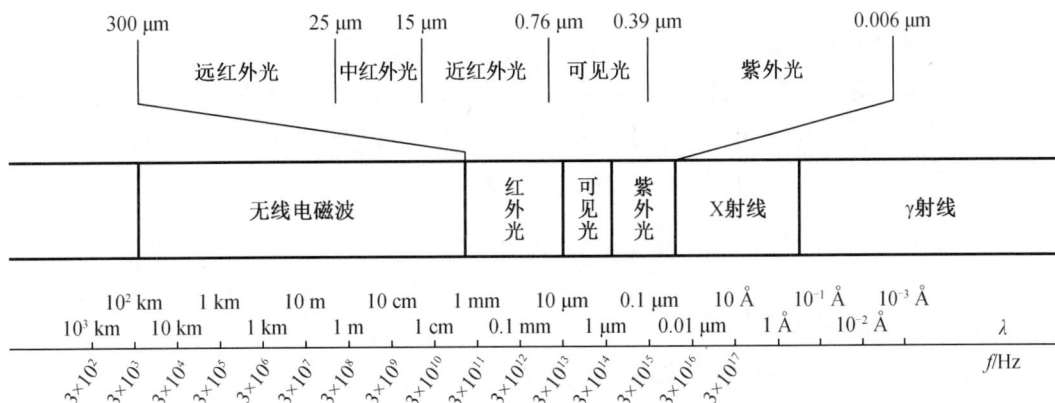

图 2-1　光波波谱

比红光波长更长(即波长大于 0.76 μm)的光,是不可见的红外光,波长在 0.76~15 μm 的光波称为近红外波,在 15~25 μm 的光波称为中红外波,在 25~300 μm 的光波称为远红外波。比紫光波长更短的光波为不可见的紫外光,紫外光波长范围为 0.39~0.006 μm,紫外光、可见光和红外光统称光波。

利用大气传送的光源,如氦氖激光器波长为 0.632 8 μm,为可见的红外光;CO_2 激光器波长为 10.6 μm,为不可见的近红外光。

当今通信用石英光纤的低衰减"窗口"为 0.6~1.6 μm(及扩展波段),位于可见的红外光与不可见的近红外光波段上,具体见表 2-1。

表 2-1 通信用光波波段

波段名称	全称		波长范围
	英文	中文	
850 nm	850 nm band	850 波段	850 nm(770~910 nm)
O 波段	original band	原始波段	1 260~1 360 nm
E 波段	extended-wavelength band	扩展波段	1 360~1 460 nm
S 波段	short-wavelength band	短波长波段	1 460~1 530 nm
C 波段	conventional band	常规波段	1 530~1 565 nm
L 波段	long-wavelength band	长波长波段	1 565~1 625 nm
U 波段	ultra-long-wavelength band	超长波长波段	1 625~1 675 nm

2.2.1.1 光波速度

光波与电磁波在真空中的传输速度 $c = 3 \times 10^5$ km/s。光在同一均匀介质中沿直线传播,速度(v)与介质的折射率(n)成反比,即

$$v = \frac{c}{n} \tag{2-1}$$

式中 n——介质光折射率;

c——真空中的光速。

真空的光折射率为 1,则其他介质的光折射率大于 1,因此传输速度比真空中的小。其中空气的折射率近似为 1,而石英光纤的折射率为 1.458,则光波速度 $v = 2 \times 10^5$ km/s。

光波的波长(λ)、频率(f)和速度之间的关系为

$$c = f\lambda \ \text{或} \ v = \frac{f\lambda}{n} \tag{2-2}$$

2.2.1.2 光波的反射与折射

光在同一均匀介质中是沿直线传播的,但在两种不同介质的交界处会发生反射和折射现象,如图 2-2 所示。

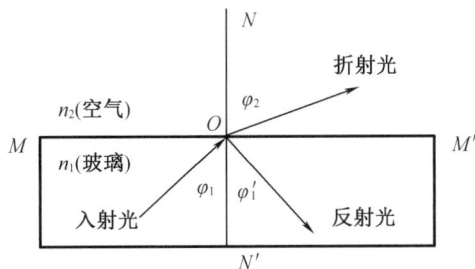

图 2-2　光的反射和折射

设 MM' 为空气与玻璃的界面，NN' 为界面的法线，空气的折射率 n_2 小于玻璃的折射率 n_1。当入射光到达 MM' 与 NN' 的交接处 O 点时，一部分光反射回空气，另一部分光折射到玻璃中。

反射定律：

$$\angle \varphi_1' = \angle \varphi_1 \qquad\qquad (2-3)$$

折射定律：

$$\frac{\sin \varphi_1}{\sin \varphi_2} = \frac{n_2}{n_1} \qquad\qquad (2-4)$$

假设光在玻璃和空气中的速度分别为 v_1 和 v_2，则根据波动理论可知

$$\frac{\sin \varphi_1}{\sin \varphi_2} = \frac{v_1}{v_2} \qquad\qquad (2-5)$$

因此，可推导出

$$\frac{v_1}{v_2} = \frac{n_2}{n_1} \qquad\qquad (2-6)$$

由此，将折射率较小的物质称为光疏介质，反之称为光密介质。

2.2.1.3　光波的全反射

光从折射率大的介质进入折射率小的介质中时，根据折射理论，折射角大于入射角，并随入射角的增大而增大，当入射角 φ_1 增大到临界角 φ_0 时，折射角 $\angle \varphi_2 = 90°$，如图 2-3 所示，这时光以 φ_0 角全反射回去，从能量角度看，折射光能量逐渐减小，反射光能量逐渐增大，直到折射光消失。

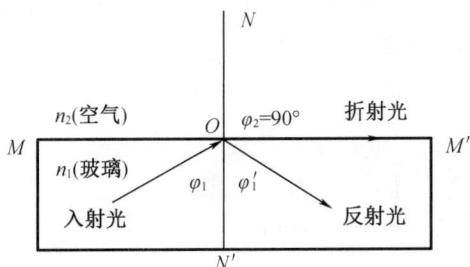

图 2-3　光的全反射

这种情况下：

$$\frac{\sin \varphi_0}{\sin 90°} = \frac{n_2}{n_1} \qquad (2-7)$$

即 $\sin \varphi_0 = \dfrac{1}{n_1}$（$n_2$ 为空气折射率，其值近似为 1）。

2.2.1.4　光在阶跃型光纤中的传播

如图 2-4 所示，纤芯的折射率 n_1 大于包层的折射率 n_2，其折射率分布的数学式如下：

$$n(r) = \begin{cases} n_1, r \leqslant a \\ n_2, r > a \end{cases} \qquad (2-8)$$

式中　r——径向距离，表示从光纤中心轴开始测量的距离；

　　　a——纤芯的物理半径，表示纤芯区域的横向尺寸，超过这个半径则进入包层区域；

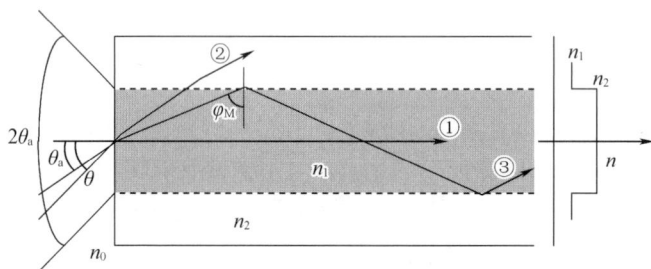

图 2-4　光在阶跃型光纤中的传播

光线①以光纤的轴心线平行射入，则直线向前传播。若光线以光纤端面入射角 θ 进入光纤，则在包层产生包层界面入射角 φ。由 $n_1 > n_2$ 可知，包层界面入射角的临界角 φ_M 与临界端面入射角 θ_a 的关系为：

当 $\theta \geqslant \theta_a$ 时，$\varphi < \varphi_M$（图中光线②），光线有一部分射到包层；

当 $\theta \leqslant \theta_a$ 时，$\varphi \geqslant \varphi_M$（图中光线③），光线在纤芯和包层的界面内不断全反射，在允许的弯曲程度内，只要光纤是圆柱体，光就能在光纤中转弯，产生亿万次的全反射（与光纤的长度、直径有关）。

图 2-4 中，光纤端面的临界角 θ_a 称为光纤的孔径角。可知 $2\theta_a$ 为光纤可接收光的角度范围，该角实际上为圆锥角，因此，θ_a 越大，可接收的光越多，光纤与光源的耦合就越方便。

设 φ_M 为纤芯与包层的临界角，则有

$$\sin \varphi_M = \frac{n_2}{n_1} \qquad (2-9)$$

设光由折射率为 n_0 的空气射入，令 $n_0 = 1$，则有

$$\frac{\sin \theta_a}{\sin(90° - \varphi_M)} = \frac{n_1}{n_0} \qquad (2-10)$$

由上式得

$$n_0 \sin \theta_a = n_1 \sin(90° - \varphi_M) = n_1 \cos \varphi_M = n_1 \sqrt{1 - (\sin \varphi_M)^2} \qquad (2-11)$$

将 $n_0 = 1$ 和式(2-9)代入得

$$\sin \theta_a = n_1 \sqrt{1 - \left(\frac{n_2}{n_1}\right)^2} \tag{2-12}$$

由于 n_1 与 n_2 相差很小,所以 $n_1 + n_2 \approx 2n_1$,并定义 $\Delta = \frac{n_1 - n_2}{n_1}$ 为相对折射率差,则有

$$\sin \theta_a \approx n_1 \sqrt{2\Delta} = NA \tag{2-13}$$

式中,NA 为数值孔径,Δ 越大,孔径角也越大。但实际上大的数值孔径会在传输中激起高次模式,使传输带宽变窄,一般多模光纤 $\Delta = 1\%$,$\varphi_M = 0.14\ \text{rad} \approx 8°$,当 $n_1 \approx 1.5$ 时,$NA = 0.21$。

2.2.1.5　光在聚焦型光纤中的传播

聚焦型光纤又称折射率分布渐变型光纤,光纤折射率分布如图 2-5 所示,其数学表达式如下:

$$n(r) = \begin{cases} n_1 \left[1 - 2\Delta \left(\frac{r}{a}\right)^\alpha \right]^{\frac{1}{2}}, & r \leq a \\ n_1 (1 - 2\Delta), & r > a \end{cases} \tag{2-14}$$

式中　r——径向距离,表示从光纤中心轴开始测量的距离;

　　　a——纤芯的物理半径,表示纤芯区域的横向尺寸,超过这个半径则进入包层区域;

　　　α——折射率分布指数(或剖面指数),决定折射率在纤芯内随径向距离 r 变化的形状,影响光纤的导模特性和色散。

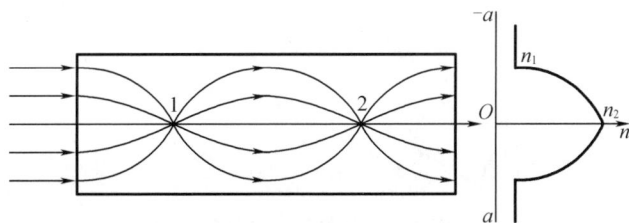

图 2-5　光在聚焦型光纤中的传播

式(2-14)中,当 $\alpha = 2$ 时,有

$$n(r) = \begin{cases} n_1 \left[1 - 2\Delta \left(\frac{r}{a}\right)^2 \right]^{\frac{1}{2}}, & r \leq a \\ n_1 (1 - 2\Delta) = n_2, & r > a \end{cases} \tag{2-15}$$

则聚焦型光纤的折射率,从轴心沿半径方向以平方律抛物线形状连续下降,轴心线上最大,边缘最小,因此光传播时,速度不一样,轴心线上最慢,如图 2-5 所示。平行入射的光,一般形成近似于正弦曲线的传播途径,其中 1、2 位置为自聚焦点,各平行光线同时到达。这意味着光纤具有很宽的传输带宽,可以传送图像,此外,聚焦型光纤没有全反射损耗。

聚焦型光纤的折射率很难实现平方率抛物线分布,如图 2-6 所示,一般采用梯度型分布曲线,称为梯度型光纤。利用这种技术可制造出多模梯度型光纤,其数值孔径如下:

$$NA = \left[n^2(0) - n^2(a) \right]^{\frac{1}{2}} \qquad (2-16)$$

式中　$n(0)$——纤芯中心的折射率;

　　　$n(a)$——芯层边缘的折射率。

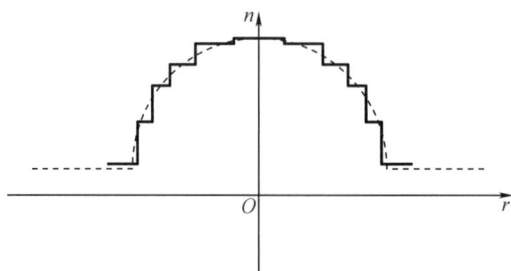

图 2-6　梯度型光纤折射率分布

2.2.2　光纤种类

光纤由折射率较高的纤芯和折射率较低的包层组成,在包层外面加上塑料护套,如图 2-7 所示。

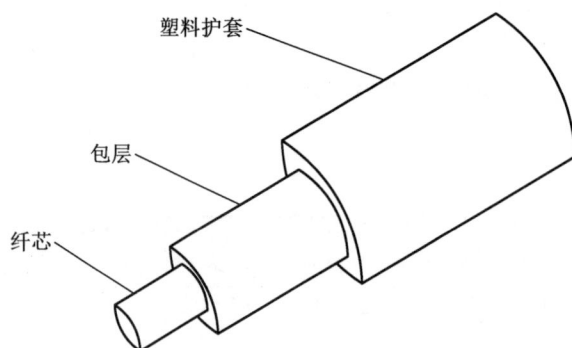

图 2-7　光纤的典型结构

光纤按材料分为以下几种:

①石英光纤,以石英玻璃(SiO_2)为纤芯材料;

②多种组分玻璃光纤;

③液芯光纤,细管内采用传光液体;

④塑料光纤,以塑料为材料的传光传图像光纤;

⑤高强度光纤,以石英为纤芯和包层材料,外涂炭素材料。

光纤按剖面折射率分布分为以下几种:

①阶跃(突变)型光纤;

②渐变型光纤;

③W 型光纤。

光纤按内部能传输的电磁场的总模数(传输模式)分为以下两种:

①单模光纤;

②多模光纤。

光纤按工作波长分为以下两种:

①短波长光纤(波长典型值为 0.85 μm);

②长波长光纤(波长典型值为 1.31 μm、1.55 μm)。

当今用于通信的光纤,一般为石英光纤,其外径为 125 μm,传输带宽极宽,通信容量巨大。材料纯度达到 99.999 999%,折射率分布十分精确,这样光纤的传输带宽才能达到 10~100 kHz/km,以实现大容量通信。

2.2.3　光纤损耗

光纤传输过程中会产生损耗(或衰减),损耗来源主要有以下三个方面。

2.2.3.1　材料吸收损耗

吸收损耗是指光纤材料中的某些粒子吸收光能而产生振动,并以热的形式散失掉。原因是材料中存在不需要的杂质离子,特别是过渡金属离子铜(Cu^{2+})、铁(Fe^{2+})、铬(Cr^{3+})、钴(Co^{2+})、锰(Mn^{2+})、镍(Ni^{2+})、钒(V)等和氢氧根离子(OH^-,又称氢基)。其中,金属离子的吸收波峰(吸收带)在 0.5~1.1 μm 处,氢氧根离子的基波吸收波峰在 2.73 μm 处,二次谐波吸收波峰在 1.38 μm 处,三次谐波吸收波峰在 0.95 μm 处。

要使材料吸收的损耗最低,就必须对原材料进行严格的化学提纯,使金属离子的含量降到 ppb 级,氢氧化合物的杂质含量控制在 10^{-6} 以下。

材料的本征吸收是固有的,紫外吸收的波长范围在 0.39 μm 以下,红外吸收的波长范围在 1.8 μm 以上。

2.2.3.2　光纤的散射损耗

在光纤中传输遇到不均匀或不连续的情况时,会有一部分光散射到各个方向,不能到达传输终点,从而造成散射损耗。

1. 材料散射

制造中造成的缺陷,如气泡杂质、不溶解粒子及析晶等,会引起材料散射。

另外,材料密度的不均匀会造成折射率不均匀,从而引起瑞利散射。瑞利散射与波长有关,与光波波长的 4 次方(λ^4)成反比,波长越长,散射损耗越小,因此,长波长(1.1~1.65 μm)的损耗小于短波长(0.6~0.9 μm)的损耗。

降低材料散射损耗的方法是在熔炼光纤预制棒和拉丝时,选择合适的工艺、清洁的环境。

2. 光纤波导结构不完善引起的散射

(1)光纤波导散射

光纤粗细不均匀,截面形状改变,会导致光传输时一部分辐射出去。解决方法是保证拉丝工艺质量,借助热状态下的玻璃表面张力控制光纤截面的均匀。

(2)包层与纤芯间界面凹凸不平引起的损耗

当光遇到不平滑的包层界面时,一部分光透过包层泄漏出去,不仅引起光的损耗,还引起光传输模式变换。

总之,光纤损耗除了材料吸收和散射外,其他由工艺技术造成,损耗很大时(>10 dB/km),以材料吸收为主,而通信中的损耗则主要来自波导散射和材料散射。

如图 2-8 所示,光衰减与波长有关,从曲线可知,石英光纤有三个损耗区(又称低损耗窗口):第一损耗区为 0.6~0.9 μm,即短波长损耗区;第二和第三损耗区分别为 1.0~1.35 μm 和 1.45~1.8 μm,即长波长损耗区。

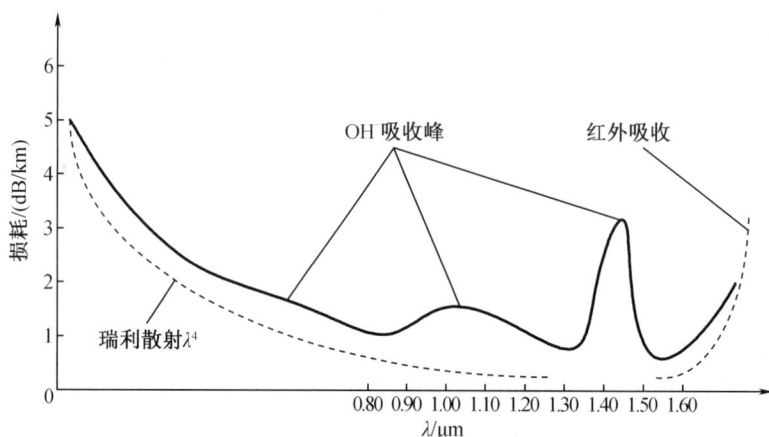

图 2-8 石英玻璃光纤的损耗-波长曲线

2.2.3.3 光纤弯曲损耗、微弯损耗和接头损耗

1. 弯曲损耗

光纤可弯曲,如果曲率半径过小,光就会从包层泄漏出去,因此在光纤制成光缆、现场铺设(管道转弯)、光缆接续等场合可能出现弯曲损耗。

2. 微弯损耗

微弯损耗是指由于光纤发生微小、随机的弯曲形变(弯曲半径通常在毫米或亚毫米量级),导致光信号在传输过程中发生能量损失的现象。这种损耗主要源于光纤几何形变引起的模式耦合和光能泄漏,是光纤通信中不可忽视的损耗来源之一。

3. 接头损耗

光通信中两个中继站之间的长光纤,是由许多短光纤连接起来的(一般每 2 km 一段),采用熔接(≤0.05 dB)或冷接(≤0.1 dB)技术,因此存在接头损耗,一般熔接要求两根光纤的轴心偏移不超过 10%。

2.2.4 光纤涂覆与套塑

2.2.4.1 光纤的一次涂覆

通用光纤的外径按 ITU-T 的规定为 125 μm,其中单模光纤纤芯为 8~25 μm,多模光纤纤芯为 15~50 μm。玻璃是脆性断裂材料,在空气中裸露会发生腐蚀,只要 0.98 N 左右的拉力就可以导致光纤断裂。为保护光纤的表面,提高抗拉强度和抗弯曲度,需要给光纤涂覆硅酮树脂或聚氨甲酸乙酯。

2.2.4.2　光纤的二次涂覆(被覆、套塑)

为了便于操作和提高光纤成缆时的抗张力,在一次涂覆的基础上再套上尼龙、聚乙烯或聚酯等塑料,以保护光纤的一次涂覆,提高机械强度。

光纤的二次涂覆分为松套和紧套两种结构。松套是指在一次涂覆层的外面,再包上塑料套管,套管中注入防水油膏。塑料套管的膨胀系数比石英光纤大 3 个数量级,纤芯到套管中心的距离应大于 0.3 mm,以使光纤在套管收缩时依旧可在管内滑动。紧套是指在一次涂覆层外再紧紧套上尼龙或聚乙烯等塑料,光纤不能自由活动,如图 2-9 所示。近几年,已开发出高弹性模量、低线胀系数的液晶聚酯套塑材料,是海底光缆高强度光纤和高寒地区光缆光纤的优秀套塑材料。

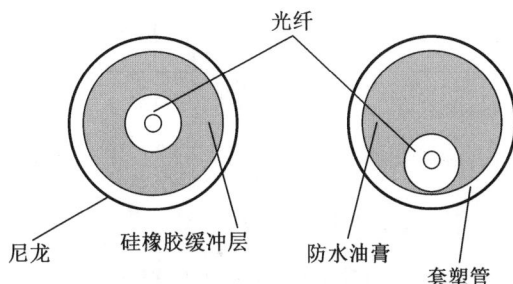

图 2-9　紧套和松套光纤的典型结构

2.3　海底光缆通信系统关键技术

海底光缆通信系统的关键技术可分为岸上终端设备技术和水下传输系统技术。岸上终端设备技术有光调制技术、光复用技术、波分复用和偏振复用/相干检测技术、前向纠错技术、色散补偿和管理技术、远供电源技术、线路监视/维护技术、高速 DAC/ADC 技术以及数字信号处理(DSP)/奈奎斯特脉冲整形技术等。水下传输系统技术有海底光纤/光缆技术、光纤色散和功率管理技术、全光放大中继技术、增益均衡技术、分支切换技术等。本节将选取部分技术分别加以介绍。

2.3.1　光调制技术

2.3.1.1　光调制技术原理

在无线电广播和通信系统中,调制是用数字或模拟信号改变载波的幅度、频率或相位的过程。改变载波幅度的调制叫作非相干调制,而改变载波频率或相位的调制叫作相干调制。调幅收音机是非相干调制,而调频收音机是相干调制。

与无线电通信类似,在光通信系统中,也有非相干调制和相干调制。非相干调制又分为直接调制和外调制两种,前者是信息信号直接对光源的输出光强进行调制,后者是信息信号通过外调制器对连续输出光的幅度/相位/偏振进行调制。

第一代和第二代海底光缆通信系统采用直接调制 LD,即电信号直接用开关键控(OOK)方式调制激光器的强度。但在非相干接收的波分复用系统和高速相干检测系统中,直接调制激光器可能出现线性调频,使输出线宽增大,色散引入脉冲展宽,信道能量损失,并产生对邻近信道的串扰,从而成为系统设计的主要限制,所以必须采用把激光产生和调制过程分开的外调制,以避免产生这些有害影响。直接强度光调制和外调制的比较如图2-10 所示。

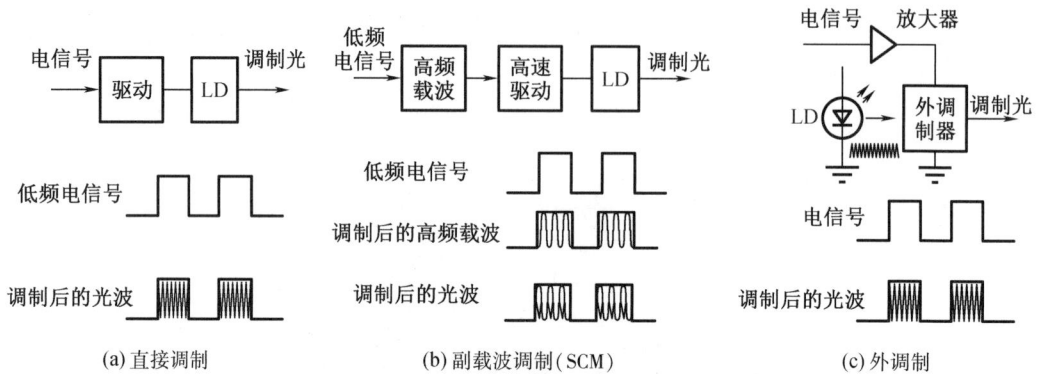

图 2-10　直接强度光调制和外调制的比较

激光器发出的光波是一种平面电磁波,沿 z 方向传输的电场可以写成

$$E_z(t) = E_0(t)\cos[2\pi f(t)t+\varphi(t)] \tag{2-17}$$

由式(2-17)可知,这里 $E_0(t)$ 是以光频 $f(t)$ 振荡的光波电场振幅包络,$\varphi(t)$ 是它的相位。从原理上讲,不论改变这 3 个参数中的哪一个,都可以实现调制。改变 $E_0(t)$ 的调制是幅度调制,如图 2-11(c)所示;改变 $f(t)$ 的调制是频率调制,如图 2-11(f)所示;改变 $\varphi(t)$ 的调制是相位调制,如图 2-11(g)所示;另外还有一种调制,就是改变光的偏振方向,如图 2-11(e)所示。如图 2-11(a)所示,快速上下移动快门,使光波间断通过遮光板的孔洞,从而实现光的脉冲调制,其调制图形如图 2-11(d)所示。

早期,所有实用化的光纤通信系统都是采用非相干的强度调制/直接检测(IM/DD)方式,这类系统技术成熟、操作简单、成本低、性能优良,已经在电信网中获得广泛应用。然而,这种 IM/DD 方式没有利用光载波的相位和频率信息,从而限制了其性能的进一步改进和提高。近年来,调制信号相位的正交相移键控(QPSK),以及在 QPSK 基础上进行的偏振复用的差分正交相移键控(PM-QPSK)技术已经成熟,可将 10 Gbit/s 系统提升到40 Gbit/s、100 Gbit/s 以及 400 Gbit/s 等高速系统,因此在高速光纤通信系统中得到了广泛应用。

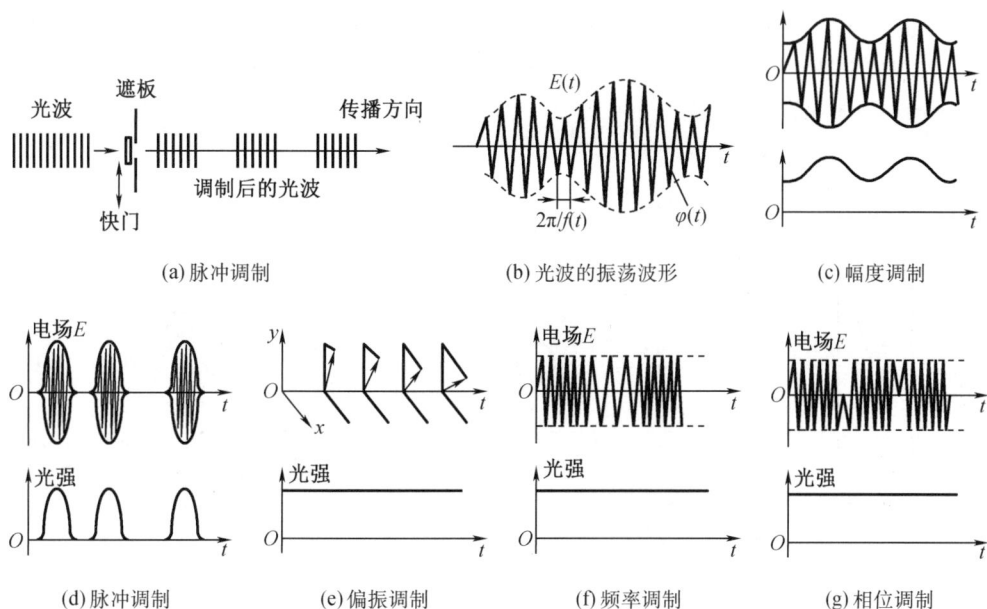

(a) 脉冲调制　　　　　(b) 光波的振荡波形　　　　　(c) 幅度调制

(d) 脉冲调制　　　(e) 偏振调制　　　(f) 频率调制　　　(g) 相位调制

图 2-11　光的各种调制方式

2.3.1.2　光调制技术

1. 光发送机模型(QPSK 调制)

任何带通信号都可表示为

$$v(t) = x(t)\cos \omega_c t - y(t)\sin \omega_c t = \mathrm{Re}[g(t)\mathrm{e}^{\mathrm{j}\omega_c t}] \qquad (2-18)$$

式中　　ω_c——载波角频率，$\omega_c = 2\pi f_c$；

　　　　Re——函数的实部；

　　　　$g(t)$——$v(t)$ 的复包络。

将复包络表示成直角坐标系中的两个实数，得到

$$g(t) = x(t) + \mathrm{j}y(t) \qquad (2-19)$$

式中　　$x(t) = \mathrm{Re}[g(t)]$；

　　　　$y(t) = \mathrm{Im}[g(t)]$。

在现代通信系统中，带通信号通常被分开送入两个信道：一个传送 $x(t)$ 信号，称为同向(I)信道；一个传送 $y(t)$ 信号，称为正交(Q)信道。如果采用复包络 $g(t)$ 代替带通信号 $v(t)$，则采样率最小，因为 $g(t)$ 是带通信号的等效基带信号。

在通信发送机中，输入信号 $s(t)$ 调制载波频率为 f_c 的载波信号，产生式(2-18)表示的已调信号 $v(t)$。由此可以得到一个通用光发送机模型，如图 2-12(a) 所示。

信息率用比特速率(bit/s)表示，即每秒传输的比特数，用于二进制信号；符号率用波特(baud)表示，即每秒传输的符号数，用于多进制信号。有时还会用术语波特率来代替波特。对于二进制信号，每秒传输的比特数等于符号数，但是对于多进制信号，则是不等的。

图 2-12(b) 是以 QPSK 调制为例的星座图。星座图是指用数字信号矢量绘成的数字信号 n 维图。具有 4 个电平值的四进制相移键控调制，称为正交相移键控调制，它是电平数为 4 的正交幅度调制(QAM)，其复包络 $g(t) = A\mathrm{e}^{\theta(t)}$ 是 4 个电平值的 4 个 g 值(一般是复数)，

对应于 θ 的 4 个可能相位。假如数模转换器(DAC)允许的多电平值是 -3、-1、1、3,则各值分别对应的载波相位就是 45°、135°、225° 和 315°,表示出相对应的 4 个点(符号),即 $\pi/4$、$3\pi/4$、$-3\pi/4$、$-\pi/4$,分别传输互不相同的 2 位比特信息,即 00、01、11、10 信息。

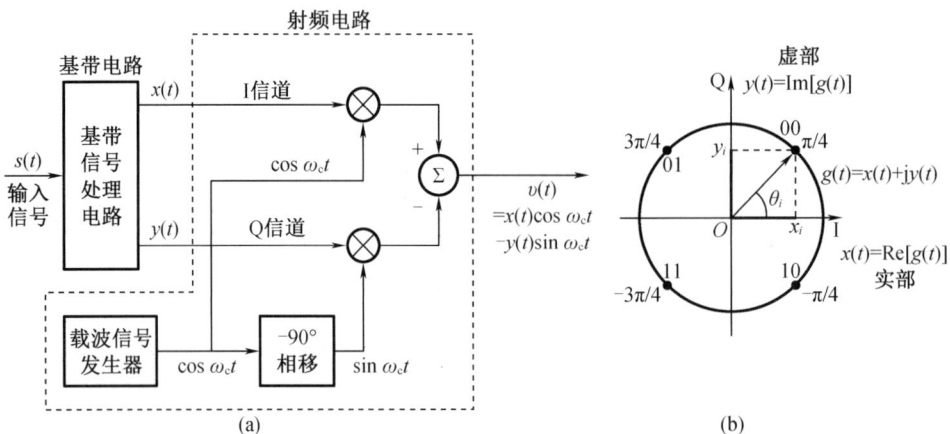

图 2-12 通用光发送机模型及 QPSK 信号星座图

华为技术有限公司网络研究部曾于 2017 年报道,采用多抽头预编码技术和比奈奎斯特滤波更快的脉冲整形方法,产生了子符号率取样信号,使用取样率 92 GSa/s 的 4 信道 DAC(模拟带宽 30 GHz),每符号 0.76 个取样值(sample/symbol),成功地演示了单载波线路速率 483 Gbit/s、DAC 120.75 Gbaud 的 PM-QPSK 系统。实验结果也已证明,120 GHz 波特率的 QPSK 调制可能是超长距离 400 Gbit/s 传输系统的一个优选方案。

2. 正交(I/Q)调制器

图 2-13 中的通用光发送机利用的是正交技术,其基本原理为载波信号发生器使用激光器,相乘器采用马赫-曾德尔调制器(MZM),分别接受 I 信道信号和 Q 信道信号的调制,从而实现 I/Q 光调制。

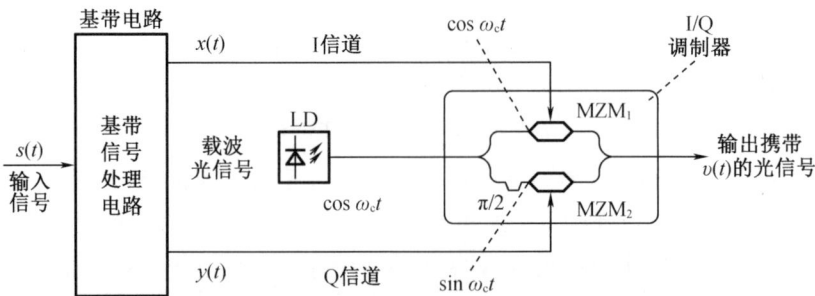

图 2-13 用马赫-曾德尔调制器构成正交调制光发送机

LD 激光器发出的 $\cos \omega_c t$ 光信号在到达 MZM_2 之前,移相 $\pi/2$,变为与 I 信道正交的 $\sin \omega_c t$ 光信号,接受 Q 信道的调制。在 I/Q 光调制器内,I/Q 光信号经过 2×1 光电耦合器,相当于通用光发送机中的相加器(Σ),合成一路输出光信号,携带着电数据 $v(t) = x(t)\cos \omega_c t -$

$y(t)\sin\omega_c t$ 的信号。

3.16QAM 调制

在高速光发送机中,通常在高速 DAC 前增加一个数字信号处理器,对输入电数据信号进行调制格式映射。例如 2^mQAM 调制器,当 $m=4$ 时,该调制器就是 16QAM 调制器,此时的 DSP 要对输入数据进行 16QAM 比特/符号映射、奈奎斯特脉冲整形、傅里叶变换,在频域进行预均衡等。DAC 输出一个 n band 数字信号,利用 I/Q 马赫-曾德尔光调制器进行调制,输出一个 $m\times n$ Gbit/s 的数字信号,如图 2-14(a)所示。

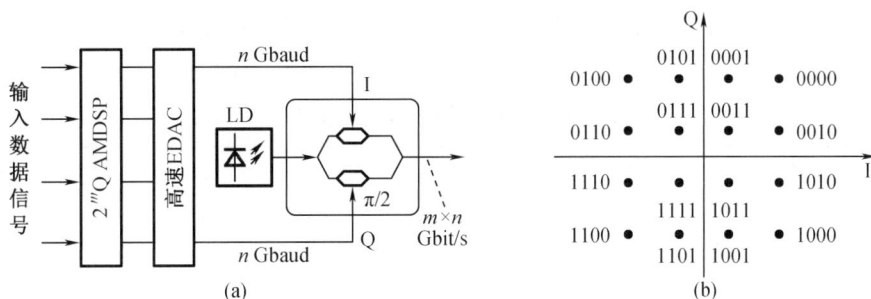

图 2-14　16QAM 信号实现原理图及星座图

对于 16QAM 调制,每个符号(电平)携带 4 位互不相同的比特信号,如图 2-14(b)所示。如果 DAC 取样率为 80 GSa/s,输出 65 Gbaud 的信号,则 I/Q 调制器的输出 $m\times n=(4$ bit/s)/Symbol$\times 65$ Gbaud $=260$ Gbit/s 的数字信号。对于偏振复用/相干检测系统,经偏振复用后,就变成 520 Gbit/s 信号,其净荷就是 400 Gbit/s 信号。

这种结构实现各种 QAM 调制简单而灵活,在 400 Gbit/s 光传输系统中常被采用。

2.3.2　光纤技术

2.3.2.1　超低损耗光纤

为了满足与迅猛发展的世界电信业务同步增长的需要,基于数字相干技术和使用非色散管理光纤线路的大容量海底光缆系统已经得到积极的开发。这种大容量超长距离系统实现的主要挑战是提高系统的光信噪比(OSNR)。为了提高系统的性能,市场对低损耗、小非线性效应光纤的需求与日俱增。事实上,当今海底光缆光纤的标准传输损耗是 0.16 dB/km,而最近开发并批量生产的纯硅芯光纤(PSCF)的损耗已降低到 0.15 dB/km(在 1 550 nm 波长),并具有足够大(110~130 μm^2)的有效芯径面积。

对长距离海底光缆通信系统来说,光纤损耗是首要考虑的因素,这是因为系统光信噪比与中继段入射光功率成正比,而入射光功率又与光纤有效芯径面积成正比,与光纤非线性系数成反比,即芯径面积越大,允许入射光功率就越大;光纤非线性越大,允许进入光纤的入射功率就越小。同时,光信噪比与中继段光纤损耗成反比。因此,减小光纤损耗系数和增大有效芯径面积,可扩大传输距离、提高光信噪比。

因此,长距离无中继系统倾向选择 G.654 纯硅芯光纤。若距离不是很长,也可以使用 G.653 色散移位光纤和 G.655 非零色散位移光纤(NZDSF),但这两种光纤因色散小而不利于波分复用(WDM)升级。实际上,小色散光纤要比大色散光纤的 WDM 非线性效应阈值低,因为色散越小,四波混频等效应越大。因此,使用色散较大光纤,即使引起信道光谱展宽,也能使光信号长距离传输受益。事实上,当 2.5 Gbit/s 信号传输距离超过 500 km 时,非色散位移光纤(NDSF)和 PSCF 色散即可被抑制。然而,对于 10 Gbit/s 或更高比特率的信号,接收端或发送端必须补偿线路色散。这可以用色散补偿光纤或布拉格光栅进行补偿,即使距离很长,也无须付出显著的色散代价。

表 2-2 列出了海底光缆常使用的线路光纤特性。光纤有效芯径面积也很重要,如表 2-2 所示,NDSF 和 PSCF 相比色散位移光纤(DSF)具有更大的有效芯径面积,这意味着允许减小非线性效应的影响,因为非线性效应阈值与有效芯径面积成反比。

表 2-2 海底光缆使用的有代表性的线路光纤

参数	符号	NDSF	DSF	PSCF	NZDSF-	NZDSF+	NZDSF++
ITU-T 标准		G.652	G.653	G.654	G.655	G.655	G.655B
1 550 nm 损耗/dBm	α	0.2	0.21	0.18	0.21	0.21	0.21
零色散波长/nm	λ_o	1 310	1 530~1 570	1 300	1 560~1 590	1 470~1 515	1 420
1 550 nm 色散/[ps/(nm·km)]	D	+17	~0	+18	-2	+4	+8
有效芯径面积/μm^2	A_{eff}	75~80	50	75~80	55	55~70	65

为了减小光纤非线性影响,扩大无中继系统传输距离,增加传输带宽,要求系统采用低损耗、大有效芯径面积单模光纤。目前已有超低损耗、大有效芯径面积的光纤,如超低损耗纯硅芯光纤,纤芯有效芯径面积为 110~130 μm^2,平均传输损耗为 0.162 dB/km 或 0.167 dB/km。有报道称,目前已有有效芯径面积更大的光纤,这种光纤有效芯径面积高达 155 μm^2,平均传输损耗为 0.183 dB/km(在 1 550 μm 波长)。

2.3.2.2 空心光纤

空心光纤(HCF)具有更低传输损耗的可能,将减少光纤传输的时延,可极大程度地消除光纤的非线性效应问题。2020 年,南安普顿大学的产业化子公司 Lumenisity 的研究结果显示,HCF 的一种嵌套反谐振无节点光纤(NANF)可实现在 1 510~1 600 nm 波段 0.28 dB/km 的传输损耗,且理论预测表明该结构具有继续降低损耗至 0.1 dB/km 的可能,这将低于石英光纤的材料损耗极限(瑞利散射极限为 0.145 dB/km)。另外,NANF 还具有更宽阔的低损耗窗口的可能,目前已知经报道的带宽已达到 700 nm。

空心光纤作为一种新型传输媒介,以空气为传输介质,替代传统以玻芯为传输媒介的光纤。空心光纤与传统的玻芯光纤一样,由纤芯、包层和涂覆层三部分组成,不同之处主要在于纤芯和包层。空心光纤的纤芯是空气,包层基于微结构的设计,通常由一系列微小的空气孔构成。这些空气孔沿光纤的长度方向排列,形成特定的周期性结构,包层的横截面就类似一个由硅细丝网组成的蜂巢,如图 2-15 所示。

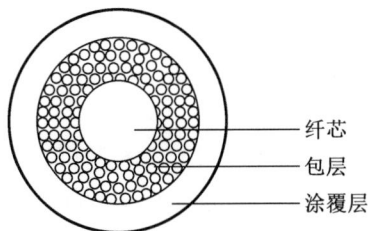

图 2-15　空心光纤结构示意图

传统光纤基于光的全反射原理,实现光在玻芯中传输(详见 2.3.1 节)。而空心光纤的芯是空气,由于空气的折射率小于包层介质的折射率,不满足全反射条件,所以要在空心光纤中传输光,就需要采用特殊设计的包层结构。例如,基于光子带隙效应的空心光子晶体光纤,其包层由一系列微小的空气孔构成,具有精确设定的孔径大小、孔间距和周期。

当光入射到纤芯和包层界面上时,会受到包层中周期排列的空气孔的强烈散射。这种多重散射产生相干,使得满足特定波长和入射角的光波能够回到芯层中继续传播。采用这种结构,就可以在纤芯层的折射率小于包层的情况下,实现对光的引导和传播。

空心光纤的重要参数指标有传输损耗、带宽、折射率差异等。传输损耗是指光在传输过程中能量的损失,是评价光纤传输性能的重要指标。带宽是指光纤能够传输的频率范围,直接影响光纤的传输速率。折射率差异是指空心部分与光纤壁的折射率之差,影响光的全反射条件,从而影响光的传输效率。

根据空心部分的形状和结构,空心光纤可以分为圆形空心光纤、多边形空心光纤、光子晶体空心光纤等。其中,圆形空心光纤是最常见的一种类型,其空心部分为圆形,具有良好的光传输性能。多边形空心光纤和光子晶体空心光纤则通过特殊设计的结构,实现了光的波长选择性传输,提高了传输效率。

近半个世纪以来,以单模光纤系统为代表的光网络,凭借其大容量、低功耗、低时延等优势,一直是通信领域的主干传输介质。然而,石英玻璃作为纤芯材料,具有本征极限,即容量瓶颈和性能极限。容量瓶颈方面:受石英材质的通道带宽制约,单纤单模 C+L 波段容量的上限约为 100 Tbit/s,即使扩展 O/S/U 波段,仍然无法突破 P 级别。性能极限方面:非线性、衰减、时延等均存在理论极限,从而限制了传输性能(如距离、时延)的进一步提升。近几年,随着空心光纤相关技术的不断突破,预测未来空心光纤系统在传输容量、距离及时延方面将会得到全面提升,成为超低时延场景(如数据中心、算力网络等)的最优选择,也将优先在这些场景中实现商用。

与当前广泛应用的玻芯光纤相比,空心光纤在以下几个方面具有显著优势:

1. 低时延

光主要在近乎空气孔的芯区传输,折射率比实心玻璃低,传输速度更快,时延从 5 μs/km 下降至 3.46 μs/km,传输时延相比于现有光纤系统降低 30%,这对于当前及未来时延敏感业务传输来说非常重要。

2. 低非线性

空心光纤中,光与介质的相互作用减弱,其非线性效应比常规玻芯光纤低 3~4 个数量级,使得入纤光功率可以大幅提高,从而增加传输距离。包括中兴通迅在内的业界各设备厂家基于这一特性已展开相关光系统研究,如 128QAM 高阶调制及高功率放大器技术等,预期至少可将系统容量及传输距离提升 2 倍。

3. 潜在的超低损耗

空心导光使得光纤能够打破二氧化硅材料的瑞利散射极限。目前空心光纤可实现损耗为 0.174 dB/km,与现有最新一代玻芯光纤性能持平。同时,空心光纤在通信窗口理论最小极限可低至 0.1 dB/km 以下,比普通玻芯光纤的理论极限 0.14 dB/km 更小。

4. 超宽工作频段

随着空心光纤结构设计的不断优化,可以提供超过 1 000 nm(约 106.67 THz)的超宽频段,轻松支持 O、S、E、C、L、U 等波段。

因为空心光纤的巨大商业价值,2022 年 12 月,微软收购了空心光纤解决方案提供商 Lumensity,并在英国数据中心部署了空心光纤。国内光纤厂商,比如长飞、亨通,都在积极布局空心光纤技术,很多高校也在进行这方面的研究。

2024 年 11 月 19 日,微软在年度旗舰大会 Ignite 2024 上宣布了一项重要计划:未来 24 个月内,微软将部署长达 1.5 万千米的空心光纤,旨在强化 AI 大模型与数据中心之间的连接,从而大幅提升网络容量与运算能力。中国电信采购网于 2024 年 11 月 24 日发布了《中国电信浙江公司 2024 年空心光纤光缆现场试验项目资格预审公告》,首次采购空心光纤光缆,长度为 95 皮长公里[①],含空心光纤 2 芯、常规 G.652.D 光纤 132 芯,包含全链路空心纤芯的熔接服务。

空心光纤已经从以测试及科研为主,走向了商用之路。

2.3.3　光纤色散补偿和功率管理

在对海底光缆通信系统进行整体设计时,一般要对传输线路和终端设备进行一体化设计,即需要综合考虑终端设备性能、中继节点参数、选取的光纤类型以及线路的色散管理和功率管理。

在海底光缆通信系统中,光纤的选型经历了从 G.654、G.655 到混合光纤的发展过程。在 G.652 常规单模光纤的基础上,通过采用纯二氧化硅纤芯,依靠包层的掺杂降低折射率,得到所需要的折射率差的方式研制出 G.654 损耗最小光纤,其显著的特点是在 1 550 nm 的工作波长损耗系数最小,仅为 0.15 dB/km,但此时色散系数较高,为 19 ps/(nm·km)。这种光纤主要应用于早期衰减受限、速率不高的系统。随着系统速率的提高以及容量的增大,色散问题在很大程度上限制了系统速率,零色散光纤所引入的四波混频现象会导致信道间产生严重串扰,不适用于密集波分复用(DWDM)系统。为此需要在色散大小和四波混频间做出折中,即在 1 550 nm 的工作波长保持有较小的正色散系数或具有负色散系数,这样就有了 G.655 非零色散位移光纤。目前这种光纤广泛应用于远距离、大容量的密集波分复用系统中。

为进一步提升系统的性能,可采用混合光纤的模式。所谓混合光纤,就是在传输线路上采取多种光纤组合来达到性能互补,常用来进行色散补偿和功率管理。

---

① 皮长公里是光缆的长度计量单位之一。

色散补偿是指在系统跨距段内将正色散和负色散光纤按一定配置比例间插排布,得到线路的接近于零的低色散值。由于在每段光纤中色散均不为零,这便很好地抑制了四波混频。

功率管理是指在跨距段内的发端采用大有效芯径面积光纤,以降低非线性效应,混合间插常规光纤,可以在一定程度上降低或补偿色散。如采用色散系数为 19 ps/(nm·km)、有效芯径面积大于 75 μm² 的正色散光纤,以及色散系数为−39 ps/(nm·km)、有效芯径面积大于 25 μm² 的负色散光纤,按照 2:1 的配置比例进行混合布设,最终可得到平均色散系数为−3 ps/(nm·km)的性能值,明显改善了系统的色散,降低了其非线性效应,完全可以应用在大规模密集波分复用系统中。

2.3.4　远供电源技术

作为海底光缆通信系统的能源供给,远供电源技术对于整个系统意义重大。为满足海洋场景的长距离传输,海底光缆网的电能传输系统与陆地上的有显著区别。高压交流供电系统一般用于陆地系统,当用于海底传输时,电缆上的寄生电容和电感会增加系统的无功功率,极大降低电能的传输效率和供电系统的稳定性,加上交流变电设备体积庞大,很大程度上限制了海底节点设备的设计,而在大型海底网络中使用直流输电方式是最佳选择。在采用直流输电方式后,可以利用电极与海水作为回路,即使用一条输电线就能构成输电环路,在技术难度大且造价高的海缆系统中,能大大降低建设成本。此外,直流输电系统的瞬态具有高频特性,响应速度快,可以保障系统的稳定性和可靠性。

对于点到点或树状结构的系统而言,电源的供应及监测很容易实现;但对于大规模多节点的网络而言,电源分配供给和监测实现难度很大。因此需要设计相应的电力监测系统,对整个网络中的电能传输情况进行实时在线监控。

2.4　海底光缆系统

2.4.1　系统组成

如图 2-16 所示,海底光缆系统由岸上设备和水下设备两部分组成。

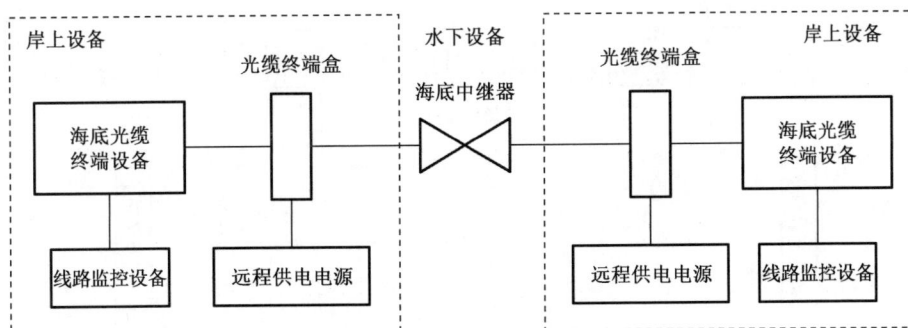

图 2-16　海底光缆系统主要组成示意图

水下设备:主要包括光缆、光放大器/中继器和水下分支单元。

岸上设备:主要包括海底光缆终端设备、光缆终端盒(cable terminal box,CTB)、远程供电电源、线路监控设备、网络管理设备和海洋接地装置等。

其中,光缆终端盒负责两端信号处理、发送和接收;线路监控设备负责告警监控和故障定位等。

海底光缆与陆地光缆一样,中间是头发丝粗细的纤芯,不过,海底光缆需要更强的铠装保护,且还有一个重要的组成部分——远程供电导体,用于将电流输送到海底中继器。

中继器(图2-17与图2-18)直径比海底光缆大得多,其尺寸限制了海底光缆的纤芯数量。因为光缆的纤芯越多,中继器尺寸就会成比例扩大,同时,对供电的要求也随之提高。

图2-17 施工中的海底中继器实物图
(吊装的圆柱体部分即为中继器)

图2-18 机房内的中继器实物图

2.4.2 远供电源设备

尽管光纤信号传输速度快、带宽大,但是受制于信号传输距离,加上各类内部及外部的损耗,光信号也不能无限制地传输下去,因此,为了实现长距离传输,需要在传输过程中加装中继器(信号放大器)。而中继器是需要用电的,所以就要用到远供电源设备。远供电源设备是海底光缆系统中重要的组成部分。

远程供电问题在陆地上很容易解决,但是到了海底就变得相对复杂。在远距离的海底,应如何为中继器供电?海底光缆系统需要在两端的陆地上配置远程供电电源,如图2-19所示,它通过海底光缆上的远程供电导体向海底中继器供电,从而解决供电的问题。

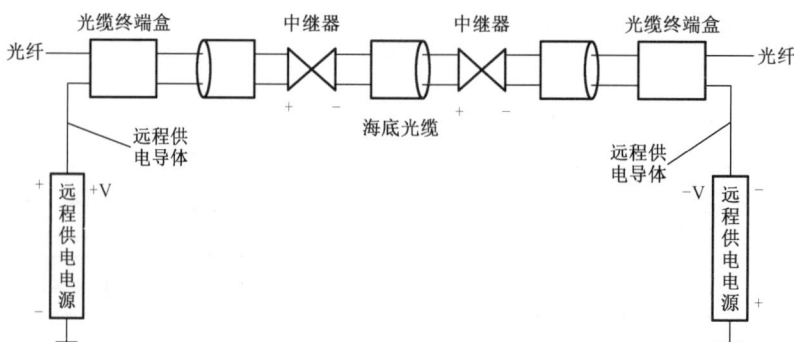

图2-19 远程供电示意图

　　远程供电采用的是高电压、低电流的直流供电,供电电流 1 A 左右,可供电电压高达几千伏。图 2-20 中左侧机柜即为远程供电电源实物图,其实际上是由直流变换器组成的,每个变换器提供几千伏直流电,且有蓄电池备份。

图 2-20　远程供电电源实物图

　　图 2-21 为电源监控界面,其实时显示海底光缆的供电电压情况。与其他电源机房一样,远程供电电源也有蓄电池备份,断电时可切换到蓄电池电源,如图 2-22 所示。

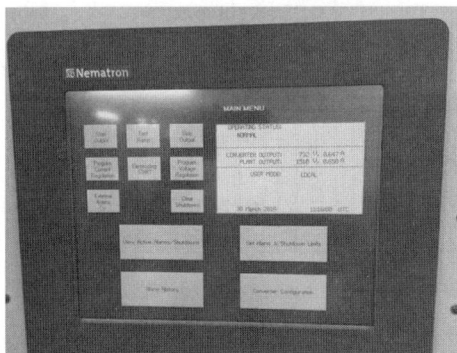

图 2-21　电源监控界面　　　　　　　　图 2-22　蓄电池电源单元

2.4.3　海底光缆

2.4.3.1　海底光缆结构

　　相比同轴电缆,光纤的优势相当明显,但其本身却是相当脆弱的,因此这就对保护光纤的海底光缆外围保护结构提出了更高要求。具体来说,海底光缆的设计必须保证内部光纤不受外力和环境的影响,其基本要求包括适应海底压力,耐磨损,不易腐蚀等;同时还要防止内部产生氢气(因此不能用铝)及外部氢气入侵(防气体渗入)。此外,其还要有合适的铠装层,以防止渔轮拖网、船锚及鲨鱼的破坏。而当光缆断裂时,还要尽可能地减少海水渗入光缆内的长度;同时要能承受敷设与回收时的张力。最后也是最重要的一点,海底光缆的使用寿命一般要求在 25 年以上。

　　根据所处的海洋环境和水深,海底光缆可分为深海光缆和浅海光缆两大类,两者的结构区别仅在于铠装。深海光缆敷设于海水深度大于 1 km 的海下,一般没有外铠装层,是不需要特殊保护或带有附加保护层的轻型光缆(其直径不到 20 mm);而浅海光缆由于处在极端苛刻的环境中,容易受外界机械损伤,因此一般会采用单层或双层钢丝铠装。在海底光缆建设工程中,一般情况下水深和光缆结构的对应关系为:水深 0~100 m 时,采用双层铠装海底光缆;水深 100~1 000 m 时,采用单层铠装海底光缆或轻型铠装海底光缆;水深 1 000~1 500 m 时,采用轻型铠装海底光缆;水深大于 1 500 m 时,采用深海光缆。

基于上述需求,当前海底光缆的设计结构通常是将经过一次或两次涂层处理后的光纤螺旋地绕包在中心,然后将加强构件(用钢丝制成)包在周围(直径通常是 69 mm),如图2-23 所示。不同结构的海底光缆截面如图 2-24、图 2-25 所示。海底光缆实物图如图2-26~图 2-28 所示。

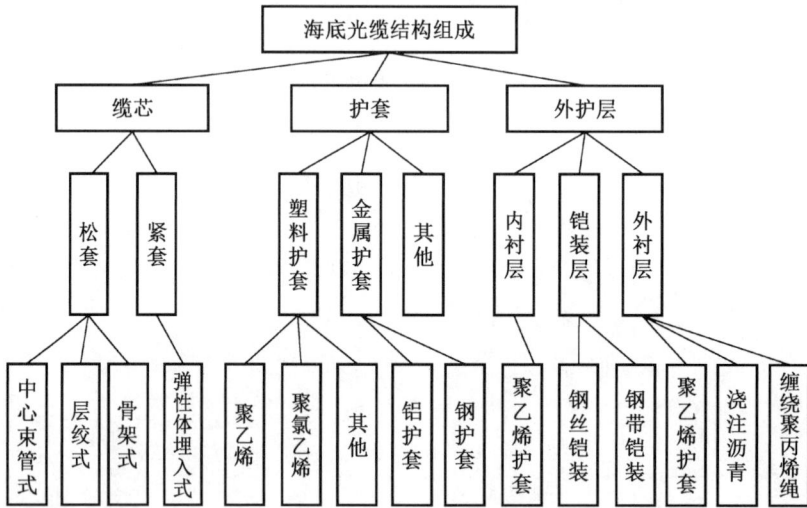

图 2-23　海底光缆结构组成

图 2-24　典型的深海光缆截面图

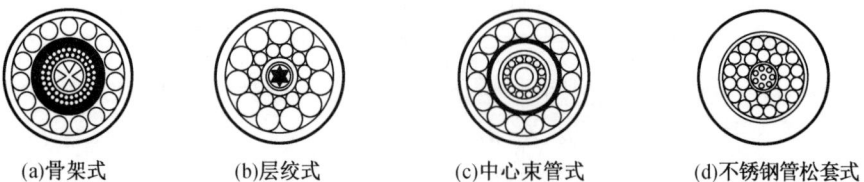

(a)骨架式　　(b)层绞式　　(c)中心束管式　　(d)不锈钢管松套式

图 2-25　典型的浅海光缆截面图

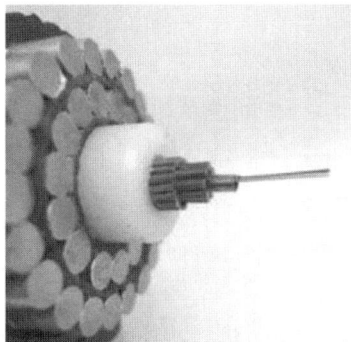

图 2-26　海底光缆中间的纤芯

图 2-27　典型的海底光缆结构

图 2-28　海底光缆样本

2.4.3.2　海底光缆类型

随着光纤通信技术的发展,国内外对海底光缆的结构进行了大量的研究,开发出多种类型的海底光缆,以满足不同场合的要求,如图 2-29~图 2-32 所示。光缆型号的命名方法参见 YD/T 908-2020。

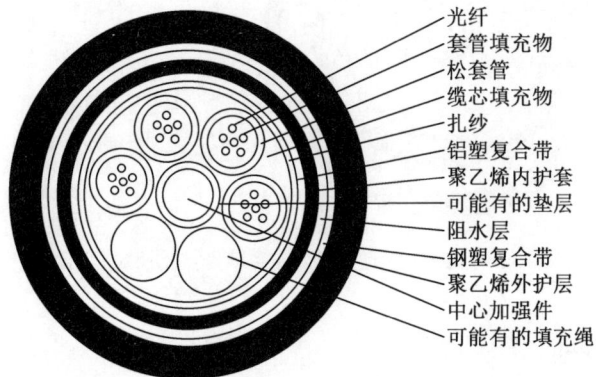

光纤
套管填充物
松套管
缆芯填充物
扎纱
铝塑复合带
聚乙烯内护套
可能有的垫层
阻水层
钢塑复合带
聚乙烯外护层
中心加强件
可能有的填充绳

图 2-29　GYTA53 型光缆(应用场景:直埋、水下)

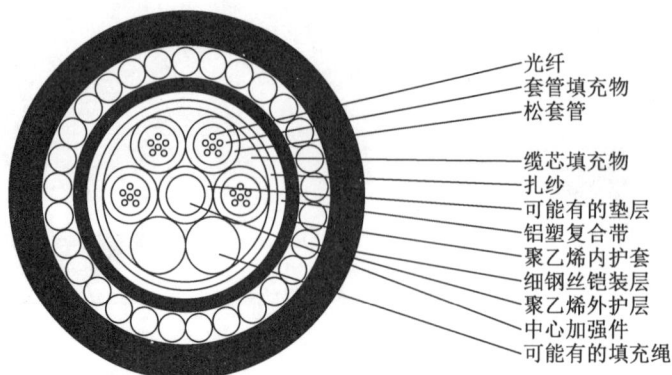

图 2-30　GYTA53+33 型光缆 (应用场景:直埋、水下、陡坡和过江河)

光纤
套管填充物
松套管
缆芯填充物
扎纱
可能有的垫层
铝塑复合带
聚乙烯内护套
细钢丝铠装层
聚乙烯外护层
中心加强件
可能有的填充绳

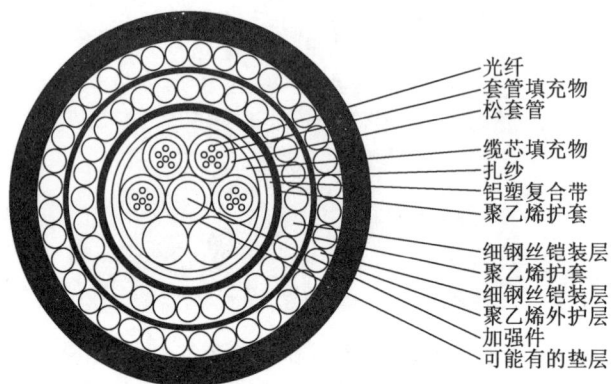

图 2-31　GYTA333 型光缆 (应用场景:水下、深水)

光纤
套管填充物
松套管
缆芯填充物
扎纱
铝塑复合带
聚乙烯护套
细钢丝铠装层
聚乙烯护套
细钢丝铠装层
聚乙烯外护层
加强件
可能有的垫层

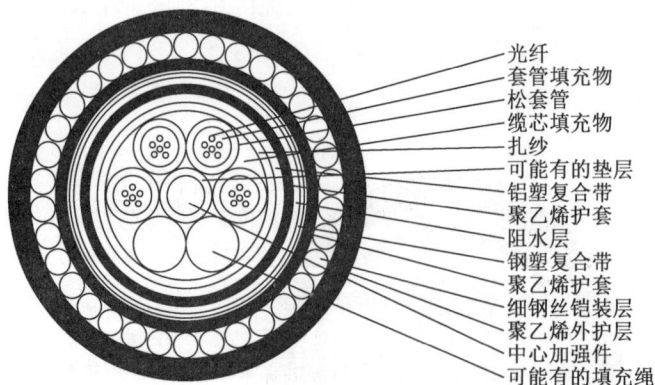

图 2-32　GYTA33 型光缆 (应用场景:陡坡和过江河)

光纤
套管填充物
松套管
缆芯填充物
扎纱
可能有的垫层
铝塑复合带
聚乙烯护套
阻水层
钢塑复合带
聚乙烯护套
细钢丝铠装层
聚乙烯外护层
中心加强件
可能有的填充绳

2.4.4　我国海底光缆的性能

我国研制的海底光缆大都是浅海光缆,敷设深度均小于 500 m。我国海底光缆的部分性能参数见表 2-3。

表 2-3　我国海底光缆的部分性能参数

参数		第一代	第二代	第三代	第四代
光缆外径/mm		43	32	36	26
光缆线质量/(kg·m⁻¹)		4.8	2.0	3.4	1.7
最小弯曲半径/m		0.8	0.8	0.8	0.8
光缆制造长度/km		13.2	25	25	25
衰减系数/ (dB·km⁻¹)	1.30 μm	0.50	0.40	0.40	0.36
	1.55 μm	0.50	0.40	0.25	0.25
断裂负荷/kN		280	100	178	180
短暂拉伸负荷/kN		147	70	100	110
工作拉伸负荷/kN		90	40	55	55
抗冲击(高度 150 mm)/kg		260	130	100	160
抗压(长度 100 mm)/kN		30	10	10	15
反复弯曲次数		30	30	30	30
光缆寿命/a		20	25	25	25
温度范围/℃		−20~50	−20~50	−20~50	−20~50

从表 2-3 中可见,我国海底光缆正向轻型化、大长度、低损耗方向发展,光缆半径及自重在逐渐减小,光缆使用寿命在逐渐延长。但其机械性能(如工作拉伸负荷、抗冲击、抗压等性能)随着铠装的轻型化有所下降。目前,我国在研制海底光缆过程中遇到的难题是如何在保持其优越的机械性能的基础上使其趋于轻装化。目前,我国生产的海底光缆采用的都是世界上先进的不锈钢束管松套结构,单管最大光纤容量均达到 48 芯。

我国自主研制的海底光缆缆芯是基于从瑞士 SWISSCAB 公司引进的设备和技术生产的,采用不锈钢复合套管的结构;而阿尔卡特公司研制的海底光缆缆芯由其集团在国外的生产厂提供,采用不锈钢管结构。表 2-4 中对我国几家海底光缆生产厂的部分产品性能参数进行了对比。

从表 2-4 中可见,我国自主研制的海底光缆性能基本上达到了其他两家公司同类产品的水平,但在抗拉、抗压、抗冲击等性能方面还存在一定差距,即使光缆外径大于这两家公司的同类产品,其断裂负荷、工作拉伸负荷也只有它们的一半;最小弯曲半径也达不到这两家公司同类产品的水平;抗压能力仅为它们的一半,抗冲击能力甚至不及阿尔卡特公司产品的一半。中天科技公司的海底光缆制造水平已经逐渐接近阿尔卡特公司,其 SK5 型海底光缆半径略小于我国自主研制的 DA2 型,自重略小,但其断裂负荷、短暂拉伸负荷、工作拉伸负荷却是 DA2 型的 3 倍,抗压、抗冲击能力也是 DA2 型的 2 倍左右。实际应用中,由于我国自主研制的海底光缆在性能方面还存在诸多不足,因此我国许多海域敷设的都是价格高昂的国外光缆。例如,我国某海域敷设的是国外海底光缆公司 NSW 的双层铠装 A 型、单层铠装 B 型浅海光缆,这两种海底光缆的自重轻、体积小、结构紧凑、密度大、强度高,且机械性能优于国内的海底光缆产品,它们均采用不锈钢松套管式,外径分别为 28 mm、23 mm,海水中质量分别为 1 900 kg/km、1 000 kg/km,但断裂负荷却分别达到了 400 kN、200 kN,短暂拉伸负荷分别为 290 kN、140 kN,工作拉伸负荷分别为 240 kN、120 kN。

表 2-4　我国几家海底光缆生产厂的部分产品性能参数

参数		我国自主研制的产品			阿尔卡特公司的产品			中天科技公司的产品		
		SA	DA1	DA2	SA	DA1	DA2	DK1	DK2	SK5
光缆外径/mm		19	24	40	23	26	33	24	32	39
光缆线质量/(kg·m⁻¹)	空气中	0.9	1.6	5.1	1.1	1.7	3.1	1.3	3.4	4.5
	海水中	0.6	1.2	3.9	0.7	1.2	2.3	0.8	2.5	3.4
断裂负荷/kN		70	150	200	120	200	400	100	350	600
短暂拉伸负荷/kN		45	100	140	70	120	250	65	220	400
工作拉伸负荷/kN		30	50	70	45	80	150	40	135	240
最小弯曲半径/m		0.8	0.8	1.0	0.5	0.75	0.75	0.7	1.0	1.2
抗冲击(高度150 mm)/kg		130	130	160	200	400	400	133	266	266
抗压(长度100 mm)/kN		10	20	20	20	25	40	20	40	40

2.5　海底光缆敷设与修复

2.5.1　海底光缆的敷设

海底光缆的敷设工程被世界各国公认为是最复杂且最困难的大型工程之一,这就不难理解为什么要求海底光缆寿命达到25年以上,因为敷设一次十分麻烦!下面介绍海底光缆的敷设过程。

海底光缆的敷设过程可以分为两个部分:深海区域敷设和浅海区域敷设。

在深海区域要经历勘查清理、海缆敷设和冲埋保护三个阶段。而完成海底光缆的敷设,依靠的主要是光缆敷设船及水下机器人(图2-33)。其中光缆敷设船要特别注意航行速度、光缆释放速度,以控制光缆的入水角度和敷设张力,避免因弯曲半径过小或张力过大而损伤光缆中脆弱的光纤。

在浅海区域,敷设船停留在距离海岸数千米的位置,通过岸上牵引机的牵引,将放置在浮包上的光缆向岸边牵引(图2-34),然后拆除浮包,使光缆沉至海底;而在深海区域,敷设船主要负责释放出光缆,然后由水下检测器搭配水下遥控车进行水下监视和调整,以避开海底不平整、有岩石的地方。

图 2-33　光缆敷设船及水下机器人(法国)

图 2-34　光缆敷设船进行海上施工(放置在浮包上的光缆向岸边牵引)

随后,水下机器人(图 2-35)开始进行如下三步工作:

图 2-35　水下机器人

第一步,向海底喷射高压水柱,将海底泥沙冲开,形成海缆沟(一般深约 2 m);

第二步,利用设备上的导缆孔,引导光缆到海缆沟底之中;

第三步,由潮流自动将海缆沟填平。

需要说明的是,一条洲际海底光缆是难以一次完成敷设的,因为目前最先进的光缆敷设船也仅能搭载 2 000 km 长的光缆(且目前的敷设速度仅能达到 200 km/d),因此敷设要分段进行,而每一段的光缆对接,都需要在敷设船上完成,并需要极高的技术。

2.5.2 海底光缆的修复

自诞生之日起,海底通信就面临着各种威胁和挑战,而一旦海缆(包括电缆和光缆)被破坏,通信就会中断,造成的影响不言而喻。

20 世纪七八十年代,海底光缆极易遭到捕鱼船(拖网)、船锚的破坏,甚至还会被鲨鱼咬断。随着相关法规(如禁止在海缆上方区域停船抛锚)的完善和海缆防护能力的提升,这些破坏海缆的情况开始显著减少。

然而,地震导致海底光缆受到破坏的情况是难以避免的。例如,2006 年我国台湾地区发生的强震,就造成了多条国际海底光缆受损甚至中断,导致该地区互联网用户无法正常访问国外网站;同样,2011 年日本地区发生的强震,也导致众多日本国内用户无法登录到国外网站。因此,修复海底光缆就成为必不可少的工作。

2.5.2.1 浅海海底光缆的修复

浅海海底光缆的故障,可通过人工完成搜索及简单修复,如图 2-36 所示。

图 2-36 人工完成浅海海底光缆的搜索及简单修复

2.5.2.2 深海海底光缆的修复

深海海底光缆的修复异常复杂,因为一旦光缆出现问题,首先需要在茫茫大海中找到海底光缆,再从深达几百米甚至几千米的海床上打捞起直径不到 10 cm 的海底光缆,这不亚于大海捞针。

随着定位技术的发展,这一修复过程开始变得高效。深海海底光缆的修复过程大致可分为以下五个步骤:

1. 查找故障点

首先使用设备(一般为光时域反射仪)来定位故障的大致位置。常用方法是在从海底光缆岸端的终站或始站将光缆取下,用光时域反射仪向光纤中输入光脉冲,光脉冲遇到光纤断裂面会产生特殊反射光,再根据时间、折射率等进行计算,就可确定故障点的具体位置。

2. 打捞光缆一端

如果光缆在水下不足 2 000 m 的深处,可以派出 ROV(图 2-37)潜下水,通过扫描检测找到破损海底光缆的精确位置。ROV 将浅埋在泥中的海底光缆挖出,并用电缆剪刀将其剪断。船上放下绳子,由 ROV 系在海底光缆一端,然后将其拉出海面。同时,ROV 在切断处安置无线信号收发器,以为后续修复连接做好准备。

如果光缆位于水深 3 000~6 000 m 海域,则只能使用一种抓钩,抓钩收放一次就需要 12 h 以上。海底光缆本来是平铺的,光缆被从三四千米深的海底拉起来,牵扯范围能达到方圆几千米,所以一定要慢要稳。海缆还可能相互交错,打捞时注意不要破坏其他光缆系统,所以任务很艰巨。

3. 打捞光缆另一端

通过无线信号收发器提供的定位,将光缆的另一端也拉出水面。随后借助船上的仪器分别接上光缆两端,并与最近的登陆站进行通信,以检测出光缆受阻断的部位究竟在哪一端。然后收回较长一部分有阻断部位的海底光缆,剪下,另一端装上浮标,暂时漂在海面上。

4. 修复光缆

将毁损的光缆打捞上船并将其替换掉,用新的光缆连接之前的两个断点。由于光纤非常纤细,需要用专用设备(光纤熔接机)进行熔接(图 2-38)。整个对接过程对技术要求极高。

图 2-37　ROV

图 2-38　利用光纤熔接机对光纤进行对接

5. 测试正常后,抛入海中

新的海底光缆对接完成后,还需经过反复测试,以确保通信及数据传输正常。随后,需要再次利用水下机器人重新完成一次海底光缆的敷设。

2.6　有线通信典型应用

光纤除了在海底光缆通信系统中的广泛应用外,还可通过增强和防护处理形成微细光缆,在鱼雷、无人水下航行器及水下光纤组网等水下装备领域广泛应用。

微细光缆在水下装备中应用,具有其他通信方式无可比拟的优势:

①体积和质量小,适合水下航行器携带。微细光缆的直径小,每千米的质量可以控制在150 g之内,降低了水下航行器携带大长度微细光缆的体积和质量要求。

②传输速率高,传输距离远。微细光缆数据传输速率可以达到1 Gbit/s以上,传输距离可以达到千米以上,为水下传感信息、视频、多用户应用信息等各种数据传输提供了技术途径。

③环境适应性好。经过特殊成缆处理的微细光缆在使用中不受海水腐蚀影响,通信能力不受水文条件和复杂的海水环境影响,可以实现全海深应用。

④在水下航行器上应用范围广。由微细光缆绕制成形的线团可被不同航行器携带,不受航行器航行速度和深度限制,可满足航行器多种工况下的使用。

2.6.1　微细光缆在鱼雷中的应用

在水下武器中,线导鱼雷是一个比较典型的有线通信应用装备。微细光缆可实现舰艇与鱼雷间信息的双向传输,且不受海水环境和电磁环境干扰,从而增加了鱼雷的作战距离,增强了目标识别能力,有利于控制鱼雷机动灵活地导向目标,极大地提高了鱼雷的通信速率和可靠性。

其主要工作原理是由发射平台通过导线传输指令控制导向目标的鱼雷。简单来说,鱼雷和发射平台双方之间通过导线传输数据,鱼雷可以传输自己的状态、位置、目标的方向和相对距离等,发射平台接收到这些数据并对其进行分析后,再发出指令遥控鱼雷正确攻击目标(图2-39)。由于双方都是通过光纤传输数据的,不受海水环境和舰艇电磁环境的干扰,因此抗干扰能力极强,在击中目标的前一瞬间也能传输数据回去,报告正确的击打目标。

21世纪初,德国、意大利和法国等国家的光纤制导鱼雷相继装备于部队。这些鱼雷的声自导头搜索范围大,可以任选主动、被动或主-被动三种方式搜索目标,与光纤制导技术的结合不仅增大了鱼雷的有效射程,同时也增强了鱼雷的反对抗能力,保证了极高的命中率。

应用于鱼雷的微细光缆,在设计上包括两个微细光缆线团,分别位于鱼雷和发射平台上。鱼雷上线团的长度与鱼雷的航程基本一致,同时需要满足鱼雷高航速下快速布放的要求。平台上线团的长度与鱼雷攻击过程中平台机动距离相关,在布放时需采用必要的保护措施,防止布放出去的微细光缆受平台机动影响而断线。

图 2-39　带有光纤导线的线导鱼雷发射瞬间示意图

如何在鱼雷有限的体积和质量条件下携带满足鱼雷航程需求的微细光缆,以及如何使微细光缆的布放速度适应鱼雷的整个航速范围,是光纤制导鱼雷所需解决的关键问题。要解决上述问题,需要微细光缆具有直径小、强度高和无接续长度大的特点,同时在线团设计时需要考虑大变速条件下的可靠低损耗布放。

随着重型鱼雷的不断发展,光纤制导技术将向着更远通信距离、更高布放速度方向发展。

需要说明的是,线导对于鱼雷射程的增加并不是没有限制的,因为不管导线采用什么材料制造,几十千米长的导线累计起来,质量和体积也不是个小数目(图 2-40)。好在线导鱼雷的导线是容纳在潜艇内部的,而不是在鱼雷的雷体内。但由于鱼雷的水下航行速度相对较低,攻击耗费时间极长,过大的射程不仅在实战中的价值非常有限,还会导致水声探测/制导系统的复杂化,因此线导鱼雷最大射程的设定也应量力而行。目前重型鱼雷的最大射程一般控制在数十千米。

图 2-40　线导鱼雷使用的导线(封装状态)

2.6.2 微细光缆在无人潜航器中的应用

如前所述,无人潜航器一般分为 ROV 和 AUV 两种。ROV 作业需要母船的支持,母船通过脐带缆对 ROV 供电并与 ROV 双向通信,实现母船对 ROV 的遥控操作以及 ROV 的探测信息回传。为配合 ROV 作业,母船上配备有绞车系统。对于大潜深 ROV,一般需配备中继站。ROV 随中继站由母船上的绞车系统和吊放装置布放至设定深度,并通过中继站上的脐带缆管理系统实现供电、通信和脐带缆收放。ROV 的运动和工作区域受脐带缆的限制,且需配备复杂、大型的母船支持系统,以及昂贵的铠装缆和脐带缆系统,因此对其使用和维修造成不便。AUV 自带电池供电,在设定区域自主航行进行海洋探测,由于采用无缆工作模式,因此无法与母船进行信息交互,不能实现精确探索,且不具备作业能力。复合型水下航行器(autonomous remotely operated vehicle,ARV)综合了 ROV 和 AUV 的优点,采用微细光缆替代脐带缆,自带电池供电,既具备 AUV 大范围海洋探测功能,又可由母船实施遥控操作,并能将探测信息实时回传至母船。ARV 的出现可使水下航行器向着更大潜深、更远距离和更具智能化的方向发展,代表了未来 UUV 的发展趋势。

2020 年 11 月 13 日,"奋斗者"号载人潜水器在马里亚纳海沟进行了万米深潜,海试过程中进行了全球首次万米深海电视直播,如图 2-41 所示。

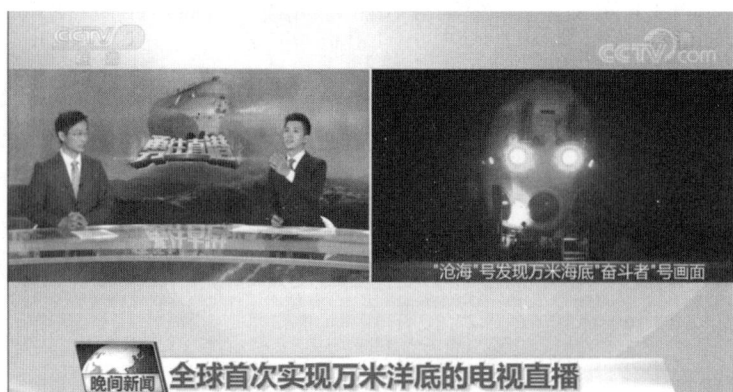

图 2-41　全球首次万米深海电视直播

实现跨越如此大深度的海底电视直播的关键就是微细光缆。

"沧海"号携带的一根长达 10 多千米的微细光缆实现了海底"沧海"号深海着陆器与海面"探索二号"保障船之间的通信。当信号传送到"探索二号"保障船后,就可以通过保障船上的卫星天线实现卫星通信,这样就能与同样建立了卫星通信的央视直播间实现双向通信同步直播,即可通过"沧海"号上的深海摄像头看到"奋斗者"号靠近的画面,如图 2-42 所示。

但"沧海"号与"奋斗者"号之间并没有光缆连接,高清的画面又是怎样从"奋斗者"号的舱内传到"沧海"号上的呢?

在"沧海"号和"奋斗者"号分别坐底后,在通过声学定位确定彼此的位置后,无法移动的深海着陆器"沧海"号就是通过相对不易被海水吸收和散射的蓝绿色灯光吸引"奋斗者"

号向它移动,并彼此准确定位的。

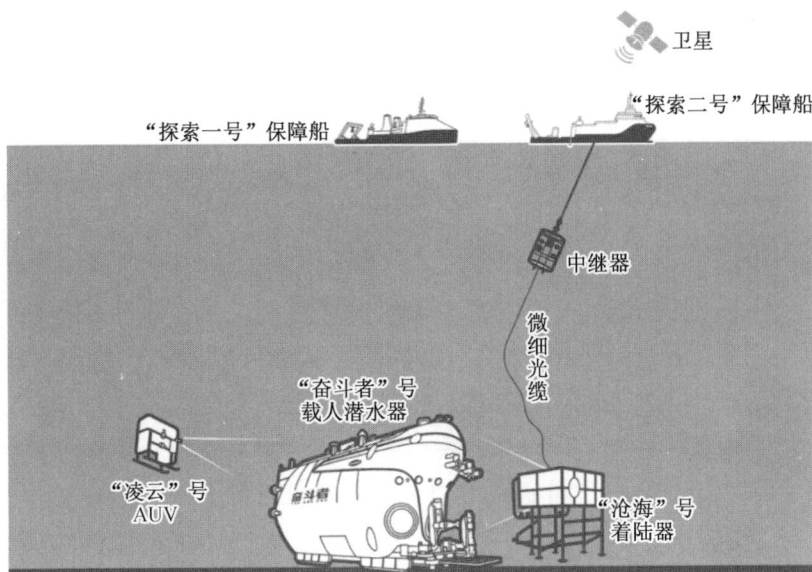

图 2-42　"奋斗者"号海底直播示意图

在"奋斗者"号上,舱内摄像头拍摄的数字画面编码后通过激光发射器中蓝色激光产生闪烁的信号传送信息,"沧海"号上的接收器接收到闪烁的信号后,通过调制将信号转换成数字画面,再通过微细光缆传送给海面的"探索二号"保障船,"探索二号"再利用船载的卫星天线通过通信卫星传送到电视台实现直播。

注:2020 年 11 月 10 日,"奋斗者"号首次下潜 10 909 m 时,并没有携带微细光缆,无法实现高清视频传输。当时,3 位潜航员是通过水声通信系统向全国观众直播他们所看到的万米海底世界的,这是属于语音采访直播,无电视画面。

2.6.3　微细光缆在水下光纤组网中的应用

微细光缆绕制成线团后,可以采用多种途径进行布放,为水下临时局域信息网的构建提供实现途径。通过布放微细光缆,为布置在水中的通信与探测节点提供光纤连接,构建水下局域光纤网络,从而实现在无法预先设置水下网络的水域,快速建立临时的通信与监测系统,如图 2-43 所示。

据报道,美国海洋国际公司开展了战术海底网络架构项目,当正常的通信链路被破坏时,使用光纤和浮标建立应急通信系统。该网络可在战术网络不可用的情况下提供备份连接,旨在开发和演示一种创新性的、基于光纤技术的网络构建方法,在战场环境下用水下光纤线路临时性替代无线电射频战术数据网络。微细光缆具有直径小、强度高、中性浮力、耐海水压力和较好的环境适应性等特点,可在复杂海洋环境中正常工作 30 天,这段时间能够满足临时性组网需求。

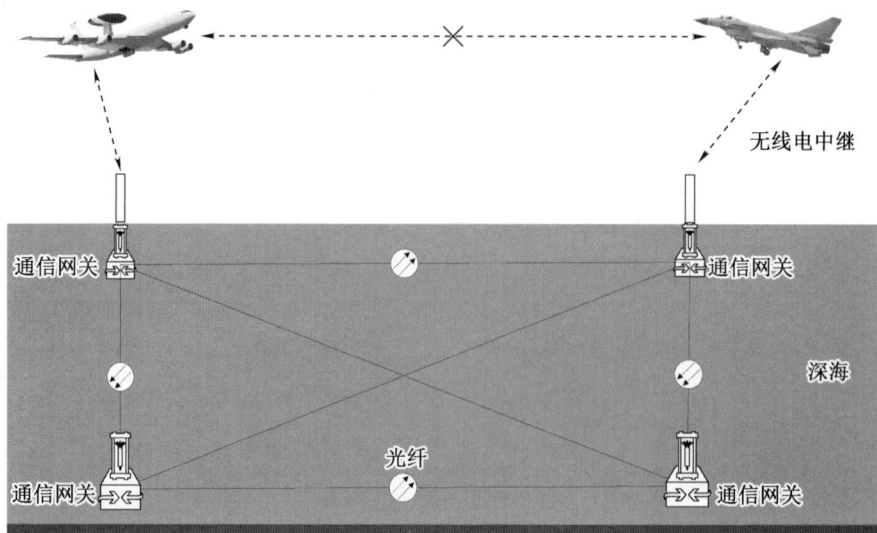

图 2-43 水下光纤组网示意图

2.6.4 海底光纤通信在其他方面的应用

除了以上典型应用外，水下光纤通信已被广泛应用于海洋石油和天然气采集、海洋科学研究以及海底灾害预警等场合。

2.6.4.1 海洋石油和天然气采集

海底通信技术在海洋石油和天然气勘探、采集和生产过程中起着关键作用。它通过传输数据和监测信号，实现对海底钻井平台、离岸油气管道、生产设施的远程监控和控制。

例如，挪威的大型天然气采集项目（Ormen Lange）采用海底通信技术，通过高速稳定的海底光缆，将海底油田中的数据传输给地面控制中心，实现了实时监测和数据分析。

2.6.4.2 海洋科学研究

海底通信技术在海洋科学研究中发挥着重要作用。它可以通过传输海底观测设备和仪器的数据，帮助研究人员了解海洋环境、地质构造、海底生态系统等。

例如，美国的海洋观测项目（Ocean Observatories Initiative,OOI）在全球各地部署了多个海底观测站和传感器设备，通过海底通信网络传输实时数据来监测和研究海洋动力学、生态系统和气候变化等方面的问题。

2.6.4.3 海底灾害预警

海底通信技术也可用于海底地震、海啸、海洋灾害的监测和预警。通过海底地震监测设备，经由海底光纤通信系统传输监测数据，可以快速获取地震相关信息、预警海啸，并采取相应的救援措施。

例如，2012 年 4 月 11 日，印尼苏门答腊岛发生了一次强烈地震，震级达到 8.6 级。受益于印度洋海啸预警系统的监测，相关部门能够迅速采取预防措施，避免了更大范围的财产损失和人员伤亡。

思　考　题

1. 哪些水下设备可以用到有线通信方式？

2. 水下有线通信的制约因素有哪些？

3. 光纤和电缆在水下通信使用中的适用场景分别有哪些？

4. 与水声通信相比,有线通信方式的优点和缺点分别是什么？

5. 海底光缆与陆地光缆在技术上有什么不同？

6. 海底光缆通信的关键技术有哪些？

7. 目前采用的光调制技术有哪些？ 分别适用于哪些场景？

8. 光纤损耗及色素特性对海底光缆传输有哪些影响？ 低损耗光纤的发展前景如何？

9. 在海洋通信领域,水下有线通信和其他通信方式如何结合共用,才能实现对水下装备和设备的有效可靠通信？ 请思考相应的使用场景和使用方法。

第3章 水声通信

3.1 水声通信概述

声波是一种机械波,需要通过介质中的质点振动来传播。在水中,声波的传播速度约为 1 500 m/s,比空气中的声速要快得多。水的密度大、分子间相互作用力强,使得声波在水中的传播距离也相对远些。

水声通信技术的起源可以追溯到 20 世纪初。1914 年,英国海军部队将研制成功的水声电报系统安装到巡洋舰上,这标志着水声通信技术的开端。1945 年,美国海军将研制的水下电话应用于潜艇之间的通信。这一时期,水声通信技术主要处于探索和初步应用阶段,通信设备和技术相对简单,主要用于军事领域的基本通信。

20 世纪中期,水声通信技术主要依赖模拟调制技术。这一时期的通信系统以模拟信号传输为主,虽然能够实现基本的水下通信,但通信速率和可靠性较低。模拟调制技术的局限性逐渐显现,尤其是在面对复杂的水声信道环境时,信号的传输质量和稳定性受到较大影响。

20 世纪 70 年代,随着电子信息技术的迅速发展,数字调制技术开始应用于水声通信系统。数字通信技术的优点显著提高了水声通信系统的传输速率和可靠性。非相干通信技术主要是利用键控的方式进行调制,其中频移键控(FSK)调制技术因其较高的通信数据可靠性而最为常用。1981 年,美国麻省理工学院和伍兹霍尔海洋研究所(Woods Hole Oceanographic Institution)联合开发的水声通信系统利用多进制频移键控(MFSK)进行调制,在 200 m 左右的距离上实现了 1.2 kbit/s 的水声通信速率。

20 世纪 90 年代,相干通信技术开始得到应用和发展。相干通信技术主要包括相移键控(PSK)和差分相移键控(DPSK),其带宽利用率比非相干通信技术提高了一个数量级。美国斯克利普斯海洋研究所提出的单载波相干通信技术,采用多相移键控(MPSK)信号,并结合了空间分集、自适应均衡器、纠错编码和多普勒补偿。这些技术的应用显著提高了水声通信系统的性能,使其能够适应更复杂的水下环境和更高的通信需求。

21 世纪初期,多载波调制技术逐渐兴起。以正交频分复用(OFDM)为代表的多载波水声通信技术将高速串行信号转化为低速并行信号,延长了码元持续时间,降低了带宽,有利于在多径信道中传输。2005 年,美国康涅狄格大学的 Shengli Zhou 等人提出了补零 OFDM 水声通信方案,实现了 2.5 km 距离 22.7 kbit/s 的水声通信速率。这一技术的出现,标志着水声通信技术在高带宽和高可靠性方面取得了重大突破。

2024 年,研究人员提出了逐符号运动补偿的 256QAM 水声通信方案。这一方案在高谱效水声通信领域取得了重要进展,适用于快时变场景,通过集成锁相定时环路,有效提高了水声通信的谱效率,进一步推动了水声通信技术在高带宽和高可靠性方面的应用。

现代水声通信技术在军事、海洋科学、海底勘探、水下机器人和海洋生态研究等多个领域发挥着关键作用。随着科技的进步,水声通信技术的应用场景和需求不断扩展,推动了技术的持续创新。未来,该技术将朝着高可靠性和高有效性方向发展,通过改进调制、信道编码和均衡技术,并结合人工智能与机器学习,提升系统性能和智能化水平。水声通信网络将向分布式、自组织和多跳网络演进,增强自组织与动态适应能力,以应对复杂水下环境和多变任务需求。同时,水声通信技术将与海洋科学、计算机科学、电子工程等多学科深度融合,推动技术创新与应用拓展,突破技术瓶颈,实现更高效、可靠的水下通信,为海洋探索和利用提供更强大的支持。

3.2　水声传播波动方程理论

3.2.1　运动方程(牛顿第二定律应用)

由牛顿第二定律,有

$$F = m\frac{\mathrm{d}u}{\mathrm{d}t} \tag{3-1}$$

式中　m——质点质量;

　　　u——振速。

在声场中取一小体积元,空间尺寸为 Δx、Δy、Δz,如图 3-1 所示。设流体静态密度为 ρ_0。先分析 x 方向上的受力情况,假定该方向截面积为 S,则前后两面间的合力为

$$F_1-F_2 = -\Delta p \cdot S = -\frac{\partial p}{\partial x}\Delta x\Delta y\Delta z \tag{3-2}$$

式中,负号是由 p 的方向引起的;p 表示在体积元左侧,由声波波动产生的压强;Δp 表示在体积元右侧,由声波波动产生的相对压强 p 的增量。图 3-1 中,p_0 表示小体积元在水下无波动情况下的静压强。

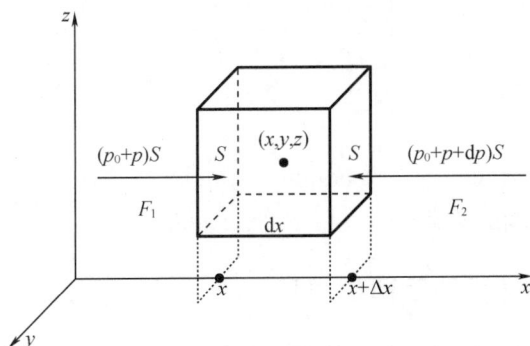

图 3-1　声场中的体积元

由于该体积元的质量元为 $\rho\Delta x\Delta y\Delta z$，在 x 方向产生的加速度满足牛顿第二定律，得

$$-\Delta p \cdot S = \rho S\Delta x \frac{\partial u_x}{\partial t} \tag{3-3}$$

考虑到 $\Delta x \to 0$ 及 $\rho \approx \rho_0$（小振幅时，密度变化不大），则

$$-\frac{\partial p}{\partial x} = \rho_0 \frac{\partial u_x}{\partial t} \tag{3-4}$$

同理，可以得到关于 y、z 方向的方程。对于三维情况，则可表示为梯度关系：

$$\nabla p = -\rho_0 \frac{\partial u}{\partial t} \tag{3-5}$$

该式给出了 p、u 之间的关系。

3.2.2 连续性方程（质量守恒定律应用）

连续性方程的实质是质量守恒定律在流体介质运动中的应用，即当介质流入或流出时必然导致该体内介质密度的变化。

仍以图 3-1 为例。单位时间内从左侧流入的质量为 $\rho u_x \Delta y\Delta z$，从右侧流出的质量为

$$\left[\rho u_x + \frac{\partial(\rho u_x)}{\partial x}\Delta x\right]\Delta y\Delta z \tag{3-6}$$

则单位时间内沿 x、y、z 方向的质量变化为

$$\begin{cases} m_x = -\dfrac{\partial(\rho u_x)}{\partial x}\Delta x\Delta y\Delta z \\[2mm] m_y = -\dfrac{\partial(\rho u_y)}{\partial y}\Delta x\Delta y\Delta z \\[2mm] m_z = -\dfrac{\partial(\rho u_z)}{\partial z}\Delta x\Delta y\Delta z \end{cases} \tag{3-7}$$

由质量守恒定律得到连续性方程

$$\frac{\partial \rho}{\partial t} = -\left[\frac{\partial(\rho u_x)}{\partial x} + \frac{\partial(\rho u_y)}{\partial y} + \frac{\partial(\rho u_z)}{\partial z}\right]\Delta x\Delta y\Delta z \tag{3-8}$$

单位体积内

$$\frac{\partial \rho}{\partial t} = -\left[\frac{\partial(\rho u_x)}{\partial x} + \frac{\partial(\rho u_y)}{\partial y} + \frac{\partial(\rho u_z)}{\partial z}\right] \tag{3-9}$$

写成散度的表达式为

$$\frac{\partial \rho}{\partial t} = -\rho_0 \nabla \cdot u \tag{3-10}$$

该式给出了 ρ、u 之间的关系。

3.2.3 物态方程（绝热定律应用）

声波在介质中传播时，会引起介质压缩与膨胀交替变化。对理想介质而言，介质粒子的振动只引起密度的变化而不引起温度的变化，介质粒子的热量不向外传导，因此，声波传

播的过程可以看成热力学的绝热过程。

对于理想气体,其绝热方程为

$$\frac{p_0+p}{p_0} = \left(\frac{V_0}{V}\right)^{\gamma} \tag{3-11}$$

式中, $\gamma = \dfrac{C_V}{C_p}$,其中 C_V 表示定容比热容, C_p 表示定压比热容。

介质压缩时,密度与体积成反比,所以有

$$\frac{p+p_0}{p_0} = \left(\frac{V_0}{V}\right)^{\gamma} = \frac{\rho}{\rho_0} \tag{3-12}$$

上式对时间进行微分,并考虑到小振幅时 $\rho \approx \rho_0$,可得

$$\frac{\partial p}{\partial t} = \frac{\gamma p_0}{\rho} \frac{\partial \rho}{\partial t} \tag{3-13}$$

令 $c^2 = \dfrac{\gamma p_0}{\rho}$ (c 为气体中的声速),得到

$$\frac{\partial p}{\partial t} = c^2 \cdot \frac{\partial \rho}{\partial t} \tag{3-14}$$

对液体而言,同样可以得到与上面形式类似的方程。在绝热过程中

$$c^2 = \frac{\mathrm{d}p}{\mathrm{d}\rho} = \frac{1}{\beta \cdot \rho} \tag{3-15}$$

定压压缩系数为单位压强所产生的体积变化,即

$$\beta = -\frac{\dfrac{\mathrm{d}V}{V}}{\mathrm{d}p} \tag{3-16}$$

在绝热的情况下,有

$$p = p-p_0 = \left(\frac{\partial p}{\partial \rho}\right)\Bigg|_{\substack{\rho=\rho_0 \\ p=p_0}}(\rho-\rho_0) \tag{3-17}$$

令 $c^2 = \left(\dfrac{\partial p}{\partial \rho}\right)\Bigg|_{\substack{\rho=\rho_0 \\ p=p_0}}$ (c 为液体中的声速),同样得到

$$\frac{\partial p}{\partial t} = c^2 \cdot \frac{\partial \rho}{\partial t}$$

该式给出了 p 与 ρ 之间的关系。

3.2.4　波动方程

假定声场在 x 、 y 、 z 方向都是均匀的,那么

$$\frac{\partial^2 p}{\partial t^2} = c^2 \nabla^2 p \tag{3-18}$$

式中, ∇^2 为拉氏算符, $\nabla^2 = \dfrac{\partial^2}{\partial x^2} + \dfrac{\partial^2}{\partial y^2} + \dfrac{\partial^2}{\partial z^2}$ 。

定义一个声速势函数 φ：

$$\varphi = \int \frac{p}{\rho_0} \mathrm{d}t \qquad (3-19)$$

式中，ρ_0 表示未受扰动时介质的密度，此时三维空间波动方程可以表示为

$$\nabla^2 \varphi = \frac{1}{c^2} \cdot \frac{\partial \varphi^2}{\partial t^2} \qquad (3-20)$$

则亥姆霍兹方程可表示为

$$\nabla^2 \varphi + k^2 \varphi = 0 \qquad (3-21)$$

式中，k 为波数，$k = \omega/c_0$，其中 ω 表示声源频率。

3.3 海洋声学特性

3.3.1 海洋的基本声学特性

海洋作为传播水声信号的介质，具有某些物理特性，这些特性对于声信号的传播具有显著的影响。海洋的基本声学特性大致包括海洋中的声速分布、海洋表面的风浪、海底底质，以及海洋中的自然波——内波等。下面分别简述其性质。

3.3.1.1 海洋中的声速分布

海洋中的声速及其分布是一个重要的物理性质，对于声的传播及声呐设备的性能起到重要作用。

一般对水声区声速及其分布的获得都是用声速仪来测定的。声速仪的基本原理是循环法，其测量原理如图 3-2 所示。将声速仪探头置于待测液体中，当一个起始高频脉冲发射后，其在已知的确定路径 L 中传播。在完成一个完整路径的传播后，再触发第二个脉冲的发射，因此，脉冲的重复周期 T 一经测定，声速 c 就可以确定：$c = L/T$。声速仪精度一般可达到 0.1%。

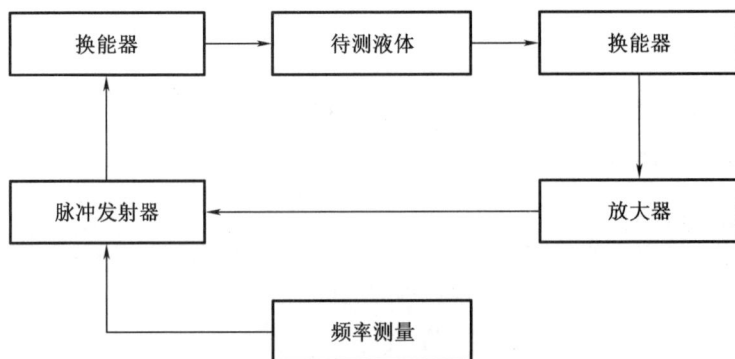

图 3-2 声速仪测量原理图

影响海水声速值的因素主要有海水的温度、盐度和压力。

$$c = \sqrt{\left.\frac{\partial p}{\partial \rho}\right|_S} = \frac{1}{\sqrt{\rho K_\alpha}} \tag{3-22}$$

式中　ρ——介质的密度;

　　　K_α——绝热压缩系数。

由于 ρ 和 K_α 都是介质状态——温度、盐度、压力的函数,这就导致声速的相应变化。其中温度的变化对声速影响最为显著:温度增加时,K_α 减小,使声速增加。密度的变化对声速影响并不十分明显。盐度的增加使密度增大、绝热压缩系数减小,并且后者的减小速度比前者的增加速度快,因此,盐度的增加会导致声速也增加。这些仅仅是海水声速变化的物理解释。由于海水声速的影响因素很复杂,完全的理论推算是不可能的,只能在大量实测的基础上,建立公认的经验公式。目前比较精确的是威尔逊(Wilson)公式:

$$c = 1\ 449.14 + c_T + c_p + c_S + c_{STp} \tag{3-23}$$

式中

$c_T = 4.572\ 1T - 4.453\ 2 \times 10^{-2} T^2 - 2.604\ 5 \times 10^{-4} T^3$

$c_p = 1.602\ 72 \times 10^{-1} p + 1.026\ 8 \times 10^{-5} p^2 + 3.521\ 6 \times 10^{-9} p^3 - 3.360\ 3 \times 10^{-12} p^4$

$c_S = 1.397\ 99(S - 35) + 1.692\ 02 \times 10^{-3} (S - 35)^2$

$c_{STp} = (S - 35)(-1.124\ 4 \times 10^{-2} T + 7.771\ 1 \times 10^{-7} T^2 + 7.853\ 44 \times 10^{-4} p - 1.345\ 8 \times 10^{-5} p^2 +$

$3.220\ 3 \times 10^{-7} pT + 1.610\ 1 \times 10^{-8} pT^2) + p(-1.897\ 4 \times 10^{-3} T + 7.628\ 7 \times 10^{-5} T^2 +$

$4.617\ 6 \times 10^{-7} T^3) + p^2(-2.630\ 1 \times 10^{-5} T + 1.930\ 2 \times 10^{-7} T^2) + p^3(-2.083\ 1 \times 10^{-7} T)$

其中　T——温度,℃$(-4\ ℃ \leqslant T \leqslant 30\ ℃)$;

　　　p——静压力,kg/cm^2 或 Pa$(1\ \text{kg/cm}^2 \leqslant p \leqslant 1\ 000\ \text{kg/cm}^2)$;

　　　S——盐度,‰$(0 \leqslant S \leqslant 37‰)$;

　　　c——声速,m/s。

显然,上述经验公式过于冗长。较为简要而又能保持一定精度的是乌德(S. R. Lovett)公式:

$$c = 1\ 450 + 4.21T - 0.037T^2 + 1.14(S - 35) + 0.175p \tag{3-24}$$

式中,除压强单位用标准大气压之外,其他单位都同上式。

由以上公式可知,海水中声速实际上是不均匀的,所以测定海区中某一点的声速不是主要目的,而所需要的是海区中声速的分布。大量的实测结果表明,在目前所研究水声传播的距离内,声速在水平方向的变化不显著,而随着海深的变化却非常明显。这就在水声信号的传播研究中,对海水介质提出了水平分层的模型,即海水中的声速是深度的函数,表示为 $c(z)$,而假定在水平面内声速是均匀分布的,这种分层的假定给传播理论研究带来一定的简化,也是对实际情况的近似描述。因此,关于海水中声速的分布问题就归结为声速的垂直分布,或者说声速的分布剖面问题,亦即需测得 $c(z)$ 的函数解析表达式和相应的图示。

由乌德公式或威尔逊公式可知,声速与海水的温度、盐度、压力有关。要求得声速 c 的垂直分布表示,可把温度、盐度、压力都表示为深度函数:

$$c = c(z) = c[T(z),S(z),p(z)] \qquad (3-25)$$

将声速 c 对深度坐标 z 求微分,得到声速随海水深度的变化率,即声速绝对梯度,以 g 表示:

$$g = \frac{dc}{dz} \qquad (3-26)$$

为了求得声速梯度的表达式,将式(3-26)对 z 求导,得到

$$\frac{dc}{dz} = \frac{\partial c}{\partial T} \cdot \frac{\partial T}{\partial z} + \frac{\partial c}{\partial S} \cdot \frac{\partial S}{\partial z} + \frac{\partial c}{\partial P} \cdot \frac{\partial p}{\partial z} \qquad (3-27)$$

并令

$$\frac{\partial T}{\partial z} = G_T$$

$$\frac{\partial S}{\partial z} = G_S$$

$$\frac{\partial p}{\partial z} = G_p$$

G_T、G_S、G_p 分别称为温度梯度、盐度梯度和压力梯度,相应的单位分别为 ℃/m、‰/m、Pa/m。

声速对温度、盐度和压力的变化可分别写为

$$\frac{\partial c}{\partial T} = \alpha_T$$

$$\frac{\partial c}{\partial S} = \alpha_S$$

$$\frac{\partial c}{\partial p} = \alpha_p$$

这些值都可用海水中声速的经验公式来求得。现以乌德公式为例,同时考虑到海水深度每增加 10 m,压力就增加一个标准大气压,可分别求得

$$\alpha_T = 4.21-0.007\,4T$$

$$a_S = 1.14$$

$$\alpha_p = 0.175$$

这样,声速梯度可用温度梯度、盐度梯度和压力梯度来表示:

$$g = \alpha_T G_T + \alpha_S G_S + \alpha_p G_p = (4.21-0.007\,4T)G_T+1.14G_S+0.175G_p \qquad (3-28)$$

3.3.1.2 海洋表面的风浪

海洋表面实际上是水声信道的一个边界面。对于一个理想的平整海面来说,由于水的声介质阻抗和空气的声介质阻抗相差很大,所以海洋表面实际上是一个声传播介质的不连续层。当声波从海水介质向海洋表面入射时,计算得到反射系数为-1,因此,对于理想的平整海面来说,其应是水声信道的一个绝对软边界。但海面实际上是个粗糙、起伏、不平稳的表面,在某些情况下必须考虑这一情况。

海面上风的驱动使海洋表面产生波浪。海洋表面波浪的类型有下列几种:

①潮汐——与引潮力有关的很长周期的波;

②大浪——周期为 10~25 s 的长周期波;

③海波——周期为 4~10 s 的周期波;

④毛细波——靠表面张力效应传播,周期一般小于 2 s。

由于表面波浪运动是一种守恒系统,表面水分子的运动会逐渐扩张到表面以下一定深度。这种运动是随着深度呈指数衰减的。而这些扩张运动像是一个强烈的混合机构,使海水介质的物理性质(如温度、盐度等)变均匀,由此形成海洋表面层的一定传播条件。

海洋表面更为重要的特性是,其起伏和不平整所引起的声的散射,以及在不同海况下产生的海洋环境噪声。

利用爆炸声源测定的海表面反向散射系数表明,小周期(<5 s)波浪状态比长周期波浪状态更为重要。表面散射影响的大小还取决于声的频率和掠射角等。

海表面波浪运动是产生海洋环境噪声的原因之一。按照国际标准将海况分为九级,每级波浪情况各不相同,因此所产生的噪声影响也不一样,这种关系被广泛测定,其典型的数值由著名的克努德森(Knudson)曲线所提供。

综上所述,海表面对水声的影响十分明显,既可影响介质的物理特性,导致出现不同的声速结构,并对声信号的传播产生不同的影响;又可影响声的散射机理和环境噪声背景的大小。

3.3.1.3 海底底质

水声信道的另一个下边界是海底。海洋的底部结构非常复杂,由平地、山脉、山沟、陡坡等组成,平均深度为 3 880 m。

水声学中关注的是海底底质的物理性质和结构。因为它作为声信道的一个边界,对于声信号的传播也产生一定的影响。这些影响主要反映为对声的反射吸收和散射。

海底底质是由许多物质层构成的。其是在地壳和海水之间,由许多处于液态与固态之间的物质沉积而成的,故又称为沉积层。后面所提到的海底边界往往是指海水与沉积层之间的分界面。

由于底质处于非完全液态,其中的声波除纵波以外,还有横波存在。因而对于沉积层的重要物理特性,除研究密度 ρ 及吸收系数以外,还应研究纵波声速 c_p 和横波声速 c_s,以及这些声速的分层结构情况。

沉积层的性质一般随海区而异,但基本上有以下三大典型类别:

①大陆台地(包括大陆架和大陆坡)沉积层;

②深海平原沉积层;

③深海丘陵沉积层。

浅海是从海岸线延伸至大陆架边缘的海域,水深通常在 200 m 以内。深海是水深超过 200 m 的海域,通常在大陆架之外。大陆坡是大陆架向深海过渡的陡峭斜坡,水深从 200 m 延伸至 2 000~3 000 m。海沟是海洋底部狭长且极深的凹槽,通常位于板块俯冲带,水深通常超过 6 000 m。实测数据表明,大部分浅海大陆架属于高声速海底,即 $c_底 > c_水$;大部分深海沉积层属于低声速海底,即 $c_底 < c_水$。

各类海底沉积层的详细分类,需根据海底底质取样粒度分析来进行。由此也得出了一些声学参数的经验公式。所谓"取样粒度分析",是指利用一定的工具对海底底质进行取样。由于所取的样品脱离了自然状态,所以一般的声学参数(如声速及其分层结构、反射系数等)都会被破坏,只有底质颗粒结构的性能是稳定的。通过大量的实验得出结论,粒度(颗粒的结构称为粒度)一定的底质,其声学性质都是一定的,所以把底质按照粒度不同进行分类是科学的。一般底质按其粒度分成以下6类:

①淤泥——直径小于 0.062 mm 的颗粒,质量分数为 90%。

②砂和淤泥——直径小于 0.062 mm 的颗粒,质量分数为 10%~90%。

③砂——直径小于 0.062 mm 的颗粒,质量分数小于 10%;直径小于 2 mm 的颗粒,质量分数为 90%。

④石砾——以直径大于 2 mm 而小于 10 cm 的石块为主要成分。

⑤礁石——以直径大于 10 cm 的石块为主要成分。

⑥珊瑚底——以含有石灰质的珊瑚海草或其他能分离出石灰质的有机体样品为主要成分。

除了根据粒度来进行底质分类外,更重要的是以样品粒度来得到相应底质的一些物理参数,如密度 ρ、声速 c 和吸收系数 α 等。这些经验关系如下。

在地球物理学中,对底质样品定义了一个平均粒度 m_φ:

$$m_\varphi = \frac{\varphi_{16} + \varphi_{84}}{2} \qquad (3-29)$$

式中,φ_{16} 和 φ_{84} 分别表示占 16% 和 84% 颗粒质量分数的相应粒径。

$$\varphi = -\log_2(2r) \qquad (3-30)$$

式中,r 表示颗粒半径,常以 mm 为单位。

得到了样品的平均粒径以后,就可按下列经验公式求出相应的孔隙率 n 和声速 c:

$$n = 34.84 + 5.028m_\varphi \qquad (3-31)$$

浅海大陆架的声速经验公式为

$$c = 1\,936.2 - 87.3m_\varphi + 4.45m_\varphi^2 \qquad (3-32)$$

以上简要讨论了海底底质样品粒度分析和底质声学特性之间的一些经验关系,从而建立起某些有关底质物理性质的简单概念。

此外,海底地貌极为复杂,其粗糙度也会影响声场的分布。例如底质是岩石,在考虑声波的频率较高而又可忽略海底的粗糙度时,这种边界也可假定为绝对硬边界,其反射系数等于1,与绝对软边界相对应。

3.3.1.4 海洋中的自然波——内波

内波沿着不同密度的水域分界面,有像表面波一样传播的波动过程。它的产生与主跃层的温度波动有关,主要是由于温度的突变而形成的。主跃层在强烈的风、潮汐、海流等驱动下,产生温度波动,形成在海洋介质内部的一种波动过程,称为内波。目前要对各种因素直接进行测量显然是困难的,主跃层的温度波动是测量内波效应的简便方法。

内波的周期一般为 5~15 min,也有周期达 30 min 以上的成分。其传播速度一般为 15~30 m/s。在深水和浅水中,内波的速度可分别由下列式子计算:

深水波

$$v = \sqrt{\frac{g\lambda \cdot \rho-\rho'}{2\pi \cdot \rho+\rho'}}, \frac{d}{\lambda} > \frac{1}{2} \tag{3-33}$$

浅水波

$$v = \sqrt{gd \cdot \frac{\rho-\rho'}{\rho+\rho'}}, \frac{d}{\lambda} < \frac{1}{2} \tag{3-34}$$

式中　v——传播速度；

g——重力加速度；

ρ'——上面流体层的密度；

ρ——下面流体层的密度；

λ——内波波长(为几百米)；

d——水深。

有些内波也与潮汐相关,因而出现了 12 h 和 24 h 的周期,波高一般为 1~2 m。

内波产生一种不稳定的反射层和折射层,这些内波给在其附近传播的声能量增加了一个振幅波动,这对于超远的低频声传播影响更大,也越来越为人们所重视。但对于内波的研究目前仍不完善,对其规律的掌握也比较粗浅。

通过以上分析,大致可以获得一个初步的概念:海洋介质连同它的上下有限边界所组成的水声信道是一个复杂多变的传播路径。在这种复杂环境中分析声传播规律,显然是困难的。为了进行理论上的分析,必须对海水介质(包括边界)进行多种近似假定,而这种假定在一定精度要求下需要符合实际情况。图 3-3 为水声信道传播要素示意图。在今后的讨论中,要将图中所示因素进行简化:

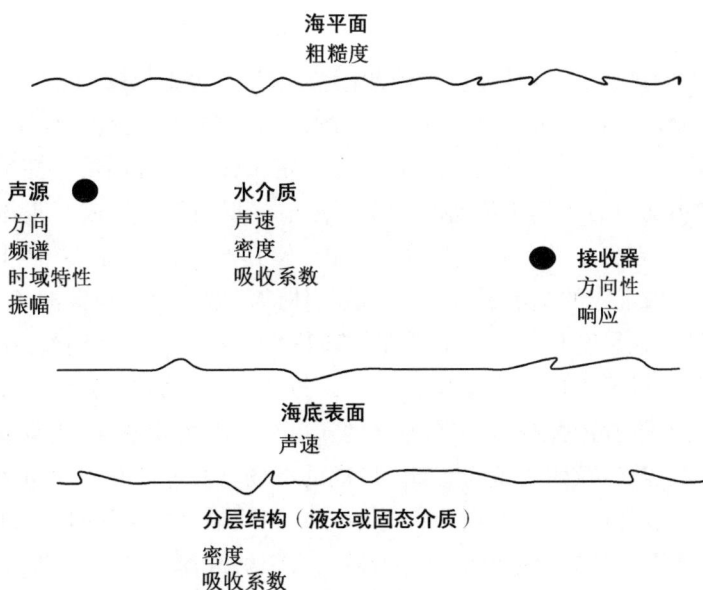

图 3-3　水声信道传播要素示意图

①假定海表面是个平整的压力释放边界,即界面上 $p=0$,反射系数为 -1 的声学绝对软界面。海表面的粗糙度只在一定频率下才产生声的散射,因此海表面粗糙度在传播中不予考虑。

②假定海底表面是绝对硬边界,即海底界面上的法向振速为 0,反射系数为 1。同理也不考虑海底表面的粗糙度。

③海水密度是均匀的,即密度 ρ 在全空间是个常数。

④水中声的吸收是均匀的,即吸收系数 α 为常数。

⑤水中的声速分布是海区深度的函数 $c(z)$,且呈线性变化。

以上假设,就构成了理想化的水声传播介质。

3.3.2 海洋介质中声波的混响

水声探测中的干扰背景有三种:混响、环境(海洋)噪声及自噪声。

混响作为水声干扰背景之一,早在二战期间就得到了应有的重视。混响干扰的抑制也就成为水声信道研究的重要课题之一。

海洋本身及其界面的不均匀,使得发射信号发生散射,这些散射声在接收点叠加就形成了混响。对混响信号的研究主要有两个方面:一是早期的从能量观点来求混响的平均强度,这方面的理论工作和海上实验数据已比较完备;二是随着水声信道匹配理论的发展,要求对各种调制发射信号混响的概率分布、相关特性、能量谱等进行研究,因此对混响统计特性的研究也逐步发展起来了。为此,首先对海洋的散射特性进行简要讨论,以便掌握混响形成的物理本质;然后对各类混响理论进行讨论,并推导出混响级 RL 的计算公式。

研究声在海洋中传播的平均规律时,为便于理论计算提出了分层模型,并假设海洋是分层"均匀"的,它的边界是平整的,海洋世界是"纯净"的。但事实上并非如此,实际的海洋本身及其界面是非常不均匀和不平整的,海洋中存在着大量的海生物;还有直观上不易被发现的大量气泡和悬浮于海中的硬粒子,以及由海中温度局部的不均匀性所造成的热、冷水团(这便是温度微结构的不均匀)。此外,由于海面是一个不规则的、随机起伏的表面,而海底除了有海底峰峦、山脉、深海沟外,也是一个由不同底质(泥沙、岩石等)构成的起伏粗糙界面,这些便构成了实际海洋的不均匀性。在一定条件下这种不均匀性是绝对不能忽略的。声波在这种不均匀的环境中传播时会发生散射。不均匀性形成介质物理性质上的不连续性,因而阻挡投射到不均匀体上的部分声能,使其产生再辐射,这种再辐射也称为散射。这种散射是造成混响的基本原因。由于散射体的尺度相对于声波波长要小,而且是大量的,因此与声波在大尺度目标上的散射在物理特性上不尽相同。例如,在海洋空间中有一平面波,当遇到各种不均匀的散射体时,除了未被扰乱的平面波场外,还存在一个从散射体上向四周散射而成的散射波场。它与原来的入射平面波场相叠加,使原来的平面波场产生畸变。按照一般定义:散射波场就是实际形成的声场与假定没有不均匀散射体时形成的声场之差。显然,散射波是以单个散射体为中心向四周辐射的。相对于入射声波而言,散射体是次级辐射声源。所以可把散射过程看成二次辐射过程,实际声场即为初级(入射)声场和次级(散射)声场的叠加。

大量的实验说明,实际海洋介质的散射原因是海中的悬浮粒子、气泡、生物以及平面的起伏具有不均匀性。对于这些实际的散射问题,在理论上可建立较为理想的模型分别予以研究,其中包括对单个散射体散射特性的研究和对散射体群散射特性的研究。例如,在单个散射体散射特性的研究中把单个悬浮粒子等效成刚性球体,而把单个气泡等效成一弹性球体等。

3.3.2.1 混响的形成及其分类

如前所述,海中所存在的各种散射体以及不平整的界面对入射声波的散射是造成混响的根本原因。在一个非均匀的浅海层中,假设声速具有某种垂直分布,有一个定向发射器,在一定的波束开角内向海中辐射声波。这时,当设备在发射结束后立即转换为接收状态,用听觉指示器可听到一阵长而缓慢变化、颤动的声响,这种现象称为混响。其物理机理是:当发射的声波在信道中开始传播时,立即遇到海中各种不均匀体的散射,在不同时刻与入射波相遇的散射体是不同的,这取决于声源的位置、发射和接收的指向性和海中声速分布。首先遇到的是分布在海区中的大量散射体,然后相继遇到海面和海底散射体,在任意时刻,都有大量散射体的散射波在接收端处相叠加,构成了海中混响。

混响信号本身是一片起伏很大的散射声,它对目标回波信号起着“掩盖”作用,是一种无用的干扰。特别是当混响信号较强而目标回波信号较弱时,目标回波信号甚至会完全淹没在混响杂波之中,这给信号检测造成了困难。

由于产生混响的散射体所分布的位置不一样,有的处于海水容积之中,有的处于海面,有的处于海底。实验和理论证明,不同位置的散射体所产生的混响具有不同性质,因此,为了便于理论分析,将混响分为体积混响、海面混响、海底混响三类。

体积混响:是由无限海区容积内的非均匀体所产生的声散射面引起的混响。这些非均匀体大致包括盐度、密度、温度等局部不均匀水团,以及气泡、硬粒子、浮游生物等。体积混响常用体积散射强度来描述。

海面混响:即非均匀体分布在海表面附近,形成了具有一定厚度的散射层,包括随机起伏的海表面波浪的散射,以及海面附近大量气泡所构成的层的散射。海面混响常用修正的界面散射强度来描述。

海底混响:主要是由海底底质的不均匀性、表面的粗糙起伏以及海底生物产生的气泡的散射所导致。海底混响常用界面散射强度来描述。

实际海上工作中,上述三类混响都是同时存在的,不能断然分开,有时可能是某两种混响的线性组合,这要取决于具体情况。除了声源的位置、发射和接收设备的方向特性外,还要分析海区声速的垂直分布。如果海区声速是负梯度,声线折向海底,则体积混响之后便可能是海底混响;如果海区声速是正梯度,声线折向海面,则体积混响之后往往是海面混响。这些都必须根据实际情况进行判断。

散射强度是表征混响强度的一个基本量。其定义为由单位面积或单位体积在参考距离 1 m 处所散射的强度与入射平面波强度的比值,用分贝表示:

$$S_{S,V} = 10\lg \frac{I_s}{I_i} \tag{3-35}$$

式中 I_i——入射平面波强度;

I_s——由 1 m^2 的面积(或 1 m^3 的体积)所散射的声强,这一强度是在比较远的地方测得后再折算到 1 m 处的强度值。

在混响级计算公式的实际推导中,为了使计算简化且不脱离实际,需对实际模型作一定的简化假设。现假设条件如下:

①假设声音在无限或带有平面散射边界的半无限等声速分布的媒质中传播。

②入射波和散射波都可按球面衰减规律计算其扩展损耗,并同时考虑介质的吸收,但不考虑声的折射及其泄漏损耗。

③对面积散射或体积散射模型,假设面积上或体积内的散射体分布是均匀的,并且取足够小的体元时散射体的密度仍然很大。

④未计及二次散射,即散射波再次被不均匀体散射的概率非常小,可忽略不计。

⑤发射信号的脉冲持续时间很短,可以认为散射体相对于接收器是静止的,不计及它们的相对运动。

3.3.2.2 体积混响

在上述假设的空间中,如果可以排除由海面和海底带来的散射影响,则主要是体积散射体的散射波构成的混响。例如在深海中,如果辐射器处在远离海面和海底的情况下,并且辐射器和接收器具有一定的方向性,就可以比较容易地把体积混响单独区分开来。本节的目的是计算体积混响平均强度,从而得到体积混响级 RL_V。

首先考虑最简单的情况,假设接收、发射系统无指向性,并且收发系统处在同一位置,则需考虑介质吸收。考虑一收一发系统。这时发射信号是一持续时间为 τ 的调制脉冲信号。由于自由声场的假设,则在整个空间形成了以 $c\tau$ 为厚度的一个扰动球层,它以声速 c 逐渐向远处传播。现需求出在发射信号结束后某一时刻 t 的混响强度。先来分析一下发射器在辐射脉冲结束后 $t/2$ 时刻的情况,如图 3-4 所示。这时,上述 $c\tau$ 层的扰动波包在空间所占的位置是:内径 $r_1 = c\tau/2$,外径 $r_2 = r_1 + c\tau$。

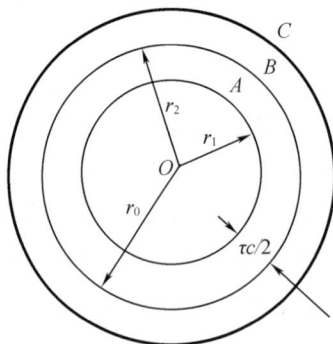

图 3-4 混响散射层

显然,球壳内各散射源在 $t/2$ 时刻所激发的散射波不能同时传到接收器,因为球壳各层上的点与接收点的距离都不同。但是可以看出,以 r_1 为半径的内表层 A 上各点最后激发出的散射波是在 $t/2$ 时刻发向接收点的。同时以 r_2 为半径的 B 层上各点在 $t/2-\tau/2$ 时刻开始激发的散射波经过 $t/2$ 后,正好于 $t/2$ 时刻到达内表层 A。它和内表层最后激发的散射波叠加在一起,于 t 时刻同时到达接收点,而且 r_1 和 r_0 之间的各点与 B 层类似,其某一时刻激发的散射波将于 t 时刻到达接收点。因此,真正对 t 时刻混响做出贡献的是在 r_1 与 r_0 之间球壳层内的散射体元。该球壳层的厚度为 $c\tau/2$,即脉冲波包的一半。

以上分析很重要,它指出了产生某一时刻的混响强度并不是整个 $c\tau$ 的球壳层,而只是 $c\tau/2$ 的球壳层,在计算混响强度时必须加以注意。

3.3.2.3 海面混响和海底混响

海面波浪的作用以及海面本身的起伏,往往在海面附近造成了具有一定厚度的非均匀气泡散射层。海面混响与体积混响的性质基本相同,但海面混响的衰减速率要比体积混响的大。

海底也是一种具有复杂声学特性的界面:首先,它的底质不同,表面起伏,并且在海底附近存在着其他(如气泡)散射物质,这些因素均对散射有较大影响。前面在讨论中把海底假设为半无限空间的平面散射边界面。至于海底平面以下的声传播,对上半空间并没有影响。在这种条件下,当一个定向辐射器的波束以一定角度投向海底时,由于海底平面散射层的散射,将会产生海底混响。事实上,海面混响是由具有一定厚度层的散射引起的,而只有海底散射才真正把它假定为一平面界面的散射。

海面混响和海底混响统称为界面混响。界面混响是分布在界面附近的散射体所产生的混响。界面混响的等效平面波混响级 RL_S 与体积混响级 RL_V 的推导一样:

$$RL_S = 10\lg\left[\frac{I_0}{r^4}\cdot S'_S\cdot\int b(\theta,\varphi)b'(\theta,\varphi)\,\mathrm{d}A\right] \tag{3-36}$$

式中 I_0——源强,即发射器在单位距离处的轴向强度($SL=10\lg I_0$);

$b(\theta,\varphi)$ 与 $b'(\theta,\varphi)$——发射器、接收器的指向性图案;

R——发射器到接收器的距离;

$\mathrm{d}A$——散射界面的面元。

而界面散射强度为

$$S_S = 10\lg S'_S \tag{3-37}$$

若从散射体平面内的一个圆环上取一小段 $\mathrm{d}A$,而圆环的中心位于换能器的正上方或正下方,则有

$$\mathrm{d}A = \frac{c\tau}{2}r\mathrm{d}\varphi \tag{3-38}$$

式中,$\mathrm{d}\varphi$ 是 $\mathrm{d}A$ 对环心所张的角,则

$$RL_S = 10\lg\left[\frac{I_0}{r^4}\cdot S'_S\cdot\frac{c\tau}{2}r\int_0^{2\pi}b(\theta,\varphi)b'(\theta,\varphi)\,\mathrm{d}\varphi\right] \tag{3-39}$$

在通常感兴趣的声呐应用中,散射面可近似考虑为相应于换能器指向性图案 $\theta=0$ 的平面,于是

$$RL_S = 10\lg\left[\frac{I_0}{r^4}\cdot S'_S\cdot\frac{c\tau}{2}r\int_0^{2\pi}b(0,\varphi)b'(0,\varphi)\,\mathrm{d}\varphi\right] \tag{3-40}$$

引入等价的理想指向性图案的开角 Φ：

$$\int_0^{2\pi} b(0,\varphi) b'(0,\varphi) \mathrm{d}\varphi = \int_0^{\Phi} 1 \times 1 \mathrm{d}\varphi = \Phi \qquad (3-41)$$

因此有

$$\mathrm{RL}_S = 10\lg\left(\frac{I_0}{r^4} \cdot S_S' \cdot \frac{c\tau}{2} r\Phi\right) \qquad (3-42)$$

或者

$$\mathrm{RL}_S = \mathrm{SL} - 40\lg r + S_S + 10\lg A \qquad (3-43)$$

其中

$$A = \frac{c\tau}{2}\Phi r \qquad (3-44)$$

对于平面散射体,由于入射声束与散射平面之间有一定的夹角,因此一般来说,RL_S 随夹角 θ 的改变而改变。若换能器位于散射界面之上或之下一定距离处,则在发射脉冲后,S_S 随距离或时间的改变而改变。

3.3.3 水声噪声

对于水声学中的噪声很难有一个完善而确切的定义。人们习惯上所认为的噪声是一切不需要的声音的总称,而这对水声探测系统来说并不完全正确。如在被动声呐系统中是将目标的辐射噪声作为有用信号加以检测的。因此在水声学中对噪声没有一个统一的定义,其具体内容主要包括海洋自然噪声、目标辐射噪声以及声呐系统所接收到的来自载体自身辐射的自噪声。它们在声呐系统中的作用各不相同,如上所述目标辐射噪声是被动声呐系统的信号,而海洋自然噪声和自噪声却是声呐系统的主要干扰背景之一。

为了提高声呐系统的作用距离,噪声很早就受到了重视。但噪声是一种随机过程,对它的测量和分析都有较高的技术水准要求,噪声场的理论模型和计算也十分困难,这就使得噪声研究受到了一定的限制。但是,目前不论是在理论上还是在工程设计中,噪声研究都有十分重要的地位。例如,在被动声呐系统中为了识别目标,总需要在目标辐射噪声中提取某些特征值;而在超远程声呐系统中为了利用目标噪声中的"线语",要使声呐设备与信道匹配,也需充分了解噪声干扰背景的时空统计特性。为了提高系统的检测能力和隐蔽性,需要有效地抑制本舰辐射噪声和自噪声,所以近年来噪声研究越来越为人们所重视。

3.3.3.1 噪声的基本概念和频谱分析

水声中各类噪声都是一种随机过程。以海洋自噪声为例,当噪声测量系统沉放于海洋中时,在该系统的水听器输出端上将获得噪声信号波形 $n(t)$。这是一个随机起伏的时间函数,它不能用一个确定的时间函数来描述,而只能通过长时间的测量来反映其随机变化规律。具有这类性质的时间函数称为随机函数。设想有 N 个相同的测量系统,即使在同一条件下进行相同的测量和记录,得到的也只能是各不相同的一系列随机函数曲线。这个系列的总和称为噪声随机过程的总集,而其中某一个随机时间函数 $n_t(t)$ 称为它的一个实现或者一个样本函数。

$n(t)$ 的具体物理意义可以是测量系统水听器输出端的噪声电压 $u(t)$,如果水听器已经校准,则 $n(t)$ 也可以理解为水听器所在点的噪声声压 $p(t)$。由此可见,噪声声压是一个随机量。

由于这类随机函数没有直观的规律性,故其过程特性只能用统计的方法加以研究。这里需要运用概率论和随机过程中的一些术语。

噪声的基本统计特性主要用两个方面来表征:一是噪声的概率密度函数或概率分布函数;二是噪声的相关函数或功率谱。

在概率论中随机变量是用概率方法来描述的。这种情况下随机变量 p_1 是某时刻 t_1 的噪声声压随机值,把出现在 p_1 和 $p_1+\Delta p_1$ 之间随机值的概率用 $(p_1<p<p_1+\Delta p_1)$ 来表示,令

$$\varphi(p_1,t) = \lim_{\Delta p_1 \to 0} \frac{p(p_1<p<p_1+\Delta p_1)}{\Delta p_1} \tag{3-45}$$

则称 $\varphi(p_1,t)$ 为概率密度函数或概率密度,概率密度函数的积分称为概率分布函数。显然从式(3-45)可以得到

$$p(p_1 < p < p_1 + \Delta p_1,t) = \int_{p_1}^{p_2} \varphi(p,t)\,\mathrm{d}p \tag{3-46}$$

如果一个随机过程经过时间平移后其统计特性保持不变,例如其概率密度函数保持不变,则称这种过程为平稳随机过程,由此得到 $\varphi(p,t) = \varphi(p)$。如果某一噪声的概率密度函数具有下列高斯分布:

$$\varphi(p) = \frac{1}{\sigma\sqrt{2\pi}}\,\mathrm{e} - \frac{(p-a)^2}{2\sigma^2} \tag{3-47}$$

则称此噪声为高斯噪声。式中 a 为数学期望,σ 为方差。此外,一个平稳随机过程,若某一个样本的时间平均值等于某一时刻的系统平均值,则称这个平稳随机过程具有遍历性。遍历性可以使得噪声的研究限于一个样本函数上进行。在水声噪声中经常将某一类干扰噪声假定为高斯噪声。

随机过程中可以证明:对一个噪声过程求相关函数 $R(\tau)$,而它的傅里叶变换便是噪声功率谱密度,或称为功率谱 $S(\omega)$。具有均匀功率谱的噪声称为白噪声。

将噪声按其概率密度函数的分布和功率谱的特性来分类,便得到上面提到的高斯噪声和白噪声。在水声噪声研究中为了处理问题的方便,经常把水声噪声假定为具有以上特性的噪声。

在噪声分析过程中,除了上述基本统计特性外,还常常用到一些统计数值,如噪声平均值和有效值。这些统计数值也是噪声随机过程的数字表征。

噪声声压平均值便是过程的数学期望,我们所研究的噪声都是具有遍历性的平稳随机过程,所以数学期望可以用一个样本函数的时间平均值来计算,即

$$<\overline{p(t)}> = \lim_{T \to \infty} \frac{1}{T}\int_{-T/2}^{T/2} p(t)\,\mathrm{d}t \tag{3-48}$$

式中　$<\overline{p(t)}>$ ——噪声声压平均值;

　　　T——测量时间,总是取足够长来逼近于无穷大。

经过变换总可以将平均值不为零的随机过程变成平均值为零的随机过程。

设噪声声压有效值为 p_e,其物理意义与确定性信号的有效值概念相同。在水声噪声场

中,定义噪声声压有效值 p_e 等于在声介质特性阻抗上平均声强 $\bar{I}$ 的平方根。根据方差的定义不难理解,如果将平均值变换为零,则过程的方差便是噪声的平均声强,即得到

$$\bar{I} = \sigma^2(t) = \lim_{T \to \infty} \frac{1}{T} \int_{-T/2}^{T/2} \frac{p^2(T)}{\rho c} \, \mathrm{d}t = \lim_{T \to \infty} \frac{1}{T} \int_{-T/2}^{T/2} p^2(t) \, \mathrm{d}t \quad (3-49)$$

式中,取 $\rho c = 1$,根据有效值的定义可得到

$$p_e = \sqrt{\bar{I}} = \sqrt{\lim_{T \to \infty} \frac{1}{T} \int_{-T/2}^{T/2} p^2(t) \, \mathrm{d}t} \quad (3-50)$$

同样,式(3-50)中的测量时间 T 也总是取足够长来逼近于无穷大。以下提到的噪声声压均指其有效值。现在讨论噪声的频谱分析。对于一个确知的时间信号,只要满足傅里叶变换的条件,总可以将此信号的时间函数通过傅里叶变换得到一个频谱密度函数(简称频谱密度),即时域函数变换成频域函数。以上所述对于随机过程来说只能得到噪声的平均声强频谱,即由它的相关函数通过傅里叶变换来获得,也可以用相应的噪声有效值频谱来表示,而通常理解的噪声声压振幅频谱是没有意义的。噪声的频谱也包括离散频谱和连续频谱两类。

关于噪声的离散频谱的概念十分清楚。噪声过程可通过图 3-5 所示的测量系统(方案示意图)来测定它的离散频谱。当噪声通过可连续调谐的窄带放大器时,其谐振频率可在所需测量的范围内调谐。如果放大器有平坦的特性,则可指示相应频率分量上的声压有效值贡献或平均功率贡献。设离散谱量 $f_1, f_2, \cdots, f_n$ 为频率分量,$p_1, p_2, \cdots, p_n$ 和 $I_1, I_2, \cdots, I_n$ 相应为其声压有效值和平均功率。所以离散频谱的每一频率分量的贡献是一个有限值。由于数字技术的发展,目前噪声谱分析的过程是用更先进的技术获得的。这里只是为了建立离散谱的概念才采用了频谱分析的经典方法,因为它有直观的物理意义。

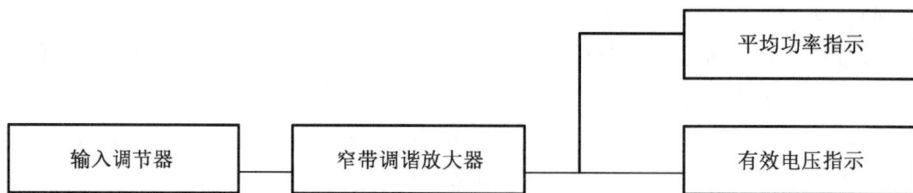

图 3-5　频谱测量方案示意图

噪声过程的连续频谱有如下的概念:设在中心频率 $f_1, f_2, \cdots, f_n$ 处取窄带 $\Delta f_1, \Delta f_2, \cdots, \Delta f_n$,可测出与其相对应的各频带内的声压有效值 $p_1, p_2, \cdots, p_n$ 或平均声强 $\Delta I_1, \Delta I_2, \cdots, \Delta I_n$,令

$$Z_1 = \frac{\Delta I_1}{\Delta f_1}, Z_2 = \frac{\Delta I_2}{\Delta f_2}, \cdots, Z_n = \frac{\Delta I_n}{\Delta f_n}$$

称 $Z_1, Z_2, \cdots, Z_n$ 为声强的平均频谱密度。将 $\Delta f \to 0$ 时的极限称为声强的频谱密度 $S(f)$,则得到

$$S(f) = \lim_{\Delta f \to 0} Z_n = \lim_{\Delta f \to 0} \frac{\Delta I_n}{\Delta f} = \frac{\mathrm{d}I}{\mathrm{d}f} \quad (3-51)$$

$S(f)$ 的单位为 $\mathrm{W/cm^2 \cdot Hz}$,这便可以得到一个连续的 $S(f)$ 曲线,即噪声过程的连续谱,

由式(3-51)得到

$$dI = S(f)\,df, \quad I = \int_{f_1}^{f_2} S(f)\,df \tag{3-52}$$

式中,f_1 和 f_2 为任取的两个频率。令 I 为 f_1 和 f_2 间隔内(即 $f_2 - f_1 = \Delta f$ 频带内)的总声强。当 $f_2 \rightarrow f_1$ 时,相应地有 $I \rightarrow 0$。这说明在连续的某一确定的频率分量 f_1 上的声强贡献是无限小的,但是它的频率分量有无限多个,这便是连续频谱的特性。

工程上常用噪声强度谱级 $\mathrm{NL_r}$ 来表示噪声声强。其定义为

$$\mathrm{NL_r} = 10\lg \frac{d}{df} \cdot \frac{I}{I_0} \tag{3-53}$$

式中,I_0 为参考声强。

相应地也可用噪声有效值声压谱级来表示噪声声压,即

$$\mathrm{NL_p} = 10\lg \frac{d}{df}\left(\frac{p_e}{p_0}\right)^2 \tag{3-54}$$

式中,p_0 为参考声压。

水声中的噪声常有这样的性质:

$$\frac{d}{df}\left(\frac{p_e}{p_0}\right)^2 = \frac{a}{f^n}$$

式中,a 和 n 为常数值。这一关系说明声强度谱是随频率的 n 次方下降的。将上述关系代入式(3-54)得到

$$\mathrm{NL_p} = 10\lg \frac{a}{f^n} = 10\lg a - 10n\lg f \tag{3-55}$$

当 $\lg f$ 为横坐标时,式(3-55)给出了对数坐标。

3.3.3.2 海洋自然噪声

一般将海洋环境所特有的噪声统称为自然噪声。研究海洋自然噪声产生的原因,各个海区自然噪声谱有何种共同的规律,以及自然噪声有何特性等,都有重要的意义。

1. 海洋自然噪声源

许多文献按照发声的机理将海洋自然噪声的声源分成四类:水动力噪声、海洋生物噪声、海洋中的人为噪声和海洋热噪声。以上各类噪声中水动力噪声最为重要,在所有海区和任何水文条件下均有此种噪声的存在,而上述其他噪声均有地区性和时间性,如生物噪声只有在近岸海区、气候条件适于生物生长时影响才较大,而人为噪声仅在近海港口区和航线附近才能明显观察到。各类噪声的形成和影响在海洋实验的基础上已有了丰富的资料。各类自然噪声源的频率范围见表3-1。

表 3-1 自然噪声源的频率范围

频率	噪声源	频率	噪声源
1~10 Hz	海洋湍流、地震	200~50 000 Hz	风力波浪、气泡、浪花
10~200 Hz	远方舰船及陆地振动	50 000~100 000 Hz	分子热噪声

2. 自然噪声级及其谱级

海洋自然噪声级是一个声呐环境参数,是声呐噪声干扰背景的组成部分,其数据不能由理论推算,而只能靠海上实际测量来获得。它用无指向性水听器在排除其他各种影响因素之后所测得的噪声声强级或声压级为其度量,即

$$\text{NL}_r = 10\lg\frac{I}{I_0} \text{ 或 } \text{NL}_p = 10\lg\frac{p_e^2}{p_0^2} = 20\lg\frac{p_e}{p_0} \tag{3-56}$$

式中　p_0——参考声压,一般取有效值为 1 dyn①/cm² 的平面波声压;

　　　I_0——相应的参考声强,取 0.56×10⁻¹² W/cm²,也可将其折算为 1 Hz 带宽声强谱级或声压谱级来表示。

3. 海洋自然噪声空间分布

一般情况下,总假定海洋的自然噪声是各向同性的,但实际上不论浅海或深海,其自然噪声都有一定的空间分布。例如,海面噪声具有一定的方向性,一般不易被直接精确测定。

3.3.3.3　舰船自噪声

声呐系统的载体(包括各种舰船、潜艇、鱼雷等)在运动中产生的噪声被自身所接收,构成本舰噪声,或称为自噪声。它连同海洋自然噪声一起构成了声呐系统的独立干扰背景。虽然舰船的辐射噪声和本舰噪声的来源大致相同,但从噪声场来看,前者属于远场噪声,而后者属于近场噪声,性质是很不一致的,具有不同的特性。

本舰噪声的主要来源也是船体的机械振动以及螺旋桨激起的空化和水动力,这里不再赘述。但是本舰噪声有其自身的特点,主要表现在以下两个方面:其一,声呐接收换能器在航行中与水发生撞击和摩擦。这类噪声能直接作用在换能器的表面,一般在接收换能器附近的水域中也会造成空化。假如在远方测量,这种噪声的绝对数值与其他辐射噪声相比较是可以忽略的。但是由于它发生在接收换能器表面,往往就成为本舰噪声的主要因素。为此利用流线型的罩子(即导流罩)把整个声学系统(俗称水下分机)遮盖起来,以便降低水流的直接撞击和空化。其二,本舰噪声中一个不可避免的因素是海水波浪冲击船身。这种噪声在舰船破浪时噪声级较高,而声学系统的安装位置一般又离舰船较近,尤其在本舰航速增大时这类噪声的影响更大,有时甚至伴随着噪声的变化而成为声呐系统的严重干扰背景。所以本舰噪声与航速间有着更为密切的关系。通过以上分析不难看出,本舰噪声是以水动力噪声为主要成分的。

本舰噪声的另一个特点是,受噪声传输路线的影响,自噪声级的大小随着声学系统的指向性、安装方式及其在船上的安装位置等因素而变化,因此研究自噪声的传输路径对抑制其产生十分重要,一般需要对其结构特征进行详细分析。在隔振、螺旋桨的改进,水下声学系统的安装方式和位置,以及导流罩的形状、材料及其障板和支撑结构等方面采取措施,能得到很好的效果。图 3-6 所示为 1962 年 Wenz 提出的海洋环境噪声的经验谱级图形,是深海噪声测量的总结,被公认为深海噪声谱中最具代表性的经验曲线。

---

①　1 dyn = 10⁻⁵ N。

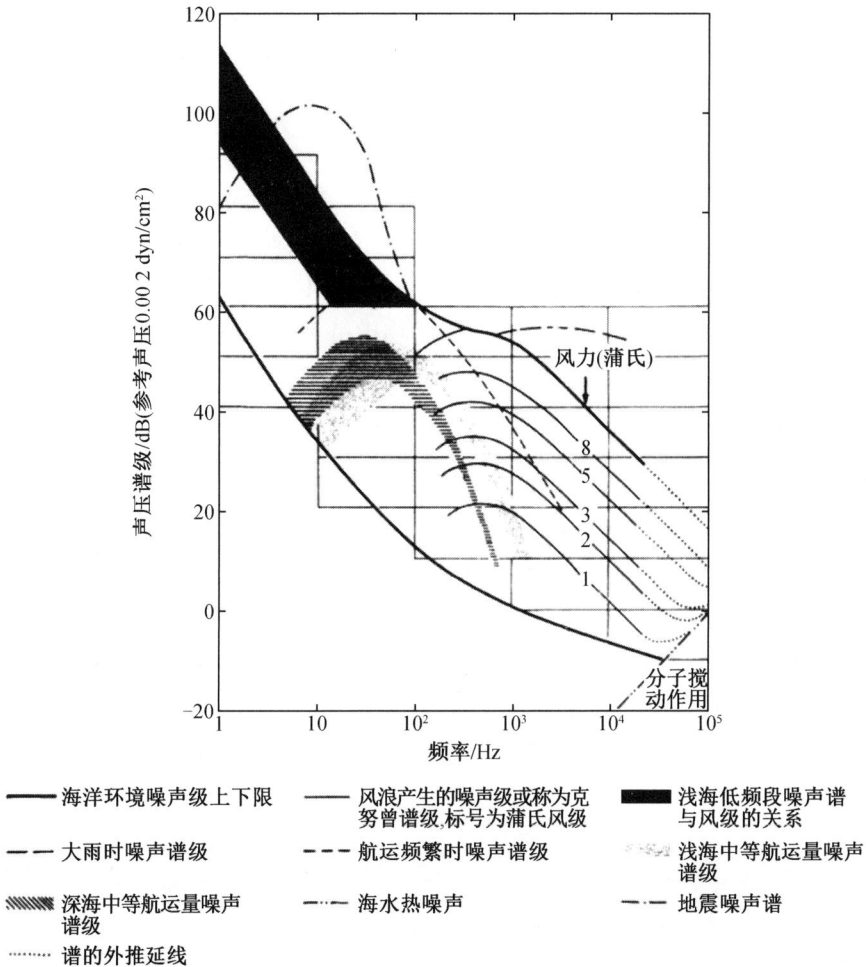

图 3-6 Wenz 谱级图

3.4 水声传播信道和传播损失

3.4.1 信道基础

信道是通信系统必不可少的组成部分,而信道中的噪声又是不可避免的。因而,对信道和噪声的研究仍是研究通信问题的基础。

信道是信号的传输通道,一般指传输媒质,其大体上可分为有线信道与无线信道两类。有线信道包括对称电缆、同轴电缆及光缆等。无线信道包括地波传播、短波电离层反射、超声波或微波视距中继、人造卫星中继以及各种散射信道等。我们现在讨论的水声信道也属于一种无线信道。信道的这种分类是直观的,从研究信息传输的观点来讲,信道的范围还可以扩大,除包括传输媒质之外,还可以包括有关的变换装置(如发送设备、接收设备、馈线与天线、调制器、解调器等)。我们称这种扩大范围的信道为广义信道,而称前者为狭义信道。在讨论信道的一般原理时,我们采用广义信道。不过,狭义信道(传输媒质)是广义信道十分重要的组成部分,通信效果的好坏在很大程度上依赖于狭义信道的特性,因此,在研究信道的一般特性时,传输媒质仍是讨论的重点。为了叙述方便,常把广义信道简称为信道。

信道按照功能可以分为调制信道与编码信道。所谓调制信道,是指图 3-7 中所示调制器输出端到解调器输入端的部分,从调制与解调的角度来看,调制器输出端到解调器输入端的所有变换装置及传输媒质,不论其过程如何,都是对已调信号进行某种变换。我们只需要关心变换的最终结果,而无须关心其详细的物理过程。因此,研究调制与解调时,采用这种定义是方便的。

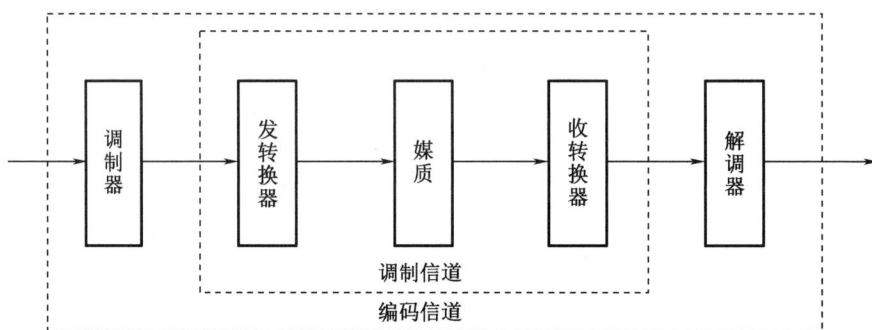

图 3-7　调制信道与编码信道

同理,在数字通信系统中,如果我们仅着眼于讨论编码与译码,那么采用编码信道的概念是十分有益的。所谓编码信道,是指编码器输出端到译码器输入端的部分。这样定义是因为从编码的角度看来,编码器的输出是某一数字序列,而译码器的输入同样也是某一数字序列,它们可能是不同的数字序列。因此,从编码器输出端到译码器输入端,可以用一个对数字序列进行变换的方框来加以概括。同理,我们根据研究对象和关心问题的不同,也可以定义其他范畴的广义信道。

为了分析信道的一般特性及其对信号传输的影响,我们在信道定义的基础上,引入调制信道与编码信道的数学模型。

3.4.1.1　调制信道模型

在具有调制与解调过程的任意一种通信方式中,调制器输出的已调信号即被送入调制信道。对于研究调制与解调的性能而言,可以不管信号在调制信道中做了怎样的变换,以及选用什么样的传输媒质,我们只需要关心已调信号通过调制信道后的最终结果,即只关心调制信道输出信号与输入信号之间的关系。

对调制信道进行大量的考察之后,可以发现其具有如下共性:

①有一对(或多对)输入端和一对(或多对)输出端;

②绝大多数的信道都是线性的,即满足叠加原理;

③信号通过信道具有一定的延迟时间,而且它还会导致(固定的或时变的)损耗;

④即使没有信号输入,在信道的输出端仍有一定的功率输出(噪声)。

根据上述共性,我们可以用一个二对端(或多对端)的时变线性网络来表示调制信道,这个网络便称为调制信道模型,如图 3-8 所示。

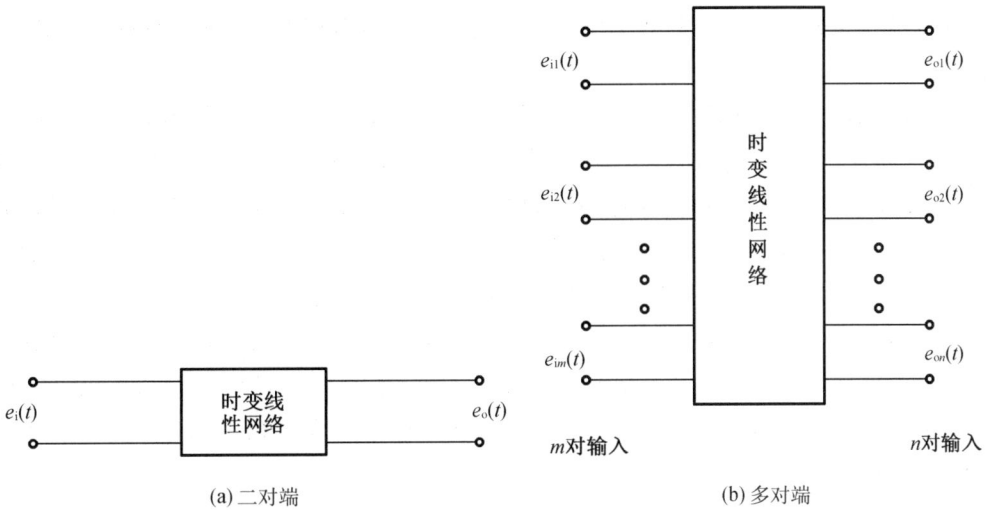

（a）二对端　　　　　　　　　　　　　　　（b）多对端

图 3-8　调制信道模型

对于二对端的信道模型,其输出与输入之间应有如下关系:

$$e_o(t) = f[f_i(t)] + n(t) \tag{3-57}$$

式中　$e_i(t)$——输入的已调信号;

　　　$e_o(t)$——信道总输出波形;

　　　$n(t)$——加性噪声(或称加性干扰)。

这里 $n(t)$ 与 $e_i(t)$ 无依赖关系,或者说,$n(t)$ 独立于 $e_i(t)$。

$f[e_i(t)]$ 表示已调信号通过网络所发生的(时变)线性变换。现在,我们假定能把 $f[e_i(t)]$ 写成 $k(t)e_i(t)$,其中,$k(t)$ 依赖于网络的特性,$k(t)$ 反映网络特性对 $e_i(t)$ 的作用。$k(t)$ 的存在,对 $e_i(t)$ 来说是一种干扰,式(3-57)可表示为

$$e_o = k(t)e_i(t) + n(t) \tag{3-58}$$

式(3-58)即为二对端信号的一种数学模型。

由以上分析可见,信道对信号的影响可归结为两点:一是乘性干扰 $k(t)$;二是加性干扰 $n(t)$。如果我们了解 $k(t)$ 与 $n(t)$ 的特性,就能搞清楚信道对信号的具体影响。信道的不同特性反映在信道模型上仅为 $k(t)$ 与 $n(t)$ 不同而已。

通常乘性干扰 $k(t)$ 是一个复杂的函数,它可能包括各种线性畸变。同时,由于信道的延迟特性和损耗特性随时间发生随机变化,故 $k(t)$ 往往只能用随机过程来表述。然而,经过大量观察发现,有些信道的 $k(t)$ 基本不随时间变换,也就是说,信道对信号的影响是固定的或变化极为缓慢的;而有些信道则不然,它们的 $k(t)$ 是随机快变化的。因此,在分析乘性干扰 $k(t)$ 时,可以把信道粗略地分为两大类:一类称为恒(定)参(量)信道,即其 $k(t)$ 可看成不随时间变化或基本不变化;另一类称为随(机)参(量)信道,其是非恒参信道的统称,或者说,其 $k(t)$ 是随机快变化的。

3.4.1.2 编码信道模型

编码信道模型与调制信道模型有明显的不同。调制信道对信号的影响是通过 $k(t)$ 及 $n(t)$ 使已调信号发生模拟性的变化;而编码信道对信号的影响则是一种数学序列的变换,即把一种数学序列变成另一种数学序列。因此,有时把调制信道看成一种模拟信道,而把编码信道看成一种数学信道。

由于编码信道包含调制信道,故它要受调制信道的影响。不过,从编码和译码的角度来看,这个影响已反映在调制器的输出数学序列中,即输出数字将以某种概率发生差错。显然,如果调制信道越差,即特性越不理想和加性噪声越严重,则发生错误的概率就会越大。因此,可将编码信道模型看作数字的转移概率来描述。最常见的二进制数字传输系统的一种简单的编码信道模型如图 3-9 所示。我们之所以说这个模型是"简单的",是因为这里假设解调器每个输出码元的差错发生是相互独立的。或者说,这种信道是无记忆的,即当前码元的差错与前后码元是否发生差错无关。在这个模型里,$p(0/0)$、$p(1/0)$、$p(0/1)$ 及 $p(1/1)$ 称为信道转移概率,其中,$p(0/0)$ 与 $p(1/1)$ 是正确转移的概率,而 $p(1/0)$ 与 $p(0/1)$ 是错误转移的概率。

根据概率的性质可知

$$\begin{cases} p(0/0) = 1-p(1/0) \\ p(1/1) = 1-p(0/1) \end{cases} \tag{3-59}$$

转移概率完全由编码信道的特性所决定。一个特定的编码信道有确定的转移概率。但应该指出,转移概率一般需要对实际编码信道做大量的统计分析才能得到。由无记忆二进制编码信道模型可以很容易地推出无记忆多进制的模型。图 3-10 所示为一个无记忆四进制编码信道模型。

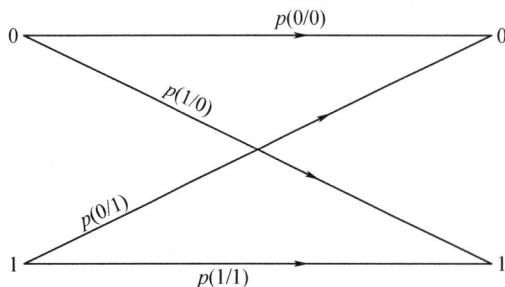

图 3-9　二进制编码信道模型　　　　图 3-10　无记忆四进制编码信道模型

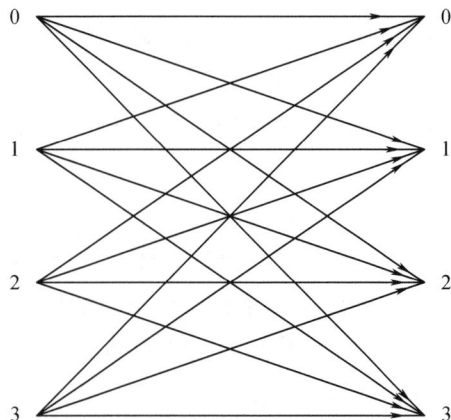

需要指出,如果编码信道是有记忆的,即信道中码元发生差错的事件是非独立事件,则编码信道模型要比图 3-9 或图 3-10 所示模型复杂得多,信道转移概率表达式也变得更加复杂。

3.4.2　水声信道的特点

水声信道的研究是水声通信技术研究的重要环节,其复杂多变性一直影响着水声通信研究的发展。

广义上说,水声信号传播经过的路径就是水声信道,它包括水体、海面、海底。水声信道是较雷达信道更为复杂的信道,许多在雷达或其他领域已经比较成熟甚至已经得到成功应用的理论和技术在声呐中都难以达到预期的效果,其中一个重要的原因就是受信道的影响。

海洋环境由于受温度、盐度、深度、梯度、水流、水域、季节、气候、风浪、温层、流层、界面的反射与折射等诸多因素的影响,使得水声信道相当复杂,接收到的信号也通常会畸变,有时甚至会淹没在噪声之中。

因此,可以说作为水声信道的海洋介质,既是一个高噪声、强混响、信道带宽窄、多径效应的干扰严重的信道,又是一个时变、空变、频变的信道。其主要特征表现为传播损失、多径效应、频散效应。

3.4.2.1　有限通信带宽

水声信道带宽受限的主要机理是海洋中水声信号的吸收损失,它与水声信号的频率有着紧密的联系,因为海水成分很复杂,所以声波传递时就被吸收了一部分,而且频率越高,吸收就越多,对于频率低的声波海水反而吸收少。低频段的声波是目前在海水中作为远程传输的唯一有效工具。有关测定结果表明,声波频率在 4 000 Hz 左右为远距离传递的最佳频率。水声信道带宽受限的另一个原因是受水声换能器带宽的限制。传输媒质的吸收损失与水声信号频率的大致关系为

$$\alpha = \frac{0.1f}{1+f^2} + \frac{40f}{4\ 100+f^2} + 2.75 \times 10^{-4} f^2 + 0.003 \qquad (3-60)$$

式中　f——声波频率,kHz;

　　　α——海水声吸收系数,dB/km。

式(3-60)中第一项表示 4 ℃左右 $MgSO_4$ 的弛豫吸收,第二项表示 4 ℃左右 1 kHz 附近的低频弛豫吸收,第三项表示 4 ℃左右纯水的黏滞吸收。可以看出,海水声吸收系数主要取决于工作频率,在低频段第一、二项起主导作用,在高频段第三项起主导作用。图 3-11 给出了频率(对数刻度)在 10 Hz～100 kHz 范围内,吸收系数(对数刻度)的变化曲线。从曲线变化走势可以看出,随着工作频率的增加,吸收系数是单调上升的,因此水声通信系统的作用距离与所使用的工作频段密切相关。对于中、远距离应用来说,一般的工作载波频率在 20 kHz 以下,带宽为几千赫兹,由此可见,水声信道的带宽是非常窄的。

通常,水声通信的低频带频率小于 15 kHz,中频带频率为 15～150 kHz,高频带频率为 150～1 500 kHz。作用距离 1～10 km 的系统使用上限通常为 10～100 kHz 的频段,这时系统多工作于浅海;远距离通信的首选频段是 0～20 kHz。目前,水声通信中的使用频段有着明显向低频拓展的趋势,因此,低频段通信仍是最有应用前景的通信。

由于水声信号可以利用的频段非常窄,这就使得水声通信声呐和定位声呐联合工作非

常困难。水下远距离传输的水声信号频率通常在 10 kHz 以下,即使把要求放宽,水声通信可以使用的频率也不超过 50 kHz。西方国家对水下数字通信的频率有个大致的规定,即水下声音通信的带宽为 200~3 400 Hz,采样频率为 8 kHz,这与陆地上 AT&T 规定的数字音频通信是一致的。

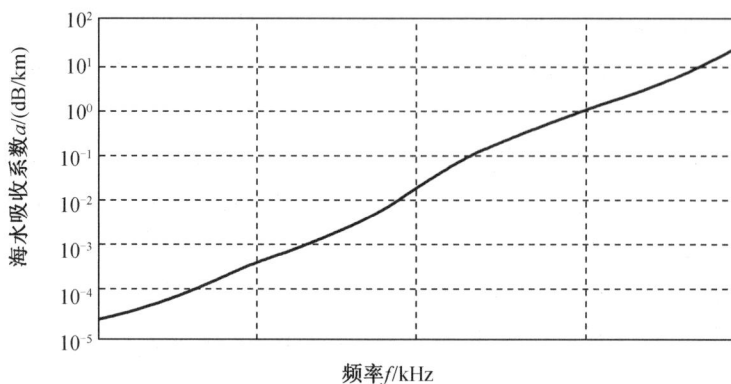

图 3-11　频率在 10 Hz~100 kHz 范围内海水吸收系数变化曲线

3.4.2.2　多径效应

多径传播是制约水声通信应用的一个严重问题。所谓多径传播,简单地说就是在声源与接收器之间不止一条传播路径。在经典射线声学中,对声场的描述是由射线来传递声能量的,从声源出发的射线按一定的路程行走而到达接收点,接收到的声场是所有到达射线的叠加结果。

多径效应本质上是前向散射,是所有声呐系统(主动、被动、通信等)中非常突出但又很难克服的水声干扰。其形成机理是:声信号在水声信道传播过程中,由于介质中随机分布的杂乱散射体或随机不平整界面所产生的随机散射,以及声信号在水声信道中的反射(海底、海面或障碍物)与折射(温度、盐度、深度的变化产生声速梯度),在接收机输入端形成了响应。当多径效应是水声通信的主要制约因素(相对于其他噪声而言)时,这样的水声通信系统可以称为多径限制系统。由多径效应产生的机理可推断:在浅海域由于受边界情况复杂、水中散射体多、介质分布不均匀等因素影响,浅海中多径效应对水声通信的影响要比深海中严重得多;另外也可以看出,多径效应会随工作频率、时间、空间的变化而变化,这样的结论与海上实测的结论是吻合的。图 3-12 和图 3-13 给出了中国科学院声学研究所根据海上实验结果总结的浅海负跃层多径结构示意图。

综上所述,多径效应宏观上对接收信号的影响主要表现为造成信号幅度的衰落和频率弥散。

尽管如此,任何事物都有其两面性。对于水声通信而言,多径效应的存在不完全是负面影响。当通信距离增加,使得视距不存在时,必须利用多径信号才能有效通信,其技术关键是选择一条有效的路径,同时摒弃其他途径产生的干扰。

由于多径信号是与发送端发射的信号完全相关的(当没有信号激励时,也就不存在多径干扰),因此不能像克服噪声那样采用频带滤波或调整发射功率加以克服,这也是多径干扰水声通信多年来进展缓慢的主要原因。下面给出一些抗多径干扰的具体措施及必须注意的问题：

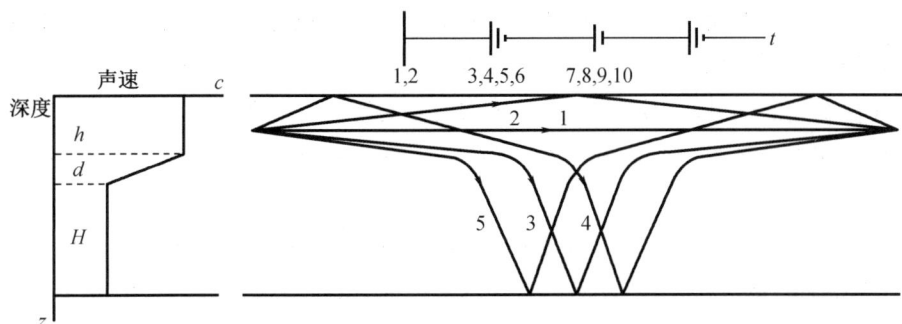

图 3-12　上发上收的多径声线图

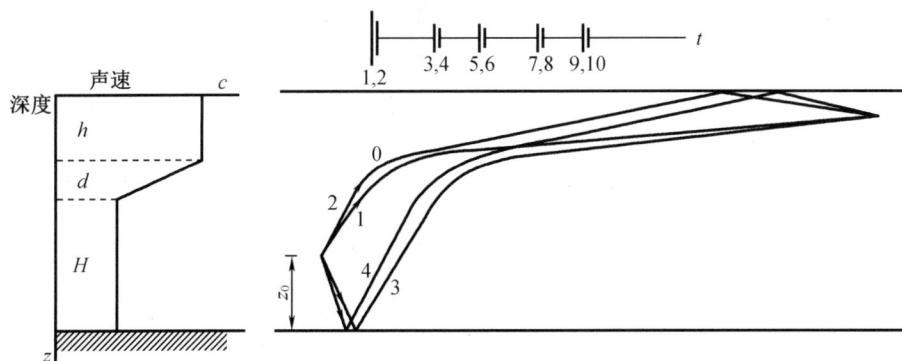

图 3-13　下发上收的多径声线图

①增加码元之间的保护间隔，但是这样会降低系统通信速率；

②使用指向性的换能器(阵)来减少到达接收端的路径数，但是这样做除了会增加设备复杂程度外，还会对通信可操作性、方便性产生很大的影响；

③利用衰落的各种选择性，使用合适的分集技术，但是频率分集会增加对本已贫乏频率资源的开销，空间分集会增加设备复杂度，时间分集会降低系统通信速率；

④利用合理的调制技术，如扩频技术，但是扩频技术对通信带宽有要求；

⑤根据作用距离选择合理的工作频段，需要考虑多径效应与工作频率的关联；

⑥采用适当的自适应技术，但是由于海洋信道快速的时变特性，对自适应技术的实现要求很高；

⑦根据不同的海况，采用不同的、行之有效的通信技术，但是这对系统的设计要求很高。

3.4.2.3　时变、空变、随机性

海洋环境是非常复杂的，海洋中存在着种类繁多的随机不均匀性：海面具有随机时变、空变的不平的波浪；海水介质是不均匀的，海水中有冷热不均的随机水团，称为温度微结构；海水中也有随机游动的鱼虾及浮游生物群；海底地貌及声学特性也是随机不均匀的；海

洋中还存在着随机的内波和潮汐。

海洋中的这些不均匀性会对声场有影响。声信号在海洋传播过程中,海水介质及其边界的不均匀性会引起随机的声散射,反向散射同时回到声源附近的接收器的声能叠加形成所谓混响,前向散射的能量会导致接收信号幅度和波形的起伏变化。同样重要的是,波浪会导致多径到达的信号的相对相位关系发生随机变化,从而导致声场干涉的空间图案发生改变,因而接收到的信号发生随机变化。接收信号的统计特性既取决于散射波的非相干能量成分,也与相干分量的干涉状态有关,即确定性声场的空间结构也会对信号的统计特性起到重要的影响。

由于海水具有不均匀性,信号在水声信道中传播时就会产生传播损耗,而且随传播距离和信号频率的增加,传播损耗也增大。它对水声通信系统的传播距离、信噪比、信号频率和系统带宽等都有很大的影响。

海洋的时变、空变、随机性对声速的影响也非常大。声速是温度、深度和盐度的函数。而温度又是深度、季节、地理位置(纬度)和气候条件的函数。海洋表面有时是非常光滑的反射体,有时又是随机散射波的非常粗糙且扰动的表面,海底的构造、斜度及粗糙度也是变化多端的。所有这些因素都影响声音的传播。声速与海面及海底边界相互作用的效果产生了最终的声传播特性。

根据海上实验测量数据,温度、盐度这些参量与时间和空间地理位置有很大的关联,所以讨论声速随深度变化的特性时,通常将海洋划分成图3-14所示一系列水平分层。

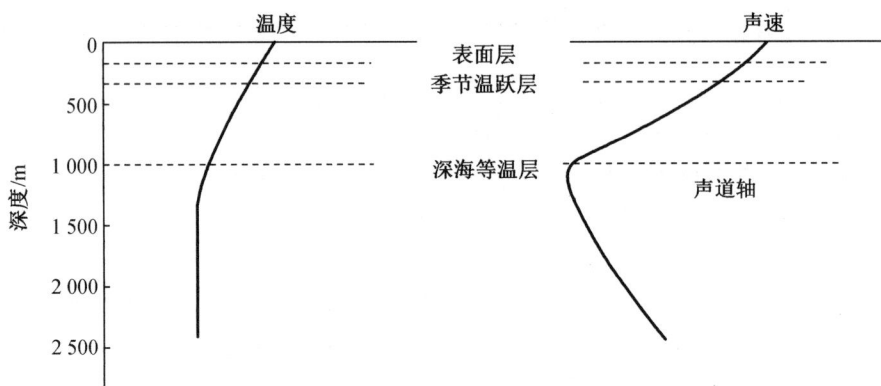

图3-14 北太平洋中纬度区海洋典型声速剖面图

海水的表面层从海面扩展到约150 m深度,这一层受局部气候甚至一天中不同时刻的影响很大。在平静的海况下,水温随表面层的深度增加而迅速降低,导致了很强的声速负梯度。

表面层以下的水温受风暴或瞬变因素的影响很小,但却随季节有很大的变化。此层称为季节温跃层,它延伸到300 m左右,并具有负梯度的特征。

第三层具有温度负梯度结构,称为主温跃层。随着深度的增加,温度降低到冰点附近,声速逐渐下降到最小值,在中纬度区,这一深度大约为1 000 m,称为声道轴。

最下面一层为深海等温层,此层中声速随深度增加而增大,所以是正声速梯度。

我国近海基本上是浅海大陆架,声速剖面图随季节变化更大,一般在冬天是等温层,而到夏天会出现明显的负梯度或负跃层。

3.4.2.4 多普勒效应

当声音与听测者之间的距离以较大的速率改变时,声音的音调会发生变化,这种声音的变化就称作多普勒效应。在一个运动着的目标上截取从静止的声呐所发出的声脉冲,并把声波反射回去的过程中,存在着两种多普勒效应:第一种是接收者相对于固定声源运动所产生的频移;第二种是当声源(即回波)相对于接收者(在回声定位时即发送原始脉冲的声呐)运动时所产生的频移。用 f_0 表示声呐发射的声音频率,f_1 表示被运动着的目标所接收到的并作为回波发送出去的频率,于是有

$$\frac{f_1}{f_0} = \frac{C+Ut}{C} \tag{3-61}$$

多普勒频率扩散也是水声信道的一个重要特性。它主要是由海洋介质的不均匀性造成的,即海洋信道的时变、空变性。

另外发射端和接收端的移动也是产生多普勒频移的因素。如果发射端和接收端移动,则由它们造成的多普勒频移就不相同,在进行水声信道的建模与仿真研究时,发射端移动造成的多普勒频移要在发射端直接加入,而接收端移动造成的多普勒频移要在延时和衰减后加入,但更为普遍的情况是介质、声源、观察者三者都在运动,假设分别以速度 V_m、V_s、V_o 运动,则有

$$\Delta f = \frac{V_s+V_o}{c+V_m-V_s}f \tag{3-62}$$

如果 V_s 和 V_o 不在一个方向,则上式中的 V_s 和 V_o 应分别理解为声源和观察者速度在两者连线上的投影。对于海中远距离的传输,经常没有视距直达路径。此时如果要严格计算多普勒频移,就必须根据海面、海底多次反射分段计算。从上式也可以看出,海中多普勒效应与电磁波(包括光波在内)的多普勒效应有两点不同:一是电磁波的多普勒频移仅与波源和观察者的相对速度有关,而声波的多普勒频移不是单纯取决于声源和观察者的相对速度,还要看何者是静止的、何者是运动的;二是介质的运动不对电磁波多普勒频移产生任何影响,但是会对声波多普勒频移产生影响。

声波在海水中传播的多普勒频移是一个在零点几赫兹到几百赫兹范围内变化的随机数。当发端运动速度远小于声波在水中的传播速度时,发射端和接收端运动造成的多普勒频移可以看成相等的。但是在海洋环境下,由于洋流和波浪等的作用,接收端和发射端的运动都是不可避免的。因此,在实际的工作环境下,多普勒效应不可忽略。同时,因为水声通信的调制频率比较低,一般为 8~12 kHz,所以即使是几十赫兹的频移,也会对信号的正确解调产生严重的影响。正是由于这一原因,在实际的接收系统中总有一级是对接收信号进行多普勒频移修正的。

3.4.3 水声信道的衰落特性

信道的物理特性决定着通信质量的好坏,整个水声通信系统所采取的技术路线主要是围绕如何克服信道特性对信息传输的影响来确定的。水声信道是一个非常复杂的时变、空

变、频变的信道。水声信道在物理上可以看成具有不同时延、不同频移、不同起始角的无数条传播路径的总和,这些路径通常是不相关的,相应的选择性衰落都是广义平稳的。

水声信道对传输信号的影响可以分为两个方面:一个是由信道的多径传播效应引起的信号波形衰落;另一个是由信道的时变特性引起的信号波形起伏。无论是信号的衰落还是起伏,都直接反映为信号的波形畸变和信息模糊。根据信道对传输信号的影响,海洋声信道的衰落效应可以分为慢衰落和快衰落,前者取决于在一段相对较长的时间内海洋状况的变化,而后者是由多径传播效应等因素引起的信号畸变。

3.4.3.1 瑞利、莱斯衰落

在水声通信中,发生信号往往是以多条路径信号分量的形式到达接收端。不同路径的信号分量具有不同的传播时延、相位和振幅,它们的叠加会使接收信号相互增强或抵消。如果各条路径信号的幅值和到达接收端的方位角是随机的且满足统计独立,则接收信号的包络服从瑞利分布。

设发射信号为 $A\cos w_0(t)$,则经过 N 条路径传播后的接收信号可表示为

$$r(t) = \sum_{i=1}^{N} a_i(t) \cos \omega_0 [t - \tau_i(t)] = \sum_{i=1}^{N} a_i(t) \cos [\omega_0 t + \varphi_i(t)] \quad (3-63)$$

式中,$a_i(t)$、$\tau_i(t)$、$\varphi_i(t)$ 分别表示第 i 条路径接收信号的幅度、传播时延、附加相位,其中 $\varphi_i(t) = -w_0 \tau_i(t)$。通过大量的观察发现,$a_i(t)$ 与 $\varphi_i(t)$ 随时间的变化与发射载频的周期相比通常缓慢得多。因此,式(3-63)可改写为

$$\begin{aligned} r(t) &= \sum_{i=1}^{N} a_i(t) \cos \varphi_i(t) \cos w_0 t - \sum_{i=1}^{N} a_i(t) \sin \varphi_i(t) \sin w_0 t \\ &= x(t) \cos w_0 t - y(t) \sin w_0 t \\ &= v(t) \cos [w_0 t + \varphi(t)] \end{aligned} \quad (3-64)$$

式中

$$\begin{cases} x(t) = \sum_{i=1}^{N} a_i(t) \cos \varphi_i(t) \\ y(t) = \sum_{i=1}^{N} a_i(t) \sin \varphi_i(t) \\ v(t) = \sqrt{x^2(t) + y^2(t)} \\ \varphi(t) = \arctan \dfrac{x(t)}{y(t)} \end{cases} \quad (3-65)$$

由于 $a_i(t)$ 与 $\varphi_i(t)$ 可以认为是缓慢变化的随机过程。因而 $x(t)$、$y(t)$ 以及包络 $v(t)$、相位 $\varphi(t)$ 也是缓慢变化的随机过程,$r(t)$ 为一窄带过程。

从式(3-65)中可以看到,在波形上多径传播的结果是使单一载频的确定信号 $A\cos w_0 t$ 变成了包络和相位受到调制的窄带信号,这样的信号通常称为衰落信号,在频谱上多径传播引起了频率弥散,即由单个频率变成了一个窄带频谱。

考虑大量路径引起的散射。由于 $x(t)$ 与 $y(t)$ 均为大量随机变量之和,故根据中心极限定理可知,$x(t)$ 与 $y(t)$ 分别服从正态分布或高斯分布,它们的概率密度函数可写为

$$\begin{cases} p(x) = \dfrac{1}{\sqrt{2\pi}\,\sigma_x} \mathrm{e}^{\frac{x^2}{2\sigma_x^2}} \\[4mm] p(y) = \dfrac{1}{\sqrt{2\pi}\,\sigma_y} \mathrm{e}^{\frac{y^2}{2\sigma_y^2}} \end{cases} \tag{3-66}$$

式中,σ_x、σ_y 分别为 x、y 的标准差。

假定具有随机幅值相位的大量散射波以在 $[0,2\pi)$ 内均匀分布的相位到达接收端,即 φ_i 为 $[0,2\pi)$ 内均匀分布的随机变量,由式(3-66)可知,随机变量 x 和 y 具有相同的方差,令 $\sigma_x^2 = \sigma_y^2 = \sigma^2$,可得随机变量 x 和 y 的联合概率密度函数

$$p(x,y) = \frac{1}{2\pi\sigma^2} \mathrm{e}^{\frac{x^2+y^2}{2\sigma^2}} \tag{3-67}$$

令

$$v^2 = x^2 + y^2, \varphi = \arctan\frac{y}{x}$$

则有

$$p(v,\varphi)v\mathrm{d}v\mathrm{d}\varphi = p(x,y)\mathrm{d}x\mathrm{d}y \tag{3-68}$$

可得到联合概率密度函数极坐标系表达形式

$$p(v,\varphi) = \frac{v}{2\pi\sigma^2} \mathrm{e}^{-\frac{v^2}{2\sigma^2}} \tag{3-69}$$

由于 $p(x)$ 和 $p(y)$ 独立且服从于高斯分布,故 $p(v)$ 和 $p(\varphi)$ 也相互独立,且 $p(\varphi)$ 为均匀分布,即 $p(\varphi) = 1/2\pi$,$\varphi \in [0,2\pi)$,于是便可得到接收信号包络的概率密度函数

$$P(v) = \begin{cases} \dfrac{v}{\sigma^2} \mathrm{e}^{-\frac{v^2}{2\sigma^2}}, v \geq 0 \\[4mm] 0, v < 0 \end{cases} \tag{3-70}$$

这就是瑞利分布。式中,σ 是包络检测前接收到的电压信号的均方根值;σ^2 是包络检测前接收信号的时间平均功率。

如果发射端和接收端的多径传播中存在直射路径,由于该路径信号的强度往往比其他路径大得多,这时接收信号的包络将不再是瑞利分布,而变成莱斯分布。相应的概率密度函数为

$$P(v) = \begin{cases} \dfrac{v}{\sigma^2} \exp\left(-\dfrac{v^2+A^2}{2\sigma^2}\right) J_0\left(\dfrac{Av}{\sigma^2}\right), A \geq 0, v \geq 0 \\[4mm] 0, v < 0 \end{cases} \tag{3-71}$$

式中　A——直射路径的最高幅值;

　　　v——修正的零阶第一类 Bessel 函数。

3.4.3.2　时延扩展与频率选择性衰落

假设发送端发射的一个窄脉冲信号在经过多径信道后,由于各信道时延的不同,接收到的信号为一串脉冲,即接收信号的波形比原始脉冲展宽了,又由于信号波形的展宽是由

信道的时延引起的,所以称之为时延扩展。

时延扩展引起的频率选择性衰落,可以用相干带宽描述。相干带宽表示信道在两个频移处的频率响应保持强相关情况下的最大频率差。

为了降低复杂度,下面以双径信道为例来讨论时延扩展与相干带宽之间的关系。假设多径传播的路径只有两条,并且认为到达接收点的双径信号具有相同的强度和一个相对的时延差。若令发射信号为 $f(t)$,则到达接收点的双径信号可以分别表示为 $V_0f(t-t_0)$ 和 $V_0f(t-t_0-\tau)$。这里,t_0 为固定的时延;τ 为双径信号的相对时延差;V_0 为幅度。上述传播过程可以通过图 3-15 进行描述。

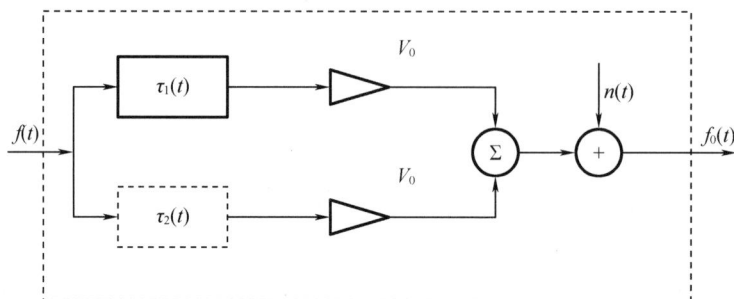

图 3-15 双径信道的等效信道

输出信号为

$$f_0(t) = V_0f(t-t_0)+V_0f(t-t_0-\tau) \tag{3-72}$$

设 $f_0(t)$ 的频谱密度函数为 $F(\omega)$,则有

$$V_0f(t-t_0) \leftrightarrow V_0F(\omega)\mathrm{e}^{-\mathrm{j}\omega t_0}$$

$$V_0f(t-t_0-\tau) \leftrightarrow V_0F(\omega)\mathrm{e}^{-\mathrm{j}\omega(t_0+\tau)}$$

则可得到输出信号 $f_0(t)$ 的频谱密度函数为

$$F_0(\omega) = V_0F(\omega)\mathrm{e}^{-\mathrm{j}\omega t_0}(1+\mathrm{e}^{-\mathrm{j}\omega\tau}) \tag{3-73}$$

这样,两路传输系统的传递函数为

$$H(w) = \frac{F_0(\omega)}{F(\omega)} = \frac{V_0F(\omega)\mathrm{e}^{-\mathrm{j}\omega t_0}(1+\mathrm{e}^{-\mathrm{j}\omega\tau})}{F(\omega)} = V_0\mathrm{e}^{-\mathrm{j}\omega t_0}(1+\mathrm{e}^{-\mathrm{j}\omega\tau}) \tag{3-74}$$

由此可见,除了常数因子 V_0 外,所求的传输特性是由一个模值为1、固定时延为 t_0 的网络与另一个特性为 $1+\mathrm{e}^{-\mathrm{j}\omega\tau}$ 的网络级联所组成的。后一个网络的幅频特性为

$$|(1+\mathrm{e}^{-\mathrm{j}\omega\tau})| = |1+\cos \omega\tau-\mathrm{j}\sin \omega\tau|$$

$$= \sqrt{(1+\cos \omega\tau)^2+(\sin \omega\tau)^2}$$

$$= \sqrt{2+2\cos \omega\tau} \tag{3-75}$$

可以看到双径传播的幅频特性依赖于 $\cos \omega\tau$,也就是说,对于不同信号中不同的频率成分,两径传播的结果将有不同的衰减。例如,两种极端的情况是:当 $\omega = 2n\pi/\tau$ 时(n 为整数),双径信号同相叠加,出现传输极点;当 $\omega = (2n\pm1)\pi/\tau$ 时(n 为整数),双径信号反相抵消,出现传输零点。等效信道的幅频特性如图 3-16 所示。

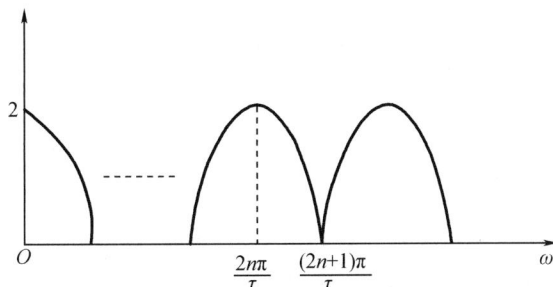

图 3-16 等效信道的幅频特性

可以求得两个相邻峰点的相位差为 $\Delta\theta = \Delta\omega \cdot \tau = 2\pi$，由此可得

$$\Delta\omega = \frac{2\pi}{\tau} \tag{3-76}$$

则相干带宽

$$B_{coh} = \frac{\Delta\omega}{2\pi} = \frac{1}{\tau} \tag{3-77}$$

由式(3-65)可知，相干带宽与时延扩展成反比。相干带宽是信道频率选择性的测度，若发射信号带宽 $B_s > B_{coh}$，则接收信号为频率选择性衰落。相干带宽与信号带宽之比越小，则信道的频率选择性就越强；反之，相干带宽与信号带宽之比越大，则信道的频率选择性就越弱。若发射信号带宽 $B_s \ll B_{coh}$，则接收信号的频率选择性衰落为平坦衰落。

实际上信道的路径一般都多于两条，而且由于水声传输介质的缓变，相对时延差 τ 随时间变化，另外信道的传输特性本身就随时间缓慢变化，因此信道对不同的频率成分有不同的随机响应，这些因素都会加剧信道的频率选择性衰落。

3.4.3.3 多普勒扩展与时间选择性衰落

多普勒频移是由发射机和接收机之间的相对运动或信道中水的流动引起的。单向传输时的多普勒频移为

$$\Delta f = \frac{v}{c} \cdot f \cdot \cos\varphi \tag{3-78}$$

式中 v——发射端与接收端相对径向运动的速度；

  c——声速；

  f——传输信号的频率；

  φ——径向运动速度与信号传输方向之间的夹角。

多普勒扩展是一种由多普勒频移现象引起的衰落过程的频率扩散，又称为时间选择性衰落。多普勒扩展的物理含义为，当发射频率为 f_c 的单频正弦信号时，其频谱特性为对应频率 f_c 处的一条谱线，当这个单频信号被发射后，由于多普勒频移的作用，接收信号的频谱会从频率为 f_c 的谱线扩散为 $f_c - f_D$ 到 $f_c + f_D$ 的有限谱带宽。接收信号功率谱的总体拓展范围定义为多普勒扩展，用 σ_D 来表示。多普勒扩展 σ_D 可以用信道的相干时间 T_{coh} 来表征，T_{coh} 就是两个瞬时的信道冲击响应处于强相关情况下的最大时间间隔。多普勒扩展与相干时间有近似关系 $\sigma_D \approx 1/T_{coh}$，可以看到相干时间与多普勒扩展成反比，它是信道随时间变化

快慢的一个测度,若发射基带信号符号周期 $T_s<T_{coh}$,则信道为慢衰落信道。相干时间越长,信道变化越慢;相干时间越短,信道变化越快。若发射基带信号符号周期 $T_s>T_{coh}$,则信道为快衰落信道。

3.4.4　声在海水中传播的损失

任何形式的能量(如声波、电磁波、光波等)在其辐射和传播过程中,不论介质有何种边界及特性、对信号有何种影响,在能量上总有损耗,即随着传播距离的增加,信号能量按照一定的规律逐渐减弱,以致在一定距离上"信号消逝"。对水声设备来说,这种传播损耗是决定设备作用距离的重要因素之一。所以,在水声传播问题中,传播损失是一个重要的物理量。在水声工程中,也将传播问题归结为信号在介质中的能量衰减问题,而且常用传播损失 TL 来定量描述。除此之外,人们也常对信号形状在传播中的变形(即失真),以及在时间上的延迟和其他统计特征产生兴趣,它们都反映了信号在传播中频率特性和统计特性发生了变化。这对设备处理信号的能力也有重要影响。在水声通信过程中,我们首先要考虑能量的损失,如果能量达不到,就意味着接收不到信号;其次考虑信号失真,要采用各种手段(硬件上及软件上)对信号进行恢复。

为此,首先需要对传播损失的物理量给予确切的定义。设在介质空间中,距声源声学中心单位距离(1 m)处参考点的声强为 I_1。距离声源声学中心 r 处某点的声强为 I_r,则声信号从参考点传播至 r 点的传播损失 TL 定义为

$$TL = 10\lg\frac{I_1}{I_r} \qquad (3-79)$$

其单位为 dB。如果只考虑介质空间中某两点的传播损失,则只需将起始声强 I_1 和观察点声强 I_2 之比取对数再乘以 10,即可确定该两点间的传播损失:

$$TL_{12} = 10\lg\frac{I_1}{I_2} \qquad (3-80)$$

因为声强 I_1 和 I_2 在定义中含有时间平均的意义,且信号持续时间足够长,则其平均时间的取值中包含了传播中的其他影响在内。如在短脉冲等瞬时信号中,平均时间的概念失去了意义,则传播损失的定义可取能流密度之比。能流密度表示垂直于声速传播方向上,通过单位面积所流过的能量,单位为 J/cm^2。所以瞬时信号的损失为

$$TL_{12} = 10\lg\frac{E_1}{E_2} \qquad (3-81)$$

式中　E_1——距声源单位距离处参考点上的能流密度;

　　　E_2——观察点距声源声学中心 r 处的能流密度。

用能流密度来计算传播损失的单位仍为 dB。

从以上定义可以看出,传播损失是衡量信道有效性的一个综合物理量。如果以某种能量为载体(如声、光、电磁波等)的信号,在海洋介质信道中有很大的传播损失,在某个有限的距离内即将消失,那就毫无实用价值。由于海水有很大的电导率,且对光波有很大的吸收,所以不论是电磁波还是光波,它们的传播损失相当大,都无法在海洋介质中作为远程探测的工具。唯独声波在一定频率范围内海水中的传播损失要比电磁波和光波小 2~3 个数

量级。所以,就目前而言,声波仍然是海水中"信息"的最常用载体。

造成声波能量在传播中损失的主要原因是,波阵面在传播过程中不断扩大,使得在单位时间内单位面积上能量减少(即平均功率密度减小),也就是声强减小,这种损失称为扩展损耗(或几何损耗),这是不可避免的,但是扩展损耗并不真正损耗能量,不会引起热损耗,只是单位面积上的能量减少了。其次,由于实际的海水介质并非理想介质,在传播过程中将声能吸收而转换成其他能量(如热能等),声能不可逆地转换成热能而消耗,这种损失称为吸收损耗。此外,实际的海水介质总是有界的,并且是非均匀的,因而致使声波在边界面上发生反射,使声能在某种边界面上"漏泄"掉,这称为边界损耗。所以总体来说,造成损失的原因主要有以下三个方面:

①扩展损耗——波阵面的扩展;

②吸收损耗——不可逆地将声能转换成其他能量;

③边界损耗——边界上能量的"漏泄"。

3.4.4.1 扩展损耗

为了分析各种损耗的真正原因,揭示它的物理含义,需要单独进行分析,在讨论扩展损耗时需要对介质做某些假定:设介质是理想的(即无吸收)、均匀的、无边界的。在这样一种介质中,所能遇到的能量损失完全是由波阵面的扩展造成的,因此称为扩展损耗,有时也称为几何衰减。常见的波阵面扩展有两种形式,即球面波扩展和柱面波扩展,相应就产生了球面扩展损耗和柱面扩展损耗。

对球面波已进行过讨论,它是由一点源在上述假设的理想、均匀、无边界介质中激发形成的。随着波阵面的不断扩展,其功率密度不断减小,球面上声强的表达式为

$$I = \frac{A^2}{\rho c r^2} \tag{3-82}$$

可以根据上式来计算空间两点间的球面扩展损耗 TL。设 1 m 处的波阵面上某一点的声强为 I_1,则

$$I_1 = \frac{A^2}{\rho c r^2}\bigg|_{r=1\,\text{m}} = \frac{A^2}{\rho c} \tag{3-83}$$

波阵面传播到空间中的位置时,半径为 r,其声强为 I_r,同理可计算得到 I_r:

$$I_r = \frac{A^2}{\rho c r^2}\bigg|_{r=r} = \frac{A^2}{\rho c r^2} \tag{3-84}$$

根据传播损失的定义,将式(3-71)和式(3-72)代入式(3-67),得到了球面扩展损耗的计算公式:

$$\text{TL} = 10\lg\frac{I_1}{I_r} = 10\lg\frac{1}{r^2} = 20\lg r \tag{3-85}$$

上式表明,当波阵面具有球面形状时,其扩展损耗符合反平方定律,即与距离 r 的关系为 TL $= 20\lg r$。这是一种非常典型的情况。由于在大量的声学测量中,经常将条件限定在这种情况下,即使声波在实际海中的传播会产生复杂的扩展规律,但也经常与球面扩展加以比较。所以球面扩展损耗的反平方定律是经常运用的概念。

此外,经常遇见的是所谓"柱面扩散"。在某些辐射条件下,例如声源为一无限长圆柱体,在做径向振动时,将会在无界的均匀理想介质中激发起柱面波。其波阵面具有同心的圆柱面。由一个均匀辐射的声源所激发的声波,在一定距离上也将具有圆柱形的波阵面,因此声源所辐射的能量都均匀分布在一个圆柱面上,圆柱的半径即为传播距离,圆柱高度在平行平面边界条件下,即为平行界面之间的距离。设 1 m 处的波阵面上某一点的声强为 I_1,同时 r 处的声强为 I_r,根据通过圆柱面的功率相等,则可得到

$$H \cdot 2\pi r I_1 |_{r=1\,\mathrm{m}} = H \cdot 2\pi r I_1 |_{r=r} \tag{3-86}$$

所以,柱面扩展损耗的计算公式为

$$\mathrm{TL} = 10\lg \frac{I_1}{I_r} = 10\lg r \tag{3-87}$$

上式表明,当波阵面具有柱面形状时,其扩展符合反一次方定律,即与距离 r 的关系为 $10\lg r$。由此可以推断,在平面波的讨论中得到,在传播过程中平面波波阵面不产生扩展,因此声强是常数,所以扩展损耗为 0 dB,即 TL = 0,可将其写成 TL = 0lg r。这样,对于简单形状的波阵面扩展损耗和距离 r 的关系具有如下规律:

TL = 0lg r 平面波,不扩展;

TL = 10lg r 柱面波,反一次方定律;

TL = 20lg r 球面波,反平方定律。

值得指出的是,即使从扩展规律来看,由于实际海区的不均匀性,声信号将产生折射、散射,以及边界上的反射产生多径干涉,所以实际的扩展损耗较少出现以上这种简单的情况。实际上扩展波阵面的形状可能比较复杂,但是由于数学计算的原因,我们总是利用球面波或柱面波来近似代替。

3.4.4.2 吸收损耗

以上对声波的讨论都假定介质是理想的,然而实际的海水介质并非如此。例如有一平面波在海水介质中传播,按以上所述它不存在扩展损耗,但实际测量的结果表明它同样会产生声能的耗散过程,即产生将声能逐渐转变成"热能"等其他形式的能量过程,并且这个过程是不可逆的。这种声能的耗散过程称为介质对声波的吸收。实际上,它代表了真正的声能在介质中传播的损失。它同样产生了声能随传播距离的增加而衰减的物理现象。

介质的吸收除了由介质本身的物理性质所决定外,还取决于介质中的非均匀物质,如气泡、悬浮粒子、微生物等,也会产生附加吸收。

对由介质吸收而产生的声强随距离衰减的规律分析如下:为了排除扩散损耗的影响,令一平面波在吸收介质中传播,由于介质吸收,在它传播的每一单元距离上都有一部分声强被损耗掉。设在某一距离上的声强为 I,dr 为平面波传播距离增量,则在 $r+\mathrm{d}r$ 距离上的声强将减小 dI(负值表示损耗)。设经过 dr 后的声强相对变化值 dI 与 dr 的比例关系为

$$\frac{\mathrm{d}I}{I} = -n\mathrm{d}r \tag{3-88}$$

式中,n 为比例常数,"-"表示 dI 是负值。距离从 r_1 变化至 r_2,则声强将从 I_1 变化至 I_2,对上式积分可得

$$I_2 = I_1 e^{-n(r_2-r_1)} \tag{3-89}$$

由式(3-89)可以看出,平面波在吸收介质中传播时,声强按指数规律随 r 衰减。对式(3-89)取以 10 为底的对数并乘以 10,再令 $a = 10n\lg e$,得到

$$10\lg I_2 - 10\lg I_1 = -\alpha(r_2-r_1)$$

$$\alpha = -\frac{10\lg I_2 - 10\lg I_1}{r_2-r_1} \tag{3-90}$$

式中,α 为对数吸收系数,它意味着由于吸收,每传播单位距离声强衰减 α,单位为 dB/m。

同理,根据定义可以看出,由吸收产生的传播损失为

$$TL = \alpha(r_2-r_1)$$

当 r 很大时,它相对于参考点的吸收损耗可近似写为

$$TL = \alpha r \tag{3-91}$$

或

$$I_2 = I_1 10^{-0.1\alpha r} \tag{3-92}$$

式中,r 的单位应与 α 的单位一致,如 α 取 dB/km,则 r 的单位为 km。

如令 $n=2\beta$,则式(3-89)可写成

$$I_2 = I_1 e^{-2\beta(r_2-r_1)} \tag{3-93}$$

再取自然对数得

$$\beta = -\frac{\ln I_2 - \ln I_1}{2(r_2-r_1)} \tag{3-94}$$

式中,β 是对数底数为 e 的吸收系数,单位为 Np/m(km)。

以分贝和奈培的不同单位来表示吸收的声强衰减公式,由此可得分贝(dB)和奈培(Np)的关系为

$$e^{-2r} = 10^{-0.1\alpha}$$

$$0.1\alpha = 2\beta\lg e$$

$$\alpha = 20\beta\lg e = 8.68\beta \tag{3-95}$$

即 1 Np 为 8.68 dB。在吸收衰减的计算中单位必须统一。

介质对声波吸收的物理机理是十分复杂的,至今对于非纯水(如海水)的实际测量值在某些情况下仍然与理论值很不相符,其原因有各种不同的解释。早期,瑞利和斯托克斯等人曾对纯水的声吸收机理提出了所谓声吸收的经典理论,认为介质的切变黏滞和热传导是介质对声波能量吸收的主要原因。介质的质点之间存在着内摩擦力,也称为黏滞力。这是介质质点黏滞性的反应。当介质质点发生相对运动时,这种黏滞力就产生作用,所以声波的传播过程在流体中便发生了介质质点的压缩和稀疏,同时必须克服这种黏滞力而做功,消耗声能引起声的吸收。此种吸收被称为切变黏滞吸收。此外,声波在传播过程中所产生的压缩和稀疏过程,从热力学观点来看是绝热过程,压缩区介质的温度将升高,而膨胀区(即稀疏区)的温度将降低。尽管这种热量的分布在宏观上仍是无法觉察而可以忽略的,但对于声传播过程来说不能忽略,而且正是这种温度梯度-压缩区的热量向膨胀区传播引起了热的交换,即热的传导。这种过程是不可逆的,这便引起了声波的热传导吸收。经典理论基于这两个假设,得到了所谓声波的经典吸收系数公式——斯托克斯-克希霍夫公式,吸

收系数为 α,由下式计算:

$$\alpha = f^2(A_\eta + A_\chi) = f^2\left\{\frac{8\pi^2\eta_c}{3\rho c^3} + \frac{4\pi^2}{\rho c^3}\left[\chi\left(\frac{1}{c_V} - \frac{1}{c_p}\right)\right]\right\} \tag{3-96}$$

式中　f——声波频率;

η_c——介质切变黏滞系数;

ρ——介质密度;

c——介质声速;

c_V——介质定容比热容;

c_p——介质定压比热容;

χ——介质热传导系数;

A_η——切变黏滞;

A_χ——热传导。

由式(3-96)看出,吸收系数与频率的平方成正比,但对于纯水,此热传导的影响常可以忽略。

经实验验证发现,实测的声吸收系数要比理论计算值大许多倍,说明上述经典理论所导出的经典吸收系数公式具有局限性。在此基础上后人考虑到介质内部微观过程的弛豫现象,提出了分子结构弛豫吸收理论。其物理概念为,声波在压缩期间,水分子受到压缩作用产生相对位移,使得分子中原子配置发生变化(或称结构压缩),引起分子间束缚的破坏,使之发生结构变化,而这一过程滞后于压力,即分子结构从较松散到较紧密这一过程需要一定的时间,称为弛豫时间,这种现象称为结构弛豫。显然这种结构弛豫与容积黏滞有密切的关系,并因此而消耗声波的能量,导致声波产生一种新的吸收机理,这便在式(3-96)中增加了结构弛豫吸收项而成下式:

$$a = f^2(A_\eta + A_\chi) = f^2\left\{\frac{8\pi^2\eta_c}{3\rho c^3} + \frac{4\pi^2}{\rho c^3}\eta_V + \frac{4\pi^2}{\rho c^3}\left[\chi\left(\frac{1}{c_V} - \frac{1}{c_p}\right)\right]\right\} \tag{3-97}$$

式中,η_V 为介质的体黏滞系数。

根据修正后的理论,对于纯水来说,理论计算与实验结果颇为相符。以上仅介绍了纯水声吸收理论的简单概念。

实际海水的声吸收与纯水有相同的特点(如频率的关系等),但更复杂。将式(3-97)的计算结果与海上对吸收系数的实测做比较,发现频率大于 1 MHz 时,计算值与理论值大致相符;但在低频时,实测值要比理论值大得多。这是由于海水中含有大量的盐类,如氯化钠($NaCl$)、氯化镁($MgCl_2$)和硫酸镁($MgSO_4$)。研究发现,这些电解质在某一频率范围的声波作用下,发生一种化学反应。例如在 10～500 kHz 频段内,主要是硫酸镁离子的化学弛豫。这是一个离子的分解和复合过程,即海水中的硫酸镁在声波作用下加速分解。这个过程当然需要一个时间弛豫,同时这个过程所需要的能量也由声波所供给,因而造成潜水介质对声能的附加吸收,此种吸收称为化学弛豫吸收。此外海水中还存在大量的浮游生物和气泡,它们对某些频率的声波产生共振吸收。综上所述,海水的声吸收主要是由下列原因产生的:

①介质的热传导吸收;

②介质的黏滞吸收(这里主要指切变黏滞);

③介质的弛豫吸收(包括结构弛豫和化学弛豫);

④共振吸收(包括介质中的各种浮游物质)。

对于各个海区吸收系数的具体数据,往往都是海上多次实测的综合结果。例如,工程上常用的经验公式之一为 $\alpha = 0.036f^{8/2}$。式中,f 的单位是 kHz;α 的单位是 $dB/m(km)$。

必须指出的是,依据海上实测,在 5 kHz 以下频段内的吸收系数比理论上预计的还要大很多。造成低频损失增大的原因至今仍有各种假设,相关研究还在继续进行当中。

3.5 典型水声通信数字调制技术

水声通信调制技术与无线电通信技术类似,也包括模拟和数字调制解调技术。早期的水声通信主要以模拟通信为主,而现阶段各国的水声通信设备,均采用数字通信。在这些通信调制技术中,比较适合水声时变、空变、随机性信道特性的,主要有两个:一个是正交频分复用(orthogonal frequency division multiplexing,OFDM),另一个是扩频通信。

3.5.1 OFDM 技术

3.5.1.1 OFDM 基本原理

水声通信信道可用带宽窄,要提高通信速率,必须充分利用有限的频带资源。OFDM 与传统多载波调制的一个明显不同便是其载波的正交性,这也是其对于解决频谱资源有限这一问题的重要原因所在。因此,在考虑 OFDM 系统的设计以及具体实现之前,最重要的便是对其子载波的选择。OFDM 技术通过各个子载波的正交性压缩整体带宽,利用多路并行传输提高整体通信速率。

假设一个 OFDM 系统中采用 N 个子信道,将各子信道所采用的子载波表示为如下形式:

$$x_k(t) = B_k\cos(2\pi f_k t + \psi_k) \tag{3-98}$$

式中 B_k——第 k 路子载波的振幅,受基带码元的调制;

f_k——第 k 路子载波的频率;

ψ_k——第 k 路子载波的初始相位,$k = 0,1,\cdots,N-1$。

由上式可知,N 路子信号之和为

$$x(t) = \sum_{k=0}^{N-1} x_k(t) = \sum_{k=0}^{N-1} B_k\cos(2\pi f_k t + \psi_k) \tag{3-99}$$

考虑到在接收端我们希望各子信道的信号可以完全并且正确地分离,因此需对各子载波进行正交条件的限制。对于各子载波满足的正交条件,可在数学上进行简单说明,即任意两个子载波在一个周期内的乘积积分结果为零,这便是经过多径传输后在接收端恢复信号时任意两个子载波间互不干扰的最简单模型。其数学形式为

$$\int_0^{T_s} \cos(2\pi f_k t + \psi_k)\cos(2\pi f_i t + \psi_i)\,dt = 0 \tag{3-100}$$

利用三角公式改写后可化简为

$$\frac{1}{2}\int_0^{T_s}\cos\left[2\pi(f_k+f_i)t+\psi_k+\psi_i\right]dt = 0 \tag{3-101}$$

由此得到的积分结果为

$$\frac{\sin\left[2\pi(f_k+f_i)T_s+\psi_k+\psi_i\right]}{2\pi(f_k+f_i)}+\frac{\sin\left[2\pi(f_k-f_i)T_s+\psi_k-\psi_i\right]}{2\pi(f_k-f_i)}-\frac{\sin(\psi_k+\psi_i)}{2\pi(f_k+f_i)}-\frac{\sin(\psi_k-\psi_i)}{2\pi(f_k-f_i)} = 0 \tag{3-102}$$

观察式(3-102)可知,等式成立的条件为

$$\begin{cases} (f_k+f_i)T_s = m \\ (f_k-f_i)T_s = n \end{cases} \tag{3-103}$$

式中,m、n 均为整数,且 ψ_k、ψ_i 任意取值。

由式(3-103)可解出 f_k、f_i,即

$$\begin{cases} f_k = \dfrac{m+n}{2T_s} \\ f_i = \dfrac{m-n}{2T_s} \end{cases} \tag{3-104}$$

即要求子载频满足以下条件

$$f_k = \frac{k}{2T_s} \tag{3-105}$$

式中,k 为整数。

同时可以看出,对子载频的间隔也有要求,即

$$\Delta f = f_k - f_i = \frac{n}{T_s} \tag{3-106}$$

因此,要求的最小子载频间隔为

$$\Delta f_{\min} = \frac{1}{T_s} \tag{3-107}$$

传统频分复用(frequency-division multiplexing,FDM)的技术特点是,通过设立保护间隔把信道分成多个独立的频带不同的子信道。而 OFDM 系统在独立的基础上,进行多载波调制,使各个子信道间相互正交。从频域角度看,频带间存在相互重叠,不存在保护间隔。FDM 和 OFDM 技术的子信道如图 3-17 所示。

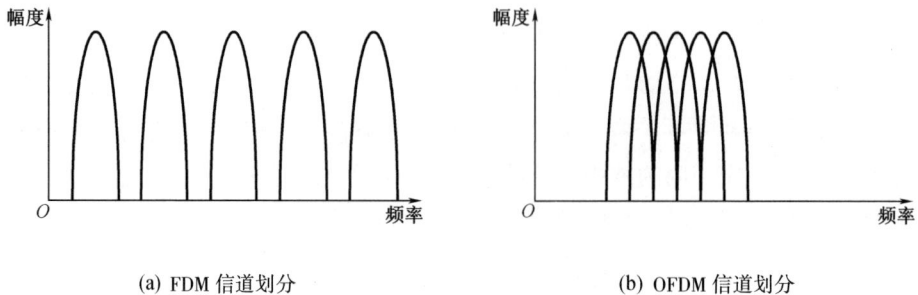

(a) FDM 信道划分　　　　　　　　(b) OFDM 信道划分

图 3-17　两种系统信道划分图

3.5.1.2 OFDM复信号表示和系统实现

通信系统传输的串行码元数据,当子载波为 N 时,将串行码元数据变成 N 个一组的并行码元数据。针对每个码元数据,利用 ASK、PSK、DPSK、QAM 等调制方式,将实数码元映射为复数码元。假设映射后的复数码元为 $d_0, d_1, \cdots, d_{N-1}$,利用子载频为 $f_0, f_1, \cdots, f_{N-1}$ 的载波进行调制。这里频率

$$f_i = f_c + i/T, i = 0, 1, \cdots, N-1$$

式中,f_c 是整体载波频率,各子载波的载频是在整体频率基础上增加一个载频差值 i/T。

宽带 OFDM 信号可以表示为

$$s(t) = \sum_{i=0}^{N-1} d_i \exp\left[j2\pi f_i(t - t_s)\right], t_s \leq t \leq t_s + T_s \tag{3-108}$$

式中 T_s——每个子带上一个码元的传播时间;

t_s——第 s 组码元的起始时间。

当整体载波频率 f_c 为零时,一个基带 OFDM 信号可以表示为

$$s(t) = \sum_{i=0}^{N-1} d_i \exp\left[j\frac{2\pi i}{T_s}(t - t_s)\right], t_s \leq t \leq t_s + T_s \tag{3-109}$$

可以看出,每个子载波在一个 OFDM 符号周期内都包含整数倍个周期,而且各个相邻的子载波之间相差一个周期。在接收端对 OFDM 信号采用相干方式实现解调,将接收的信号与第 k 个本地载波相乘后,在时间 $t_s \sim t_s + T_s$ 上积分,利用各个子载波的正交性恢复各个子信道的复数码元 d_k,即

$$\frac{1}{T_s} \int_{t_s}^{t_s+T_s} \exp\left[-j2\pi\left(\frac{k}{T_s} + f_c\right)(t - t_s)\right] \sum_{i=0}^{N-1} d_i \exp\left[j2\pi\left(\frac{i}{T_s} + f_c\right)(t - t_s)\right] dt$$

$$= \frac{1}{T_s} \sum_{i=0}^{N-1} d_i \int_{t_s}^{t_s+T_s} \exp\left[j2\pi\frac{i-k}{T_s}(t - t_s)\right] dt$$

$$= d_k \tag{3-110}$$

通过式(3-109)可以看出,基带 OFDM 信号与反傅里叶变换形式非常接近。当 N 较大时,式(3-109)就可以采用离散反傅里叶变换形式实现。令式(3-109)中的 $t_s = 0$,对信号以 T_s/N 的速率进行采样,即令采样时刻 $t_k = kT_s/N, k = 0, 1, \cdots, N-1$,可以得到

$$s(t_k) = s(kT_s/N) = \sum_{i=0}^{N-1} d_i \exp\left(j\frac{2\pi ik}{N}\right), k = 0, 1, \cdots, N-1 \tag{3-111}$$

所获得的采样序列 $s(t_1), s(t_2), \cdots, s(t_{N-1})$ 等效为对 $d_1, d_2, \cdots, d_{N-1}$ 进行反傅里叶变换。同样,在接收端可以通过傅里叶变换还原发送的复数码元序列,即

$$d_i = \sum_{i=0}^{N-1} s(t_k) \exp\left(-j\frac{2\pi ik}{N}\right), i = 0, 1, \cdots, N-1 \tag{3-112}$$

3.5.1.3 循环前缀

OFDM 是将串行高速数据流变成并行低速子数据流同时进行传输,解决了频率选择性衰落的问题。但是,水声通信信道多径效应依旧存在,由多径引起的码间串扰会严重影响通信性能。为了解决这一问题,通常需要在各个码元之间加入保护间隔和循环前缀。循环前缀将信号的最后一部分复制并前置到码元开始处,从而确保在数据传输过程中,即使存

在时延扩展,只要其最大值不超过预设的保护间隔长度,就能有效避免码间串扰的发生,使得各个子载波之间的正交性得以维持,如图3-18所示。循环前缀在选取时不能过小,应大于信道最大时延扩展;也不能过大,否则会降低通信效率。

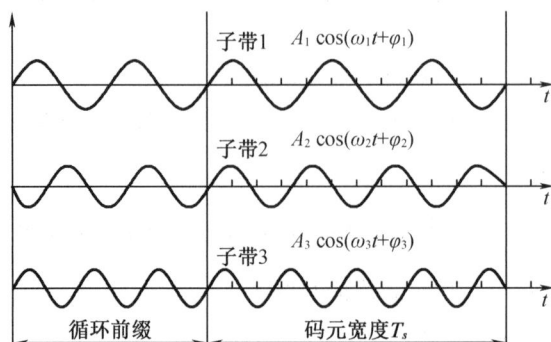

图3-18　两种系统信道划分图

3.5.1.4　多普勒频移问题

信号收发端的相对运动与海洋介质的不均匀可能导致接收信号存在多普勒效应,进而发生接收信号的频率偏移。由于OFDM技术对于各子带之间有严格的正交性要求,对频移变化敏感,一旦频移超过一定阈值,便会极大地损害OFDM各子载波的正交性,为信号的准确恢复带来极大挑战,进而降低OFDM在水声通信中的性能。因此,通信系统必须对多普勒频移进行精确估计与补偿,以确保在接收端正确接收信息码元。

多普勒效应导致的频率上的偏移为

$$f_d = v \cdot f_c \cdot \cos \theta / c$$

式中　f_d——频率偏移量;

v——相对运动速度;

f_c——子载波频率;

θ——夹角的角度。

可以看出,f_c不同,f_d也不同。当收发两端相向运动时,距离越来越近,f_d是正值,即接收信号的频率越来越高;当收发两端反向运动时,距离越来越远,f_d是负值,即接收信号的频率越来越低。多普勒频移会造成第k个子载波的接收频率改变,假设ε是多普勒因子,f_k是第k个子载波的频率,则多普勒频移导致频移后第k个子载波的频率为

$$f'_k = (1+\varepsilon)f_k$$

可以看出,频率越高,频移量越大。

3.5.2　直接序列扩频技术

传统扩频技术是利用自相关性较好和互相关性较差的扩频码携带传输信息,系统中传输信号占用的带宽远远大于所传输信号必需的最小带宽,在接收端采用相同的扩频序列进行相关处理,实现信息解扩,再完成解调、解码。

如图 3-19 所示,设原始发送信息序列为 a_n,信息码元持续时间为 T_a,扩频序列为 $c = \begin{bmatrix} c_1 & c_2 & \cdots & c_{N-1} \end{bmatrix}$,其中 $T_a = NT_c$ 代表一个扩频符号周期的长度,N 为扩频序列的码片周期,T_c 为码元持续时间,则直扩系统的基带信号可表示为

$$s_b(t) = \sum_n a_n c(t - nT_a) \tag{3-113}$$

式中,$c(t)$ 为扩频序列时域波形。

$$c(t) = \sum_{i=0}^{N-1} c_i g_c(t - iT_c), t \in [0, T_a] \tag{3-114}$$

式中,$g_c(t)$ 是码元脉冲成型滤波器。

则直扩系统发送的扩频信号可以表示为

$$s(t) = As_b(t)\cos \omega_c t \tag{3-115}$$

式中　A——信号幅度;

　　　ω_c——载波频率。

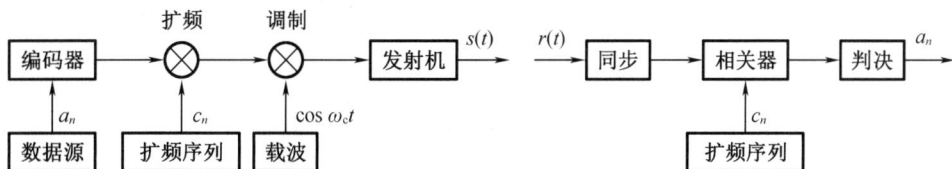

图 3-19　直接序列扩频原理图

信号发射后,需经过复杂的水声信道,如图 3-20 所示。简易水声信道模型常用下列公式表示:

$$h(t,\tau) = \sum_{p=1}^{N_p} A_p(t)\delta[t - \tau_p(t)] \tag{3-116}$$

式中　N_p——声传播主要路径个数;

　　　δ——冲激函数;

　　　$A_p(t), \tau_p(t)$——第 p 条传播路径随机变化的幅度和时延,其主要受到收发两端的相对运动及海面起伏的影响,这也是产生多普勒效应的主要原因。

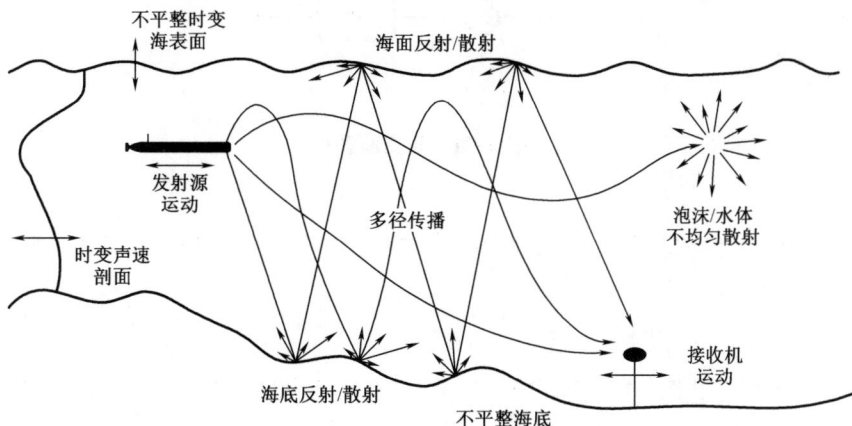

图 3-20　典型浅海时变信道

可见随着收发两端相对运动速度的变化,多普勒效应也会随之变化,但当观测时间 t_{ab} 足够小时,可以认为 $\tau_p(t)$ 的变化是线性的,则 $\tau_p(t)$ 可以近似表示为

$$\tau_p(t) = \tau_p - a_p t, t \in [0, t_{ab}] \tag{3-117}$$

式中　$\tau_p(t)$——第 p 条路径的时延值;

　　a_p——第 p 条路径的多普勒系数。

在浅海水声通信环境中,当通信距离远大于水深时可以近似认为各路径的多普勒效应相同,即

$$a_1 = a_2 = \cdots = a_{N_p} = a \tag{3-118}$$

基于式(3-98)和式(3-99),时变信道冲击响应函数 $h(t,\tau)$ 可以近似表示为

$$h(t,\tau) \approx \sum_{p=1}^{N_p} A_p(t)\delta[t - (\tau_p - at)] + n(t) \tag{3-119}$$

在浅海时变环境中,式(3-100)中的 a、τ_p 和 $A_p(t)$ 在不同时刻均不相同,其中 a 和 τ_p 对系统解码的影响最为严重。假设发射端采用上述 BPSK 扩频调制方式,则接收信号可以表示为

$$r(t) = \sum_{p=1}^{N_p} A_p(t)s[(1+a)t - \tau_p] + n(t) \tag{3-120}$$

式中　$s(t)$——发射信号;

　　$n(t)$——噪声。

由于信号在复基带上便于分析,故将 $r(t)$ 通过正交解调下变频到基带,如图 3-21 所示。

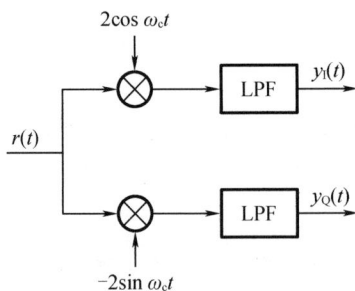

图 3-21　正交解调

$$y_I(t) = 2r(t)\cos\omega_c t \stackrel{LPF}{=} \sum_{p=1}^{N_p} A_p(t)s_b[(1+a)t - \tau_p]\cos(a\omega_c t - \omega_c\tau_p) + n_I(t)$$

$$\tag{3-121}$$

$$y_Q(t) = -2r(t)\sin\omega_c t \stackrel{LPF}{=} \sum_{p=1}^{N_p} A_p(t)s_b[(1+a)t - \tau_p]\sin(a\omega_c t - \omega_c\tau_p) + n_Q(t)$$

$$\tag{3-122}$$

正交解调的输出是由同向分量和正交分量组成的复数,即

$$y(t) = y_I(t) + jy_Q(t) = \sum_{p=1}^{N_p} A_p(t)s_b\big[(1+a)t - \tau_p\big]e^{j(a\omega_c t + \omega_c \tau_p)} + n_{IQ}(t) \qquad (3\text{-}123)$$

式中,噪声 $n_{IQ}(t) = n_I(t) + jn_Q(t)$,且 j 为虚数。由式(3-104)可知,解调后的基带信号并不能直接解码得到发送信息序列,其受到多径、随机起伏的幅度、信号的压缩扩展、载波初始相位、载波频偏等的干扰,且由于海洋介质的特性随时间变化会导致上述干扰不断变化,加之同步误差和低信噪比引起的通信性能损失,使得在海洋环境中实现可靠的数据传输变得异常困难。

3.6　水声传播计算

3.6.1　水声传播模型的分类

在水声传播研究领域,存在着多种求解亥姆霍兹方程的理论方法。但它们都源于两种基本方法:波动理论方法和声线轨迹方法。这两种方法各有所长,可以使用其中一种方法来求解亥姆霍兹方程,也可以同时使用两种方法来求解亥姆霍兹方程。根据求解波动方程所用方法的不同,可以建立不同水声传播模型。按照对波函数解的形式的选取和求解波动方程时所使用方法的不同,可以将传播模型大致分成射线模型、简正波模型、抛物方程模型、快速声场模型和多路径展开模型等五类。在这五类传播模型中,除了射线模型完全采用声线轨迹技术外,其余传播模型都不同程度地采用了波动技术。抛物方程模型选择了不同于其他三种模型的波动方程解的形式。简正波模型、快速声场模型和多路径展开模型使用了相同的解的形式,但求解波动方程积分表达式的方法却各不相同,其求解方法如图3-22 所示。其中,多路径展开模型结合了波动技术和声线轨迹技术两种技术。按照与水平距离是否有关,可进一步将这些传播模型细分为与距离无关的模型和与距离有关的模型。距离无关就意味着假定了模型对环境是圆柱对称的(即海洋环境是水平分层的,它的特性随深度发生变化)。距离有关是指海洋介质的某些特性除与深度有关以外,还与相对接收器的距离和方位有关。对距离的依赖性还可以进一步分为在距离和深度上有变化的二维(2D)情况和在距离、深度和方位上都有变化的三维(3D)情况。声线模型、抛物方程模型适用于与距离有关的声场问题,简正波模型、快速声场模型和多路径展开模型适用于与距离无关的声场求解问题。其中,简正波模型可以通过绝热方式和耦合方式扩展到二维和三维情况。

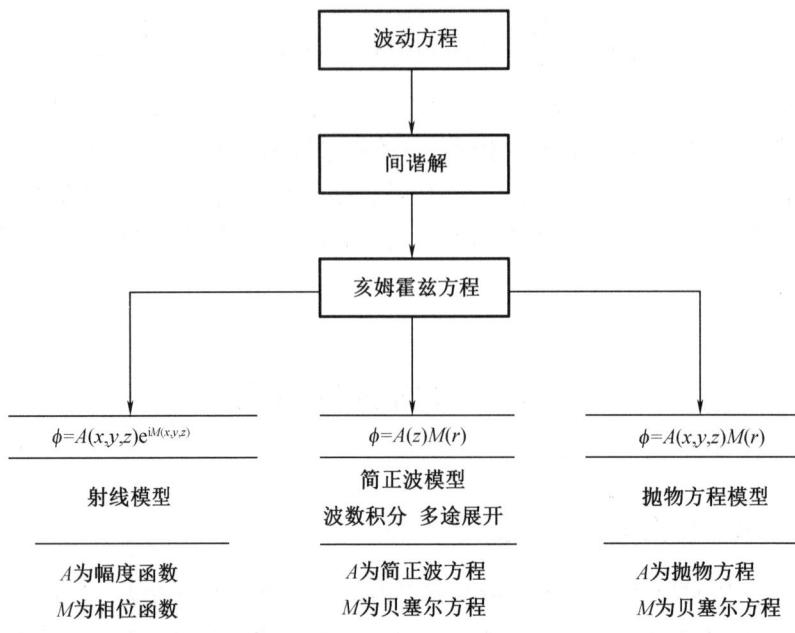

图 3-22 传播模型理论方法之间的关系概要

3.6.2 声场计算工具箱及使用

3.6.2.1 输入文件和输出文件

1. Bellhop 的输入文件 ＊.env 文件

Bellhop 的输入文件是 ＊.env 文件。＊.env 输入文件的结构见表 3-2。

下面介绍 ＊.env 输入文件的结构说明。

（1）OPTIONS1（选项 1）

OPTIONS1 是用单引号括起来的 5 个字符的字符串。下面对每个字符进行说明：

OPTIONS1（1）：设定 Bellhop 用来计算声速以及声速沿声线的导数的插值方法。对应如下：

——S：三次样条插值；

——C：C-线性插值；

——N：N2-线性插值；

——A：解析插值（需要调整子程序 SSP，并重新编译模型代码）；

——Q：声速场二次逼近（需要创建包含声速场的 ＊.ssp 文件）。

OPTIONS1（2）：设置表面类型。对应如下：

——V：表面以上为真空（不需要表面参数行"SURFACE-LINE"）；

——R：表面以上为完全刚性介质（不需要表面行）；

——A：声学半空间；表面行"SURFACE-LINE"应写为表面高度 z 表面 cp 表面 cs 表面密度 ρ 表面 α；

表 3-2 env 输入文件的结构

条目	内容		说明
1	TITLE		绘图的标题,简述模拟内容
2	Frequency(Hz)	频率(Hz)	声线与频率无关,频率影响声线步长大小;更高频率可画出更精确的声线轨迹
3	nmedia	整数<20	介质分层,Bellhop 总为 1
4	OPTIONS1	顶部选项	海面版块
5	SURFACE-LINE	海表面参数行	
6	nmesh sigma sz(nssp)		Bellhop 只使用第三个参数:海深——最后一行声速剖面的深度
7	z(1) cp(1) / z(2) cp(2) / … … … z(nssp) cp(nssp) /		声速剖面版块
			用"/"结束每一行,表示停止读取该行,本行其他参数(cs、ρ、α)使用默认值
8	OPTIONS2 sigmab	底端选项	海底版块
9	BOTTOM-LINE	海底参数行	
10	nsources		声源数目
11	source-depth(1) source-depth(nsources) /		声源深度(m);只简单输入第一个与最后一个深度,用"/"结束该行,表示其他深度均匀内插
12	nrd (number of receivers x depth)		接收器数目
13	receiver-depth(1)receiver-depth(nrd) /		接收器深度(m)
14	nrr (number of receivers x range)		x 轴向接收器数目
15	receiver-range(1)receiver-range(nrr) /		x 轴向接收器距离(km)
16	OPTIONS3		运行类型(RunType)
17	nbeams		出射角数目;超过 50 条,绘图就凌乱。设为 0 时,代码会自动优选数目
18	theta(1) theta(nbeams)		出射角扇面(°);朝向底部出射的射线为正角度
19	ray-step zmax rmax		ray-step:声线步长(m),Bellhop 会动态调整步长,确保每根声线精确着陆在声速给出深度。 zmax,rmax:追踪声线的深度-距离范围(box)
20	OPTIONS4 epmult rloop isingl		当 OPTIONS3 为单个字符时,无此两行
21	nimage ibwin component		

阵列版块 / 输出版块 / 波束版块

——F:从 ∗.irc 文件中读取反射系数表。需要先运行 bounce(反弹)程序得到 ∗.irc 文件。

OPTIONS1(3):设定底部衰减单位。对应如下:

——F:衰减单位采用(dB/m) kHz;

——L:衰减单位采用参数损失;

——M:衰减单位采用 dB/m;

——N:衰减单位采用 Np/m;

——Q:衰减单位采用 Q 因子;

——W:衰减单位采用 dB/λ(波长)。

OPTIONS1(4):描述水体 Thorpe 体积衰减系数的可选参数;如果设置,对应为 T。

OPTIONS1(5):描述表面形状的可选参数;如果不具体说明,就认为表面是平的;如果具体说明,则设置为'∗'。在后一种情况下,表面坐标需要用 ∗.ati 文件来描述,其结构如下:

参数"插值类型"是一个字符,等于'L'(用于对表面进行线性插值)或'C'(用于对表面进行曲线插值);表面的距离单位为 km,表面的深度单位为 m。

在 Bellhop 中不使用参数 nmesh 和 sigmas(σ),参数 z(nssp)用于检测声速剖面的最后一行。z( )和 cp( )的数值分别对应于以 m 为单位的深度和以 m/s 为单位的 p 波声速。

(2)OPTIONS2(选项 2)

OPTIONS2 是用单引号括起来的两个字符的字符串。下面是对每个字符的说明:

OPTIONS2(1):设定水体之下的介质类型。对应如下:

——V:水体之下为真空(不需要底端参数行"BOTTOM-LINE")。

——R:水体之下为刚性介质(不需要底端参数行)。

——A:声学半空间;底端行"BOTTOM-LINE"应写为底端 p 波声速 cp 底端 s 波声速 cs 底端密度 ρ 底端衰减系数 α。"底端深度 z"单位为 m;"底端 s 波声速 cs"单位为 m/s,一般被忽略;"底端密度 ρ"单位为 g/cm³;对"底端衰减系数 α"的单位规定同 OPTIONS1(3)。

——F:从 ∗.brc 文件中读取反射系数表。需要先运行 bounce(反弹)程序得到 ∗.brc 文件。

OPTIONS2(2):描述底部形状。可以空着(对应于平坦底面),也可以设置为'∗'。在后一种情况下,底部坐标用 ∗.bty 文件描述,结构如下:

interpolation type(插值类型)

npoints(点数)

```
    r(1)        z(1)
    r(2)        z(2)
     ⋮           ⋮
 r(npoints)   z(npoints)
```

同样,"插值类型"可设置为′L′或′C′;底端的距离单位为 km,底端的深度单位为 m。

下面 6 行说明声源数目及对应深度(单位为 m),以及沿距离和深度分布的接收器数目。

(3)OPTIONS3(选项 3)

OPTIONS3 是 5 个字符的字符串,用于设定输出选项。以下为各字符说明:

OPTIONS3(1):设定将写入输出文件的信息类型。分别对应:

——A:写入振幅和传播时间;

——E:写入本征射线坐标;

——R:写入射线坐标;

——C:写入相干声压;

——I:写入非相干声压;

——S:写入半相干声压。

OPTIONS3(2):设置声压计算采用的近似方法;可以空着,也可以对应以下字符:

——G:采用几何波束(默认值)

——C:采用笛卡儿波束;

——R:采用中心射线波束;

——B:采用高斯波束。

OPTIONS3(3):设定包含波束移位效果等的选项。它可以空着,也可以选择以下字符:

——　:不包括波束移位效果(默认值);

——S:包括波束移位效果;

——*:应用声源波束模式文件(需要一个 *.sbp 文件,类似于 *.ati 和 *.bty 文件,以角度和振幅代替距离和深度)。

OPTIONS3(4):设置声源类型。它可以空着,也可以选择以下字符:

——R:圆柱坐标系中的点源(默认值);

——X:笛卡儿坐标系中的线源。

OPTIONS3(5):设置阵列类型。它可以空着,也可以选择以下字符:

——R:线列接收阵网格,接收器置于 rr(:)×rd(:) 网格点(默认值);

——I:不规则网格,接收器在 rr(:),rd(:)。

整数 nbeams 表示出射角的数目,theta(1)和 theta(nbeams)是以度(°)为单位设定的第一个和最后一个出射角,以指向底部的出射角为正值,指向表面的出射角为是负值。参数ray-step(m)、zmax(m)和 rmax (km)定义射线和动态方程积分中的射线步距 ds 和"声线追踪区域(box)"的边界范围,"追踪区域"外就停止射线的追踪。

当 OPTIONS3 的参数由单个字符组成时,就不需要在 *.env 输入文件中包含更多的行;否则,模型就需要额外的两行,它们是关于波束特征的附加信息。在这两行中,OPTIONS4(选项 4)的参数是由两个字符组成的字符串。下面说明其中各个字符。

(4)OPTIONS4(选项 4)

OPTIONS4(1):设置波束类型。对应如下:

——C:Cerveny 类型;

——F:空间填充;

——M:最小宽度;

——W:WKB 波束。

OPTIONS4(2):设定波束曲率类型。对应如下:

——D:采用曲率加倍;

——S:采用标准曲率;

——Z:采用零曲率。

参数 epmult 和 rloop 应该为正实数,isingl、nImage 和 ibwin 应该为整数。整数 nImage 可以取 1、2 或 3。Component 是单个字符,只有在采用中心射线坐标(OPTIONS3(2)= R)计算声压时才使用;可以空着(将声压写进输出文件)、设置为′H′(将声压的水平分量写入输出文件)或设置为′V′(将声压的垂直分量写入输出文件)。

OPTIONS1(5):描述海洋表面形状的可选参数。如果不具体说明,就认为表面是平的;如果具体说明,则设置为′ * ′。在后一种情况下,表面坐标需要用 *.ati 文件来描述。

参数"插值类型"是一个字符,等于′L′(用于对表面进行线性插值)或′C′(用于对表面进行曲线插值);表面的距离单位为 km,表面的深度单位为 m。

OPTIONS2(2):描述海洋底部形状的可选参数。可以空着(对应于平坦底面),也可设置为′ * ′。在后一种情况下,底部坐标用 *.bty 文件来描述。

与 *.aty 文件类似,"插值类型"可设置为′L′或′C′;底端的距离单位为 km,底端的深度单位为 m。

2.Kraken 的输入文件 *.env 文件和设置文件 field.flp 文件

Kraken 的输入文件也是 *.env 文件,但与 Bellhop 稍有不同。*.env 输入文件的结构见表3-3。

表 3-3　*. env 输入文件的结构

条目	内容	说明
1	'Munkk Test'	绘图的标题
2	50	频率为 50 Hz
3	1	介质层数
4	'NVW'	OPTIONS OPT(1:1):ssp 线性插值方法 　C:C-线性插值; 　N:N2-线性插值; 　S:三次样条插值。 　(如果不确定选什么插值方法,建议使用 C 和 N) OPT(2:2):上端边界状况 　V:顶部以上空间假定为真空,一般用于开阔海洋; 　A:声学-弹性半空间。需要另添一行予以描述,包含六项:ZT(深度 m) CPT(压缩波速 m/s) CST(切向波速 m/s) RHOT(密度 g/cm^3) APT(压缩波衰减) AST(切向波衰减),一般用于顶部空间参数已知的情况; 　R:顶部空间假定为完全刚性,刚性条件下波完全反射; 　F:从文件读取反射系数(只用于 KRAKENC),反射参数需要额外文件设置。 　以下参数运用较少,Twersky 是用于冰下模拟的参数,T 最适合用于海冰散射。 　S:用于"软层(soft-boss)"Twersky 散射; 　H:用于"硬层(hard-boss)"Twersky 散射; 　T:只用于"软层(soft-boss)"Twersky 散射的幅度; 　I:只用于"硬层(hard-boss)"Twersky 散射的幅度。 Twersky 散射需要另外设置一行( ) 　BUMDEN(突起密度(脊/km)) ETA(主半径 1 m) XI(主半径 2 m) OPT(3:3):衰减所用单位 　N:Np/m,用于衡量信号或功率的衰减或增益,每增加或衰减 1 Np,功率将增加或衰减约 26.8%; 　F:dB/Hz,指衰减单位与频率相关(Freq. dependent); 　M:dB/m,M 指每米(per meter); 　W:dB/λ,W 指波长(wavelength); 　Q:品质因子; 　T:Thorp 衰减公式。 OPT(4:4):额外的体积衰减,选择 T 时添加

表 3-3(续 1)

条目	内容	说明
5	0 0.0 5000.0	NEMSH 进行计算的网格数为 0(如果网格点数输入为 0,程序将自动计算 NMESH) SIGMA 表面均方根粗糙度为 0 Z 海水深度 5 000 m
6	0.0 1548.52 0.0 1.0 0.0 0.0 200.0 1530.29 / 250.0 1526.69 / 400.0 1517.78 / 600.0 1509.49 / 800.0 1504.30 / 1000.0 1501.38 / 1200.0 1500.14 / 1400.0 1500.12 / 1600.0 1501.02 / 1800.0 1502.57 / 2000.0 1504.62 / 2200.0 1507.02 / 2400.0 1509.69 / 2600.0 1512.55 / 2800.0 1515.56 / 3000.0 1518.67 / 3200.0 1521.85 / 3400.0 1525.10 / 3600.0 1528.38 / 3800.0 1531.70 / 4000.0 1535.04 / 4200.0 1538.39 / 4400.0 1541.76 / 4600.0 1545.14 / 4800.0 1548.52 / 5000.0 1551.91 /	声速剖面 包含六项内容的顺序为: (1)ZT(深度); (2)CP(纵波速度); (3)CS(横波速度); (4)RHO(密度); (5)AP(纵波衰减); (6)AS(横波衰减)。 从 Z(1)排序至 Z(NSSP) 每一行都必须包含这六项,其中与上一项相同的可用"/"代替

表 3-3(续 2)

条目	内容	说明
7	'A' 0.0 5000.0 1600.00 0.0 1.8 0.8 /	底部边界条件 V:底端以下为真空。 A:声学-弹性半空间。 需要另起一行描述半空间参数。其格式与上端半空间边界条件的格式相同,选项'A'通常用来模拟海底。 R:完全刚性。 F:从文件读取反射系数(只用于 KRAKENC)。需要一个扩展名为"brc"的底端反射系数文件。其格式与顶端反射系数的格式相同。 P:从文件读取预先算好的内反射系数。该文件用 BOUNCE 程序生成,只用于 KRAKENC。 SIGMA 界面粗糙度为 0.0。 海底深度、纵波速度、横波速度、密度、纵波衰减、横波衰减分别为 5000.0、1600.0、0.0、1.8、0.8、0.0
8	1500 1600	相速度下限 1500,上限 1600; 如果将相速度设置为零,则程序会自动计算。如果设置相速度下限,就可以跳过较慢模式的计算; 相速度上限越大,则计算越久
9	1	RMAX 最大计算距离为 1 km,此参数应设置为想要计算声场的最远距离
10	2! NSD 25 250 / ! SD(1) ... 1001! NRD 0 5000 / ! RD(1) ...	声源个数:2; 声源深度分布:25 m 和 250 m; 接收器个数:1001; 接收器深度分布:0~5 000 m 均匀分布

Kraken 的输入文件还包含一个设置文件 field. flp。field. flp 设置文件的结构见表 3-4。

Kraken 的 *. brc、*. trc、*. irc 文件分别对应底部反射系数(Bottom Refl Coef)、顶部反射系数(Top Refl Coef)、内部反射系数(Internal Refl Coef),三者均是根据需要可选设置,一般在. env 类型选为 F 时从外部读取其参数,以表 3-5 所示. brc 文件为例。

表 3-4　field.flp 设置文件的结构

条目	内容	说明
1	／,	标题,与上述一致
2	'RA'! OPT 'X/R' (coords), 'C/A' (couple/adiab)	OPTIONS OPT(1:1)声源类型 R:点源[圆柱形(R-Z)坐标] X:线源[笛卡儿(X-Z)坐标] OPT(2:2) C:耦合模式理论 A:绝热模式理论(默认)
3	9999! M (number of modes to include)	声场计算中使用的模式数。如果设定的模式数超过了计算出的数量,程序会使用计算得到的所有模式
4	1 0.0 100.0／! NPROF, RPROF(1:NPROF) (km)	声速剖面个数:1; 声速剖面的范围:0~100 km(需要包括接收器最大距离); 对于距离无关的问题,显然只有一个剖面,但声速剖面必须设置为0.0
5	1001 0.0 100.0/ 1 1000.0/ 501 0.0 5000.0/	接收器个数:1001; 各个接收器的接收距离:0~100 km; 声源个数:1; 各个声源深度:单个声源深度为1000; 接收深度个数:501; 各个接收深度:0~5 000 m
6	501 0.0	接收距离位移:501(必须等于接收深度个数) 接收深度位移0.0:用来设置倾斜阵。如果没有倾斜和偏移的垂直阵,则该向量全为0 m

表 3-5　.brc 文件

3			
0.0	1.00	180.0	Ntheta 角度数
45.0	0.90	170.0	
90.0	0.80	160.0	

3.6.2.2　声场计算结果

1. 正声速梯度声场

假设海洋环境是等温稳定的,水声只随深度的增加而增加,不受温度等因素的影响,则声速单调递增。图 3-23 给出了典型的正声速梯度声场的声速剖面图。

模型参数:水深取为 3 000 m,声源 1 个,接收器均匀地布设在垂直方向 0~3 500 m 深度上的 1 001 个点和水平方向 0~100 km 的 1 001 个点上,声束柱数 30,初始掠射角-13°~13°,声音在底部传播速度 1 500 m/s,海底衰减 1 dB/λ。假设声源深度为 1 000 m,利用

Bellhop 和 Kraken 模型进行计算,所得结果如图 3-24 和图 3-25 所示。

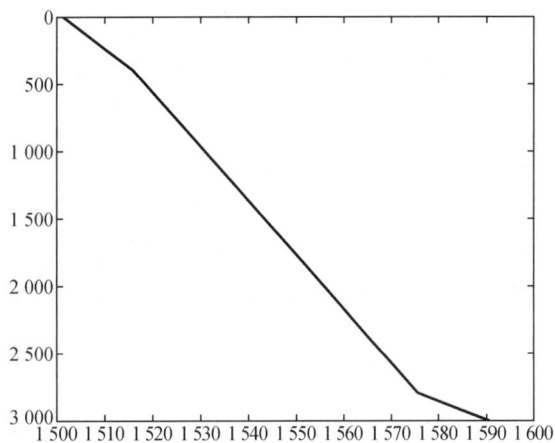

图 3-23 正声速梯度型声速剖面图

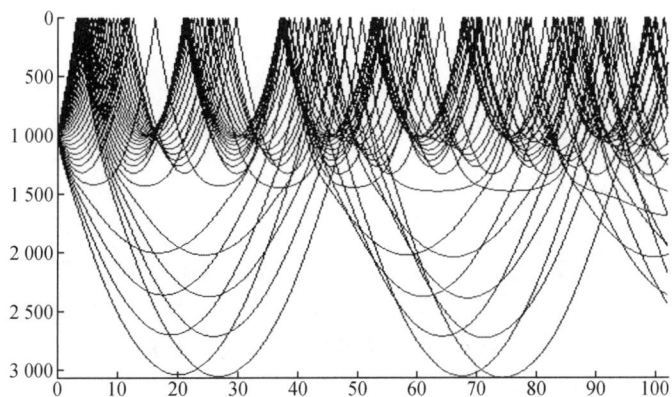

图 3-24 声源 1 000 m 射线模型计算结果

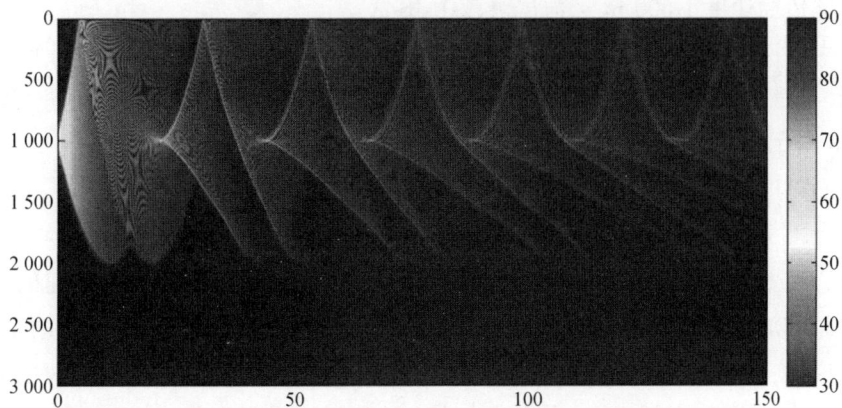

图 3-25 声源频率 1 000 Hz 简正波模型计算结果

2. 负声速梯度声场

海洋上层因太阳照射,表层水温较高,次表层水温较低,1 km 深度以内,温度随深度增加而下降,使声速也随深度增加而下降,具有较强的负声速梯度。图 3-26 给出了一种负声速梯度的声速剖面结构。这种情况通常发生在夏季中、低纬度海区,表层以下及次表层海水一般形成负梯度。数值试验的结果显示:在负梯度剖面情况下,几乎所有的声线都向下折射,与海面相切的是极限声线,在极限声线以外的是阴影区,阴影区的分布与初始掠射角有关。可以用射线声学的理论来解释这种现象:在负梯度下声速随深度下降,根据 Snell 定律,掠射角 α 随深度增加而增大,从而声线弯向海底。在大洋的典型情况下,从源到阴影区的距离只有几千米。当然,阴影区并不是零声强区,少量的声能会因衍射、海底反射以及介质散射而照射阴影区。

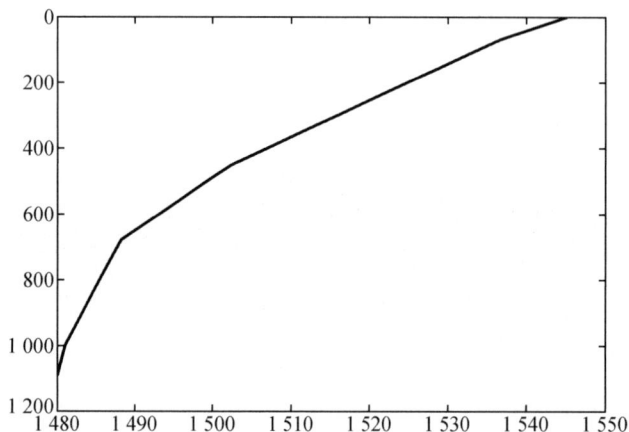

图 3-26 负声速梯度型声速剖面图

模型参数:水深取为 1 100 m,声源 1 个,接收器均匀布设在垂直方向 0~1 100 m 深度上的 1 001 个点和水平方向 0~105 km 的 1 001 个点上,声束柱数 70,初始掠射角 -13°~13°,声音在底部传播速度 1 600 m/s,海底衰减 1 dB/λ。

假设声源深度 800 m,声源频率 1 000 Hz,利用 Bellhop 射线模型进行计算,结果如图 3-27 所示。假设声源深度 100 m,声源频率 200 Hz,利用 Kraken 简正波模型进行计算,结果如图 3-28 所示。

3. 表面声道声场

世界大部分洋区的海面下大多存在一个等温层,由于湍流、对流以及风吹动海面对海水的搅拌,形成了这种等温层,又叫作混合层。层内,由于海水静压力对声速的影响,声速将随深度而增加,直至主温跃层。在声速极小值以下又为等温层。由于在这两个区域均有微弱的正梯度,从而形成了良好的传播条件。数值试验结果显示:在这种声速剖面条件下,在海表层形成了表面声道。声波在表面声道中的传播能量损失很小,所以可以传播很远的距离。利用这种规律,可以达成远距离通信和进行水声对抗。另外发现,在表面声道以下会有部分的声线传播。这是因为声线每次与海面相碰时,都会有一部分声能量被散射出声道,其结果是声道内的声场衰减,声道以下区域的声级增加。当然相对而言,声道中的声场衰减还是很弱的,对声波的远距离传播影响不大。图 3-29 给出了典型的深海声速剖面结构,其中接近海面的部分具有表面声道声速结构。

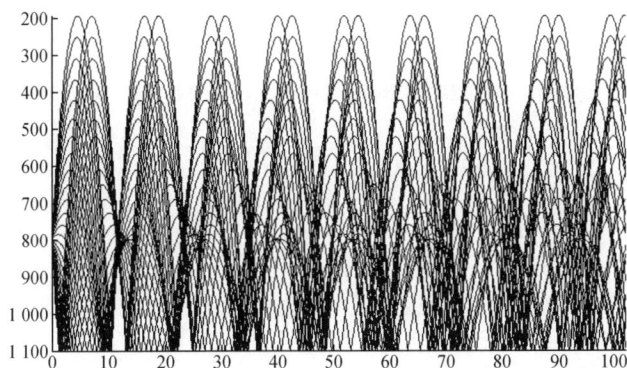

图 3-27 负声速梯度型深度 800 m 射线模型计算结果

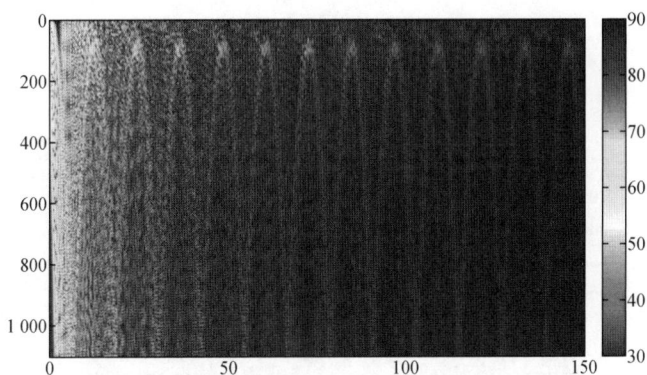

图 3-28 负声速梯度型声源频率 200 Hz 简正波模型计算结果

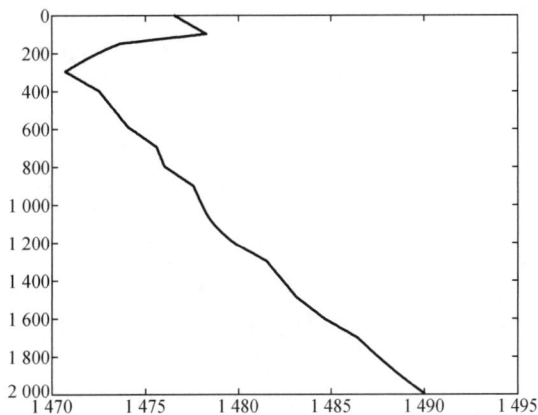

图 3-29 表面声道声速剖面图

不变的模型参数:水深取为 2 000 m,声源 1 个,接收器均匀布设在垂直方向 0~2 000 m 深度上的 2 001 个点和水平方向 0~150 km 的 2 001 个点上,声束柱数 100,初始掠射角 -13°~13°,声音在底部传播速度 1 600 m/s,海底衰减 1 dB/λ。

假设声源深度 50 m,声源频率 1 000 Hz。利用 Bellhop 射线模型和简正波模型进行计算,结果如图 3-30 和图 3-31 所示。

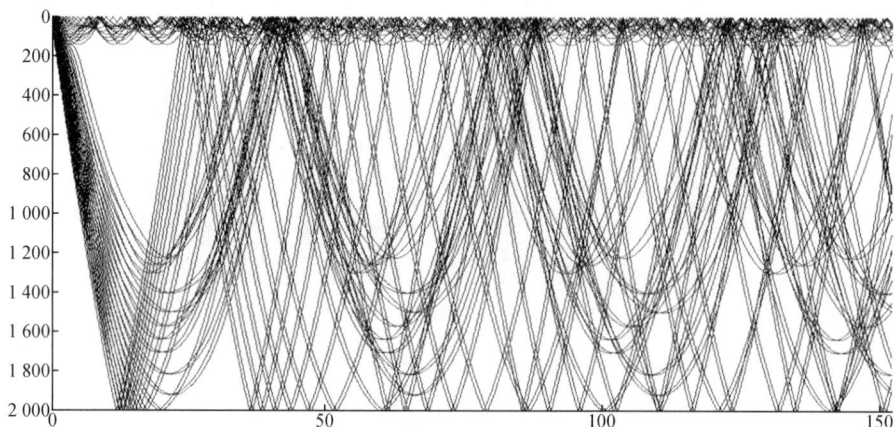

图 3-30　表面声道声源 50 m 射线模型计算结果

图 3-31　表面声道声源 1 000 Hz 简正波模型计算结果

4. 深海声道声场

在深海声道模型中,当声源位于声道轴附近的温跃层中时,声线会集中在厚度有限的层中,声波能量传播衰减很小,使得声波可以传播很远的距离,从而形成了深海声道传播。根据射线声学原理,当声源置于 500 m 时,它处于温跃层中,声波向上(下)传播时,声线将向下(上)弯曲,到达声速极小值所在的深度后,开始向相反的方向弯曲,如此反复,使得大部分声能被限制在声速极小值上下一定厚度的水层中传播,又因为没有经过海面和海底反射和吸收,能量损失很小,因而能传播很远的距离。物体在水下活动时,如避开声道,在声道上下水层的声影区中活动,则可避免被发现。图 3-32 给出了深海声道的典型声速剖面结构,在深度 300 m 左右,声速最小,向海面和海底拓展,声速线性增大。

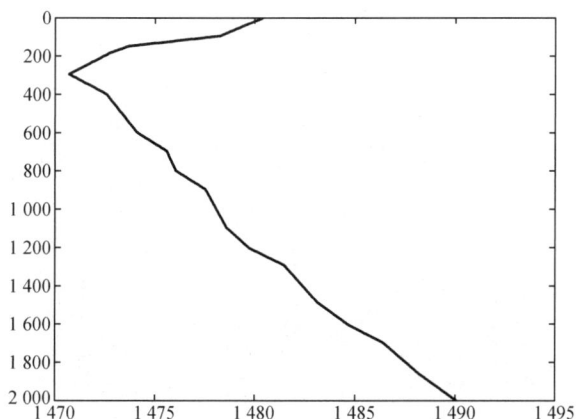

图 3-32　深海声道声速剖面图

不变的模型参数:水深取为 2 000 m,声源 1 个,接收器均匀布设在垂直方向 0~2 000 m 深度上的 2 001 个点和水平方向 0~150 km 的 2 001 个点上,声束柱数 100,初始掠射角 -13°~13°,声音在底部传播速度 1 600 m/s,海底衰减 1 dB/λ。

假设声源深度 300 m,声源频率 1 000 Hz,利用 Bellhop 射线模型进行仿真。图 3-33 给出了深海声道对声传播的影响。可以看出,在深海声道上,声线可以往返折叠,形成较强的声线汇聚。利用 Kraken 简正波模型进行计算,所得结果由图 3-34 给出。可以看出,深海声道的传播损失较小,适合做远距离声传输。

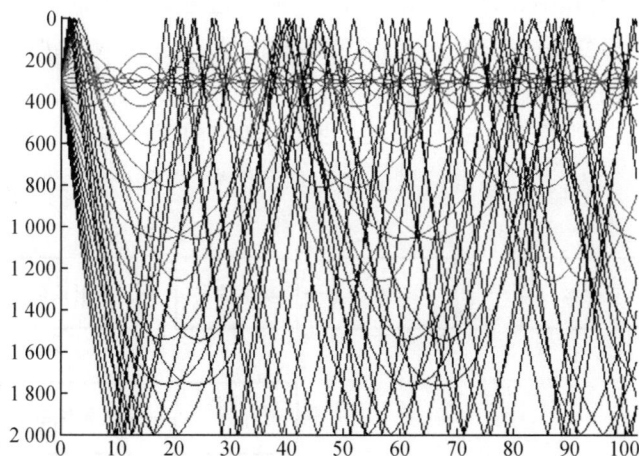

图 3-33　深海声道声源 300 m 射线模型计算结果

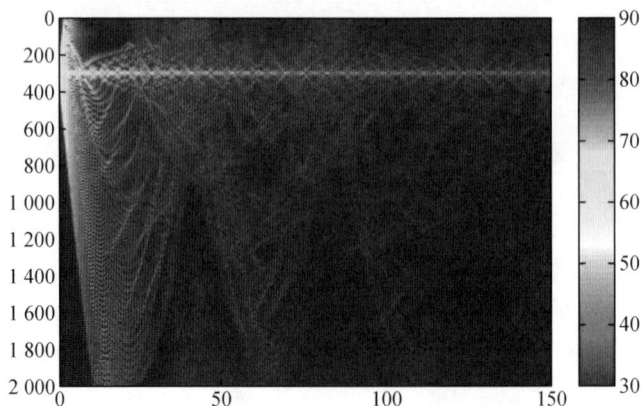

图 3-34　深海声道声源 1 000 Hz 简正波模型计算结果

3.7　水声通信系统基本组成

3.7.1　模拟水声通信系统

水声模拟通信系统如图 3-35 所示。模拟通信的工作原理如下：首先，发送端的连续消息要变换成原始电信号，接收端收到的信号要反变换成原始连续消息。这里所说的原始电信号，由于它通常具有频率很低的频谱分量，一般不适合直接传输，因此，模拟通信系统里常需要将原始电信号变换成频带适合信道传输的信号，并在接收端进行反变换。这种变换和反变换通常称为调制或解调。经过调制后的信号称为已调信号，它具有两个基本特征：一是携带有消息；二是适应在信道中传输。通常，我们将发送端调制前和接收端解调后的信号称为基带信号。因此，原始电信号又称为基带信号，而已调信号则常称为频带信号。

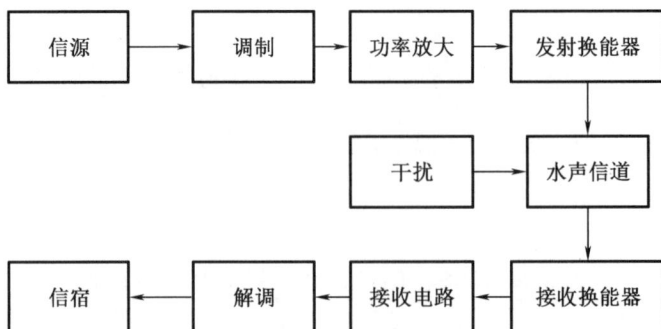

图 3-35　水声模拟通信系统基本组成图

水声通信中广泛使用了水声换能器。水声换能器在声通信中的地位类似于无线电设备中的天线，是在海水中发射和接收声波的声学系统，能实现电信号与声波之间的转换。

换能器作为电声转换的装置要求大功率输出,需要进行阻抗匹配设计;声波信号的输出要求换能器具有一定的工作带宽和满足信号频率特性要求,一般换能器的工作带宽较窄,需要对其频率特性进行补偿扩展工作带宽。

通过调制将待发送信息变换成信号波形,调制到水声换能器的工作频带,经过功率放大器和阻抗匹配电路后推动水声换能器,水声换能器把电能转化为声波发射出去。

接收换能器一般也叫水听器,它将接收到的声波转换成电信号,信号起伏较大,经过预处理电路调整接收信号,对接收信号进行解调识别信息。

3.7.2 数字水声通信系统

一直以来,军用的水声通信系统大多采用单边带调制模拟通信的方式,在实际应用场合中通信质量难以保证——收听到语音信号不清楚,这在很大程度上妨碍了有效通信。由于海洋环境水声信道是一个极度复杂的信道,为了克服模拟通信存在的问题,20 世纪 90 年代以来,人们不懈地研究水声数字通信技术。采用数字通信的方式有如下优点:

①系统本身的抗干扰能力强,因为数字信号的多级传输不会造成误差积累;

②有利于进行各种数字信号处理以提高抗衰落和抗干扰能力;

③差错可控,即通过改变信道编码方式可调节系统差错性能;

④采用加密技术可以增强系统保密性能;

⑤容易与现代技术结合,计算机技术、数字存储技术、数字交换技术等的快速发展支持各种数据的交互与共享,采用数字通信方式有利于各种系统的互通互联、信息中继、多路复用等;

⑥易于实现集成化,数字系统更有利于应用微电子技术的成果实现系统集成化。

由于水声数字通信系统是数字通信系统在水声信道的一个特殊应用,因此其基本系统组成与一般的数字通信系统大体相同。图 3-36 所示为水声数字通信系统基本组成框图。

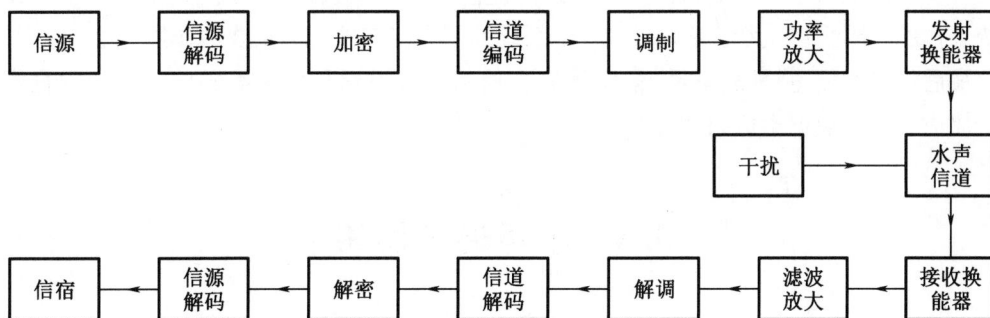

图 3-36 水声数字通信系统基本组成框图

3.7.2.1 发送端基本模块及其功能

信源表示待传输的信息,它可以源自机器产生的数字信息(比如计算机内部存储的一幅图片)或人、自然界产生的模拟信息(比如人说话的语音)。如果信源产生的是模拟信号,则必须通过一定的数字化手段将其变成数字信号,然后送给信源编码器。

信源编码器的主要作用是降低信源信息的冗余度,这有助于提高系统信息传输的速率或降低信道带宽占用。由于水声信道是一个带宽很窄的信道,因此设计一个行之有效的信源编码方案显得格外重要。

根据应用的需要可以选择是否对数据进行加密。加密技术的采用可以确保信息传输的安全。

信道编码是用于克服信道传输特性不理想及噪声对信息传输的影响而采用的差错控制技术。对于具有时空频变特性的水声信道而言,信道编码性能的好坏对于整个系统的误码率起着决定性的作用,尤其是对于采用有失真、高压缩比的信源编码形式,如何权衡信源编码与信道编码之间的性能分配也是一个值得研究的课题。

调制的功能是将编码后待传输的信息与传输媒介匹配起来,就是将编码信息变换为便于信道传输的信号形式。

为了保证在接收机输入端有一定的信噪比,在发射端必须使用功率放大器对待发射信号进行功率放大并通过能量耦合部件(水声系统中采用的是水声换能器)把能量最大限度地耦合到信道中。

3.7.2.2　信道基本特性

水声数字通信系统之所以有别于其他数字通信系统,关键就在于通信信道的不同。因此整个水声数字通信系统所采取的技术路线主要是围绕如何克服信道特性对信息传输的影响而确定的。水声信道是一个"时间—空间—频率"变化的随参信道,该信道基本特征是带宽窄、噪声高、多径干扰严重等。

3.7.2.3　接收端基本模块及其功能

接收作为发送的逆过程,各主要模块分别与发送端相关的模块对应。

前置放大器用于放大水声换能器接收到的微弱信号,同时尽量抑制滤波器通带外噪声,以便后级进一步进行信号处理。

解调就是把被调制的信息恢复出来,得到所要的同步或数据信息。其中同步信号作为系统工作的"指挥棒",其正确解调对一个系统的可靠性有着至关重要的作用。

最后经过对信道解码、解密、信源解码在信宿处可得到与信源编码前一样的数据。这样就完成了一个数据通信的过程。

3.8　水声通信网络

由于无线电波在海洋中的传输受到极大的限制,而声波是唯一能在水介质中进行远距离传输的能量形式,所以要在水下组建无线网络,水声网络是目前的唯一选择,水声通信网络的建设如今尚处于起步阶段。

水下声学网络要解决两个技术问题:一是水下声通信;二是在声通信基础上的组网。水声通信解决的是点到点的两个用户(或信源)之间的通信,组网解决的是多个用户(或信源)共享水介质信道时的信息交互问题。

现有的水声通信大部分仅限于海底传感器和自主型无人水下航行器这些节点之间实时的点对点的研究与应用。当前的研究方向是将这些点对点的连接结合成一个无线网络来满足各种应用要求。在军事方面,水声通信网络对于海洋军事情报的监听与收集、港口及近岸的检测,特别是对于水下侦察和作战群体的管理、指挥和调度等方面都起着十分重要的作用。在民用方面,具体应用有环境数据的采集、海洋勘测、气象研究、污染监测和海洋生物保护,受水下声信道的带宽窄、多普勒频移、多径效应和传输速度低等特征及电池供电和成本的限制,设计一个具有高可靠性、大吞吐量、低功率消耗和较短传输时延的水声通信网络是一项具有很强挑战性的工作。

水声通信网络研究面临的主要困难是:海洋声信道的长延时(水中声速约为 1 500 m/s,比空气中的光速低了 5 个数量级)、可用频带有限、严重的时变多径影响、功耗限制(因为要在海下长期工作,电池供电的网络节点的寿命受到限制)、网络安全性差等。因此,水声通信网络是一类自组织网络,要求具有环境自适应能力(如功率控制)、自优化能力(如路由选择、故障节点删除和新节点吸收等)、在数据传输的同时要解决节点间测距、定位、信道估计等任务。

3.8.1 水声通信网络的发展现状和特点

3.8.1.1 水声通信网络的发展现状

在过去的 20 年里,水声通信技术由于应用领域的扩大而取得了很大的进步,并从原来仅有的军事领域逐渐扩展到商业领域。继在浅海水域内实现点对点实时通信之后,美国、加拿大和欧共体等发达国家和地区投入大量的人力、物力来研究和开发水声通信网络,即把这些点对点的连接组合成一个无线水声通信网络,再通过无线浮标将上传的数据接入陆地上现有的立体信息网中,从而形成真正覆盖全球的立体信息网。

美国在蒙特雷海底峡谷(Monterey Canyon)建立了水声通信局域网络,监测范围 5 ~ 10 km,水下节点与海面浮标之间利用 10 ~ 30 kHz 的垂直声信道,浮标与岸基之间通过射频的方式通信。北卡罗来纳州立大学利用水下网络对北卡罗来纳海岸附近的海洋环境进行了长达 20 多年的观测,研究气象、天文等对波浪的影响。美国国家海洋和大气管理中心从 1991 年开始建立了系列化的海洋物理实时监测网络系统。主要功能有提高导航安全性、提高港口效率和保护海洋资源。最大的一个在旧金山湾,由 30 多台仪器组成。

欧共体在 MAST(Marine Science and Technology)计划的支持下,发展了一个系列化的水声通信网络研究计划:ACME(Advanced Cooperative Marine Experiment),LOTUS(Long-range Optical and Acoustic Underwater Network),SWAN(Shallow Water Acoustic co mmunication Network),ROBLINKS(Long Range Shallow Water Robust Acoustic Co mmunication Links),等等。

ACME 计划的主要研究方向是:发射功率、电池消耗、调制方式、网络吞吐量、延时、稳健通信、海洋动物的保护和多变的环境。2004 年 6 月进行海试,研究水声通信的声波对鲸鱼和海豚的影响以及网络协议的稳健性。网络中最少节点数:4 个,其中一个为主节点,3 个为从节点。水深 6 ~ 10 m,节点距离 200 ~ 2 000 m,最高比特率 1 kbit/s。

LOTCUS 计划是超浅信道中的长距离通信机。其点对点通信距离可达 10 km,载波频率

8 kHz,最高通信速率 4 kbit/s。该系统针对超浅水域中存在强烈、时变的混响干扰以及多用户同时反射造成严重的串扰等问题进行技术攻关,采用三维水听器阵进行空间分级并对每个信源进行匹配。该系统已进行过两次海试。

SWAN 计划的目标是建立潜水通信仿真模型,并研究各种无训练阵列数据的处理方法。

ROBLINKS 计划的目标是研究并试验浅水中(20～30 m)长距离(>10 km)稳健通信(>1 kbit/s)的方案。技术路线:开发新的最佳相关信号处理概念和算法,引入连续信道辨识技术,提高通信系统对环境变化的稳健性,并对算法进行海试验证。

伍兹霍尔海洋研究所于 2003 年 11 月末进行了海试,研究水声通信网络,用于探测海下地震脉冲。网络由 3 个不同的水下传感器组成,其中一个用于测深,一个用作实时传送数据的测震仪,每天向系在船上的浮标传送 6 次水声数据,这些浮标带有微型调制解调器和接收器,可通过卫星将数据中继到岸上,在岸上就可监视水声数据,得到网络声信号的实时参数,优化浮标上接收器参数,更好地评估网络的性能。网络允许的最大上行传送数据率是 4 kbit/s,每天可上传数据达 1.6 MB。比特率为 80～5 300 bit/s,吞吐量为 66 816 bit/s 和 440 kbit/s。

其他如英国 Newcastle 大学研制出的 Acoustic Modem 系列,也是为水下通信和网络通信而设计的。其作用距离大于 10 km,速率为 20～200 bit/s 半双工,误码率小于 10^{-6}。

3.8.1.2 水声通信网络的特点

1. 水声通信网络的模型

用于海洋探测和数据采集的水声通信网络(underwater acoustic networks,UAN)一般由海底或海中布放的一组固定传感器节点、自主型无人水下航行器(AUV)、海面上的网关节点和陆地上的中继站组成。每个传感器内置一个声调制解调器和一个接收器,其功能如下:

①能够在请求信道上向网络节点发送信号;

②能够从网络节点接收信号;

③可以解决同步到达的两个信号间的冲突问题;

④可以对周围环境进行实时监测。

AUV 是水下移动节点,其功能与固定传感器节点相同。网关节点由声调制解调器和一个与岸上用户高速通信的接口组成。其中声调制解调器作为与水下传感器平台的接口,接收传感器采集的数据;与岸上用户的接口可以采用远程高频收发机、在线可视的超高频雷达收发机或特高频(ultra high frequency,UHF)卫星收发机,与岸上或陆地上的中继站进行通信。中继站是同其他的控制中心、互联网、骨干网或其他网络连接(包括经通信卫星中转),实现数据的上传。

2. 水声通信网络的特点

水下声信号的传播速度比无线信道的传播速度低 5 个数量级,较大的传输时延会降低系统的吞吐量,消耗较多的能量。同时,海底设备是由电池来提供能量的,因此功率控制对于水声通信网络来讲是一个不可忽视的方面。以上这些都是在设计水下无线通信网络时不得不考虑的问题。水声通信网络同陆地上通信网络相比具有以下显著特征:

（1）都属于无线通信网络

水声通信网络由位于海底或水中的传感器组成，通过海面浮标的有线或无线网络连接到岸上。然而由于所耗的费用、环境条件和船运等原因，我们无法在海底与海面浮标之间架设电缆。因此，理想的水下通信是从传感器向终端用户通过无线声波发送数据或在岸上远程控制水下设备，所设计的水声通信网络均属于无线通信网络。

（2）运动的网络节点

由于海水涨潮、落潮、大型哺乳动物的活动和航运等原因，网络中的节点并非静止不动的，每个节点都可以独立地以任意速度和任意方式在网络中移动，这无疑增加了设计网络协议的难度。

（3）动态的网络拓扑结构

由于网络中每一个节点都可以自由地、相对独立地运动，加上信道内的各种干扰、水下地形变化等因素的影响，水声通信网络的拓扑结构可随时发生变化。更糟糕的是，网络拓扑结构的变化是随机的、频繁的，并且是不可预测的。

（4）自动组网能力

一些水下应用要求网络在没有进行周密计划的情况下迅速布置好，例如在军事和民用的营救任务中。因此网络应该能够决定节点的位置和自动配置自己来提供一个有效的数据通信环境，并且如果在事务处理中信道发生变化或者一些网络节点失败，网络应该能够自主地、动态地重新进行配置来继续工作。因此，自组织网络适合水下的应用环境。

（5）传输带宽受限

水声通信网络中的传输带宽是时变的，而传输带宽体现在链路的容量上。一般来说，水下无线链路的容量比陆地上无线链路的容量低很多，如果再考虑多址接入、信道衰落、噪声和干扰等不利因素的影响，实际可获得的链路容量比理想的无线传输速率还要低许多。

（6）节点能量受限

水声通信网络中各传感器节点和其他设备主要由电池供电，因此它是一个能源受限的系统。在岸上更换系统的无线调制解调器比较容易，但对于放置在水下的终端节点来说，更换调制解调器比较困难，需要较长的往返航行时间、较多的资源消耗和较高的使用费用。所以，为了延长节点的运行时间，一个最重要的网络协议设计准则是要尽量节约能源，具体措施是减少重发数据的次数，不发数据时或数据在信道传送过程中要关掉电源，以实际需要的最小功率进行发射。这样一来，每个节点的无线覆盖范围受到了限制。

3. 水声通信网络的应用方向

近年来，随着水声通信技术的进步，水声通信网络的应用范围日益扩大，由原来的军事领域逐渐扩展到商业领域。在军事上，水声通信网络对于海洋军事情报的监听与搜集，港口及近岸的检测，特别是对于水下侦察与作战群体的管理、指挥与调度等方面都有十分重要的作用。该技术成果向民用方面的转化有海洋环境与气象研究、环境污染监测、海洋资源开发与保护、港口安全与效率的提高等，这也会带来巨大的经济效益。

目前，在国外的有关水声通信网络的公开文献中，主要有两大类应用方向：

（1）环境数据的收集

这类网络一般由几种传感器组成，一些被放置在固定的停泊处，另一些被放置在自由移动的设备上,被称为自主式海洋采集网络(the autonomous oceanographic sampling network,AOSN)。这类网络是为采集关于各种海洋问题的数据、制作精确的图表、预报天气、测量和建立模型而提供的一种机制,其中心概念就是移动数据采集平台(即 AUV)的布置。移动采集平台的加入就使得传感器网络管理者能够让传感器布置的这个区域满足采集数据的要求,或者扩大这个区域在水平、垂直方向上的传输范围。

(2)水下区域的监视

这类网络被称为自主式部署的分布式网络(the deployable autonomous distributed system,DADS)。它的特点是能够迅速地被布置,主要用于在近海水域进行水下监视,它一般是由一组固定的传感器平台组成的,这些传感器通过声调制解调器来相互连接。这类网络通过端口把这些远程的传感器平台连接到一个控制中心。这个控制中心通过卫星连接把收到的数据从这个水声网络中继传输到远处的控制设备,水声数据在这个网络中经过多跳的路径被传输。在分离的声调制解调器对之间数据的跳跃传输是被配置成半双工的码分多址连接的,信息在成对平台之间的中继传输减少了发射功率的消耗,也降低了信号在时间、空间和频域上的扩展。

3.8.2　水声通信网络的分层结构和拓扑结构

水声通信网络同其他大多数网络一样,为了减少协议设计的复杂性,都按层(layer)或级(level)的方式来组织,每一层都建立在它的下层之上。不同的网络,其层次的数量、各层的名字、内容和功能都不尽相同。但在所有网络中,每一层的目的都是向其上一层提供一定的服务,而把如何实现这一服务的细节对上一层加以屏蔽。

关于协议分层,有两个思想占据了该领域的主导地位:第一个是基于国际标准化组织(International Organization for Standardization,ISO)早期所做的工作,称为 ISO 的 OSI 开放系统互联参考模型(Open System Interconnection Model);第二个是 TCP/IP 参考模型。在此基础上,形成了水声通信网络的分层结构。

3.8.2.1　水声通信网络的分层结构

与 OSI 协议栈模型和 TCP/IP 协议体系结构不同,水声通信网络(UAN)协议分层结构现在主要有两种划分方法:一种是 Ethem M. Sozer、David B. Johnson 等人提到的三层结构;另一种是由新加坡国立大学声学研究实验室、伍兹霍尔海洋研究所、麻省理工学院等三个机构联合提出的基于 OSI 的五层框架结构。下面分别加以简单说明。

1. 三层结构

三层结构(图3-37)由下到上依次为物理层、数据链路层和网络层。在水声通信网络的协议栈中,各层的功能描述如下:

(1)物理层(physical layer)

网络中底层称为物理层,主要任务是透明地传送二进制的比特流,所传数据的单位是比特,即在发送端将由 0 和 1 组成的逻辑信息转换成能够在水下声信道上传输的信号,再在接收端将信号从噪声中检测出来,并将其还原成原始的逻辑信号。物理层一方面接收来自第二层(即数据链路层)的数据帧,并顺序传输这些数据帧的结构和内容,一次一位串行传输;另一方面将接收到的数据帧传递给数据链路层,进行重新组帧。物理层只看到 0 和 1 的比特流,它没有确定传输或接收的每一位信息的具体含义的机制。物理层的功能包括信道的区分和选择、水声信号的监测、调制和解调等。多径衰落、码间串扰及无线传输会带来节点间的相互干扰,使水声通信网络传输链路上的每带宽容量很低。因此,物理层的设计目标是以相对低的能量消耗,克服无线介质的传输损失,获得较大的链路容量。为了达到这个目标,必须采用关键技术,如设定调制解调方式、信道编码、自适应功率控制、自适应干扰抵消和自适应速率控制等。

UAN	OSI	TCP/IP
	应用层	应用层
	表示层	
	会话层	运输层
	运输层	互联网层
网络层	网络层	
数据链路层	数据链路层	网络接入层
物理层	物理层	物理层

图 3-37　UAN、OSI 与 TCP/IP 协议体系结构的比较

(2)数据链路层(data link layer)

数据链路层的任务是在两个相邻节点间的链路上无差错地传送以帧为单位的数据。每一帧都包括数据信息和必要的控制信息。在传输数据时,若接收节点检测到所收到的数据中有差错,就要丢弃此数据,同时通知发送方重发这一帧,直到这一帧准确无误地到达接收节点为止。因此,有了功能完善的数据链路层协议,上一层就认为自己能够通过该链路进行无差错的传输。数据链路层的功能包括链路管理、寻址、帧同步、流量控制、差错控制、区分数据信息和控制信息等。在发送节点处,当收到来自网络层的数据时,数据链路层负责将指令和数据封装成帧,帧是数据链路层固有的结构,它含有足够的控制信息,保证数据可以通过网络成功地发送到目的地。要保证数据帧的成功传送需要做到两点:①目的节点必须在确认接收之前验证该帧内容的完整性和正确性;②源节点必须收到接收方对每个帧已经被目的地节点成功接收的确认。在接收节点处,数据链路层还负责把从物理层接收到的二进制数据重新组装成帧,但是,假定一个帧的结构和内容都被传输,数据链路层实际上不重新组建帧,而是缓存到达的二进制位,直到它有一个完整的帧。水声通信网络数据链路层协议设计的目标是每个传感器终端节点都可以公平、有效地分享带宽资源,使网络获得尽可能高的吞吐量,同时使占有的时延尽可能地小,消耗的能量尽可能地少。

在水声通信网络中,另一个重要的功能是介质访问控制(MAC),目的是实现在相互竞争的用户之间公平地分配信道资源。由于每个节点的无线覆盖范围是有限的,一个节点发出的信号只有位于它传输范围之内的邻居节点才可以收到,而此范围之外的其他节点将察

觉不到,这就不可避免地会引起隐蔽终端和暴露终端的问题。因此,在设计 MAC 协议时,必须克服隐蔽终端(hidden terminal problem)和暴露终端(exposed terminal problem)的问题,其方法包括随机竞争机制(CSMA、MACA、MACAW)、轮转机制(轮询或令牌环)、动态调度机制以及以上机制的组合。

(3)网络层(network layer)

网络层的任务是选择合适的路由信息,确定和分发源节点与目的节点之间的路由搜索及维护信息。这一层本身没有传输错误检测和纠正机制,所以必须依赖于数据链路层的端到端的可靠传输服务。网络层有自己的路由寻址体系结构,与数据链路层机器寻址是分开且不同的,网络层的主要功能包括邻居发现、分组路由、拥塞控制和网络互联等功能。邻居发现主要用于收集网络拓扑信息。路由协议的作用是发现和维护去往目的节点的路由。通常,执行的路由要通过多条传输链路和多个网络节点。网络中的各节点必须协同工作,以有效地完成路由的选择。拥塞问题是由分组数据剧增而引起的。

水声通信网络中路由协议的设计目标是快速、准确、高效、可扩展性好。快速指的是查找路由的时间要尽量短,减少引入的额外时延。准确指的是路由协议要能够适应网络拓扑结构的变化,提供准确的路由信息。高效的含义比较复杂,其一是要提供最佳路由;其二是维护路由的控制信息应尽量少,以降低路由协议的开销;其三是由协议能根据网络的拥塞状况和业务的类型选择路由,避免拥塞并提供服务质量保证。可扩展性好指的是路由协议要能够适应网络规模的增长。

目前的路由协议按照路由表的维护特点大体可分为两种:表驱动类路由协议和按需(源发起)驱动类路由协议。其中表驱动类路由协议的各节点始终保持一张包含到所有可达目的节点的完整路由信息表。当某节点检测到网络拓扑变化时,迅速在网内以广播方式发送路径更新消息,收到此消息的节点将更新自己的路由表,以保证各节点路由信息的一致、准确和及时更新。而采用按需驱动类路由协议时,只有在需要向目的节点发送报文时,节点才通过"路由发现通信过程"在路径表中为目的节点生产相应的路由表项。路由表项的更新也仅限于仍在使用的路由项。有研究表明,表驱动类的路由协议带来了大量的路由开销,对于网络带宽比较紧张的水声通信网络环境,按需路由协议是更好的选择。

2. 五层结构

为了成功地建立一个公用框架,需要具有一个广泛的认同。为了得到这个认同,一个框架需要考虑对于不同的地下水应用具有不同的约束和需求。这个需求包括从各种各样的研究组织到最后的使用者。

为了发展一个具有完全功能的网络,一个协议的几个方面需要定义,其中具有代表意义的有调制、信息包格式化、误差修正、媒介通道控制、寻址、路由选择等。在过去的几十年中,地下水网络的不同方面的各种方案已经被提议。但是,关于这些被提议的方案还没有一个被普遍接受的框架存在,没有形成一个基本的地下水网络。这个框架的实用性能够简单地综合独立发展技术,从而加速地下水声学网络的研究速度。

UAN 考虑到地下水网络的需要和足够明确地允许通过不同的研究组织综合不同层次的执行。同时,这个结构能够充分灵活地适应各种不同的应用需求和新思想。除了定义一个分层的结构外,这个结构指定了层次之间通信的最基本定义。另外,一个 UAN 框架应用设计界面(FAPI)被定义了能够简单地合成不同的堆。为了确保其适应性,这个结构同样定义了一个扩展框架,以至于这个结构能够被扩展和层次最优化能够被考虑。

UAN 是一个五层模型,每层的节点组成如图 3-38 所示。应用层没有在 UAN 规范中定义,但是却定义了四个协议(传输层、网络层、数据链路层和物理层)。UAN 没有定义应用在一个层次中的运算法则,但是定义了被每个界面执行的界面服务通道点。

应用层
传输层
网络层
数据链路层
物理层

图 3-38　UAN 的分层结构

因为典型的水下系统具有有限的处理能力,所以保留了最简单的协议。当前,UAN 规范没有包含任何证明和编码的介绍。这些可能比较容易在应用层执行或者在物理层经过一个扩展设计。UAN 今后可能被扩张为能够明确地满足这些需求。

每一层通过 SAPI 描述,而 SAPI 根据被传送的信息和通过每一层被定义。一层的客户(通常是高一层)通过一个请求(REQ)调用这一层,这一层通过回答(REP)来回应 REQ。误差通过误差编码 ERR RSP 记载。如果层需要向客户发送未被请求的信息,它需要通过告示(NTF)来做。一层理论上与其同层次的层通过协议数据单位(PDU)进行通信。因为同层次的层与层之间的通信是相称性的,所以一层可以随时向它的同层发送 REQ PDU,而它可能随意地通过 RSP PDU 来回应这个 PDU,理论上的描述如图 3-39 所示。

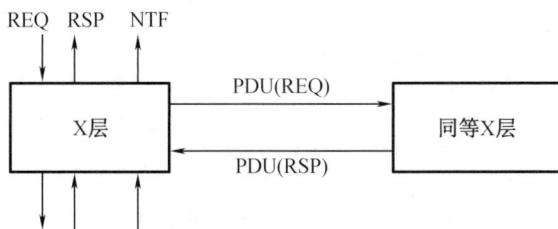

图 3-39　UAN 的信息术语

UAN 规范为所有 SAPI 信息定义了详细的信息结构,这些信息结果包括信息标识符、应用的数据格式、参数和它们可能的数值。

(1)寻址

每个节点必须通过管理员发布一个唯一的地址,这个地址包括两部分:一个网络 ID(8 bit)和一个节点 ID(8 bit)。网络 ID 定义节点是其一部分的一个网络,同一网络的所有节点具有相同的网络 ID。在同一网络里的节点 ID 必须是唯一的。

一个特殊的网络 ID(所有 bit 为 1)和节点 ID(所有 bit 为 1)作为一个广播地址,这个地址可能被用作原始的支持广播的地址。所有 bit 为 0 的网络 ID 和节点 ID 必须被保留,不能分配给任何一个网络和节点。

UAN 不定义任何一种方法,这种方法为动态的任务分配新的节点。今后可能被扩张为能够明确地从事这些需求。

(2)传输层

传输层规范支持两种通信方式——导向连接和自带寻址。导向连接方式允许持久可靠地开发、写、关闭原始的或者引入的数据连接通告。自带寻址方式允许可靠地或者不可靠地通过发送原始和引入的自带寻址的通告的传输。假设在可靠的自带寻址信息的服务中,其中一个为被送达的自带寻址信息,必须在客户层被报道。为了确保多重应用,传输层必须确保提供两种通信方式的概念。端口允许传输层向多层应用转移引入的数据。所有的端口向连接和自带寻址信息的数据开发。如果没有应用处理这些端口的数据,这些数据就会丢失。

传输层为导向连接协议的一些基元定义了信息——开发 REQ、关闭 REQ、写 REQ、确定连接 NTF、失去连接 NTF 和引入 NTF 数据。它也为自带寻址信息协议的一些基元定义了信息——发送可靠的自带寻址信息的 REQ、发送不可靠的自带寻址信息的 REQ 和引入自带寻址信息的 NTF。请求、回应和告示在表 3-6 和表 3-7 中进行了总结。

表 3-6　导向连接服务基元

请求	开放 REQ
	写 REQ
	关闭 REQ
回应	连接确定的 RSP RSP 误差
	写成功的 RSP RSP 误差
	连接关闭的 RSP RSP 误差
告示	建立 NTF 连接
	失去 NTF 连接
	引入 NTF 数据

表 3-7　自带寻址信息的服务基元

请求	发送可靠的自带寻址信息的 REQ
	发送不可靠的自带寻址信息的 REQ
回应	自带寻址信息的传送 RSP RSP 误差
	自带寻址信息的接收 RSP RSP 误差
告示	引入自带寻址信息的 NTF

（3）网络层

网络层向协议堆提供路由能力,通过这些路由提供不可靠的信息包传送服务。如果网络层知道由于没有可用的路由而不能传送信息包,它可能会通过无路由告示通知客户层。

网络层为基本的多层通信基元定义信息——发送 REQ 信息包和引入 NTF 信息包。它也为能够应用在应用层和传输层询问路由信息定义了信息,这些基元包括得到 REQ 路由和没有路由的 NTF。所有的网络层基元在表 3-8 中做了概括。

表 3-8　网络层基元

请求	发送 REQ 信息包
	得到 REQ 路由
回应	信息包传送 RSP RSP 误差
	RSP 路由信息 RSP 误差
告示	引进 NTF 信息包
	没有路由的 NTF

（4）数据链路层

数据链路层提供单一跳跃数据传送能力,如果目的节点不可以直接从源节点进入,那么它将不能成功地传送一个信息包。它可以包含一定程度的可靠性,也提供错误探查能力(如 CRC 检测)。如果共享介质,则数据链路层必须包括介质访问控制(MAC)层。

被物理层定义的基元包括发送 REQ 信息包和引入 NTF 信息包(表 3-9)。

表 3-9　数据链路层基元

请求	发送 REQ 信息包
回应	信息包传送 RSP RSP 误差
告示	引入 NTF 信息包
	没有路由的 NTF

（5）物理层

物理层提供框架、调制和误差修正能力(通过 FEC),以及提供发送和接收信息包的基元,还提供参数设置、参数介绍等额外的功能。

在物理层发送信息包基元不用目的地址,假如是直角通道,在物理层的一个参数可能被设置为定义被应用的通道,然后传输发送信息包基元。同时,引入的信息包可能监控所有的或者一些通道,在引入的信息包告示的参数中可能包括指示的源地址。

被物理层定义的基元包括发送 REQ 信息包和引入 NTF 信息包(表 3-10)。

表 3-10　物理层基元

请求	发送 REQ 信息包
	介绍参数 REQ
回应	信息包传送 RSP RSP 误差
	介绍参数 RSP,没有介绍参数 RSP
告示	引入 NTF 数据包
	没有路由的 NTF

3.8.2.2　水声通信网络的拓扑结构

为了分析网络单元彼此互联的形状与性能的关系,采用拓扑学中一种与大小、形状、距离无关的点、线特性的方法,把网络单元定义为节点,两节点间的连线称为链路。水声通信网络就是由一组节点和链路组成的。而网络的拓扑结构是网络节点和链路的几何位置的抽象,它决定了网络中任意一对通信节点之间可能用到的各种传输通道。

网络节点间的通信主要有三种拓扑结构,分别为集中式、分布式和多跳式。

集中式是指每个节点都有一条点到点的链路与中心节点相连,这一中心节点也称为网络的 hub 节点。信息的传输是通过中心节点存储转发技术实现的,并且只能通过中心节点与其他站点通信。集中式网络结构的主要优点是结构简单、便于维护、易于实现结构化布局、易扩充、易升级。其缺点是由中心节点的可靠性决定的,整个网络的可靠性低、网络覆盖面小、中心节点负担重,容易成为信息传输的瓶颈,且一旦发生故障,全网瘫痪。因此这种结构不适用于浅海水下通信网络。

分布式结构是指网络中的所有节点之间都是可以通信的,这种网络虽然不需要路由,但是它所需要的输出功率是非常大的。众所周知,水下设备是靠电池来提供能量的,电池的能量不但有限,而且更换困难,所以分布式结构对于水下通信也是不理想的。

多跳式拓扑结构是指只可以在临近节点间通信,信息从源节点到目的节点的传输是靠信息在节点间的跳转来实现的。由于网络的工作范围是由节点数目来决定的,所以网络覆盖面比较大。但随之而来需要面对的就是路由算法的问题。水下无线通信网络在确保正常可靠工作的前提下,将能源消耗和信息传输延时降到最小是当前最主要的设计目标,多跳式拓扑结构是最合适的水下无线通信网络结构。

多跳式拓扑结构又可分为平面拓扑结构和分级拓扑结构两类:

1. 平面拓扑结构

平面拓扑结构示意图如图 3-40 所示。因为网络中所有节点的地位平等,所以又可称之为对等式网络拓扑结构。所有节点都具有相同的发送信息、接收信息和转发信息的能力,不设中心控制站,且在网络的运行过程中都发挥相同的作用,任意两个节点之间的连接只受到网络连通性的影响。

平面网络的优点是源节点与目的节点之间可以存在多条路径,这样就可以在多条路径上实现流量平衡,减少了网络拥塞,也降低了流量"瓶颈"产生的概率,所以比较健壮。网络中的数据流可以根据自身的特征选择最适合的路径进行发送,例如:用低延迟、低带宽的链路传送语音数据,用高带宽但延迟较长的链路传送文字流量,节点发送数据时使用的能量较低,有利于节省能源。

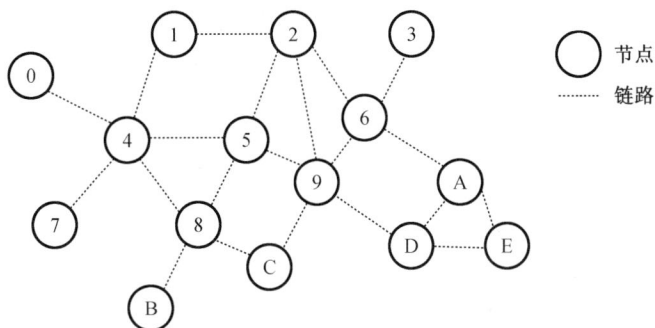

图 3-40 平面拓扑结构示意图

平面网络的最大缺点是网络规模受限,每个节点都需要知道到达其他所有节点的路由。维护这些动态变化的路由信息需要大量的控制信息。网络规模越大,路由维护的开销就越大。当网络的规模增加到某种程度时,所有带宽都有可能会被路由协议消耗掉。所以平面结构网络的可扩充性较差,一般用于用户节点不太多的水声通信网络等小型网络。

2. 分级拓扑结构

在分级拓扑结构的网络中,节点被划分成组,称为簇(cluster)。每个簇由一个簇头和多个节点组成。簇头主要负责簇间数据的转发。当两个不同簇中的节点需要交互数据时,需要源节点和目的节点中的簇头进行转发。分级拓扑结构又可以分为单频分级拓扑结构和多频分级拓扑结构。

单频分级拓扑结构示意图如图 3-41 所示。该结构中的节点分为三种:簇头、网关和节点。簇头控制整个簇,与外簇通信的路由信息由簇头计算和保存,分属不同簇的节点间的通信必须通过簇头来进行;网关同时属于两个簇,为相邻簇的簇头间提供链路;节点只计算和保存本簇内相关节点的路由。

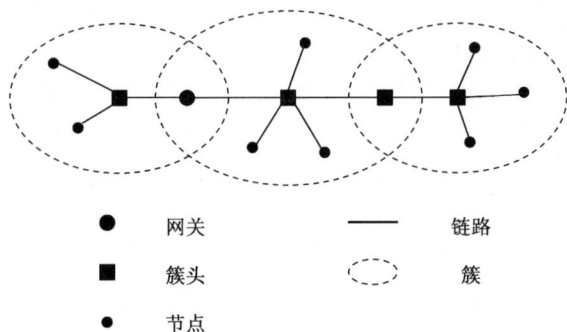

图 3-41 单频分级拓扑结构示意图

多频分级拓扑结构示意图如图 3-42 所示。该结构中的节点分为簇头和节点两种,不同层的网络采用不同的通信频率,低层网络的节点通信范围较小,高层网络的节点覆盖范围较大。高层网络的节点同时处于不同的层中,有多个通信频率,用不同的频率实现与不同层节点间的通信。在图 3-42 所示的两级网络中,簇头节点有两个频率。频率 1 用于簇头与节点间的通信,而频率 2 则用于簇头之间的通信。

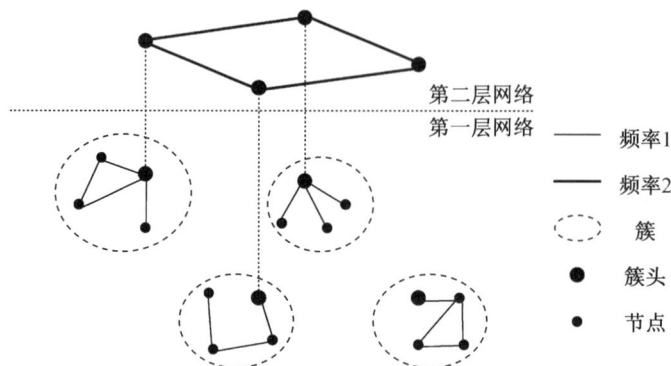

图 3-42　多频分级拓扑结构示意图

分级网络的优点是可扩充性好,网络规模不受限制,必要时可以通过增加簇的个数或网络层数来提高网络容量;簇内成员的功能比较简单,不需要路由维护,从而大大减少了网络中路由控制信息的数量,提高了网络的吞吐。簇头节点可以随时选举产生,所以具有很强的抗毁性。

分级结构也有其缺点。首先,维护分级结构需要复杂的簇头选择算法和簇维护机制,在节点移动特别频繁时,分级网络的很大一部分网络资源会消耗在簇的建立和保持上,这会极大地降低网络的性能;其次,簇头节点的任务相对重,可能成为网络的瓶颈;最后,分层网络中的路由常常不是最优路由,例如图 3-41 中节点距离很近,可以建立直接连接,但是因为属于不同的簇,且两个簇的簇头没有直接相连的通信链路,所以这两个节点间的通信经历了一条复杂但不必要的链路。

分级拓扑结构一般用于用户节点较多的大型网络。

水声通信网络的设计目标之一是既要求功率消耗最小,又要求网络可靠性最高,同时又要有最大的吞吐量。而网络拓扑是一个决定功率消耗的重要参数。

多跳式拓扑结构是最合适的水下无线通信网络结构。

通过分析,减少能量的方法就是采用中继方式。中继的次数越多,节约的能量也越多,在长距离的传输上更为明显。特别对于几十千米的数量级上,能量的节约更为重要。所以,在水声通信网络中应该采用仅在相邻的节点之间建立连接的拓扑结构。

思　考　题

1. 水声通信中,波动方程基本理论的物理含义是什么?

2. 计算波动方程可以用到哪些模型? 有什么区别?

3. 水声信道的特点是什么?

4. 水声信道中,多径效应会对声通信产生什么影响?

5. 在浅海海域,等声速梯度、正声速梯度和负声速梯度中哪种更适用于远距离传输? 请结合多径效应进行分析。

6. 建立水下通信网络的难点是什么?

7. OFDM 通信技术的各个子信道是否可以有频域上的重叠? OFDM 技术是如何解决这个问题的?

8. 模拟通信技术和数字通信技术哪种更适用于水下声通信领域?

第4章　水下激光通信

4.1　水下激光通信概述

　　战略核潜艇是现代化强国军事力量的重要组成部分,是现代战争的重要撒手锏武器。由于它具有极高的隐蔽性,可在 300～400 m 深水中活动数月之久,所以被认为是战场上的一支奇兵,可起到出其不意的效果。它携带的核弹头足以摧毁敌方的主要军事目标,是未来战争中重要的二次核反击力量和核威慑力量。而潜艇与基地的通信联系是关系到潜艇能否正常发挥作用的重要问题。但就是在这个关乎潜艇生存的问题上,人们遇到了困难。因海水是良导体,趋肤效应使得电磁波损耗极大,这将严重影响电磁波在海水中的传输。所以现在陆地上的通信技术和手段在水中几乎无用武之地。

　　潜艇传统通信手段是超低频(ELF)和甚低频(VLF)电磁波,但这些系统十分庞大,极易成为战时敌方的首要攻击目标。而且超低频通信效率极其有限,所以人们一直在寻求新的、更有效的对潜通信方法。

　　一般波段的光在水中传播衰减得非常快,所以不能进行水下通信。但 1963 年,S. A. Sullian 及 S. Q. Dimtley 等人在研究光波在海洋中的传播特性时发现,海水对 450～550 nm 波段内的蓝绿光的衰减比对其他光波段的衰减要小很多(衰减系数约为 10 dB/m),证实在海洋中亦存在一个类似于大气中存在的透光窗口。图 4-1 给出了各颜色激光对应的波长图形。图 4-2 和图 4-3 给出了海水对不同频率和波长激光的吸收特性。透光窗为蓝绿激光对潜通信提供了理论依据。在此之后,美国、苏联、英国、澳大利亚等国均投入大量的人力、物力、财力进行水下通信实验,并取得了一些突破性进展。

760～3 800 nm	605～760 nm	590～605 nm	560～590 nm	500～560 nm	480～500 nm	435～480 nm	400～435 nm	200～400 nm
红外激光	红色激光	橙色激光	黄色激光	绿色激光	青色激光	蓝色激光	紫色激光	紫外激光

图 4-1　各颜色激光对应的波长

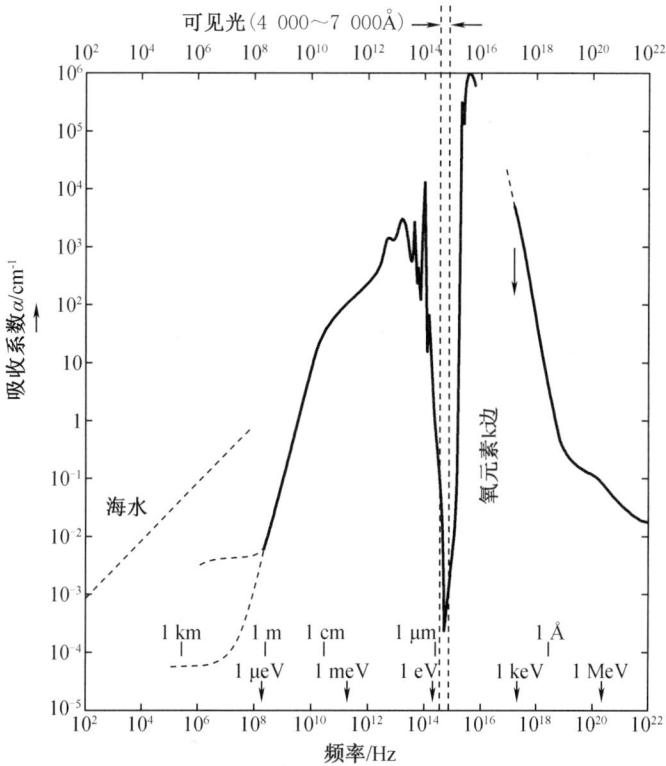

图 4-2　海水对不同频率光源的吸收系数曲线

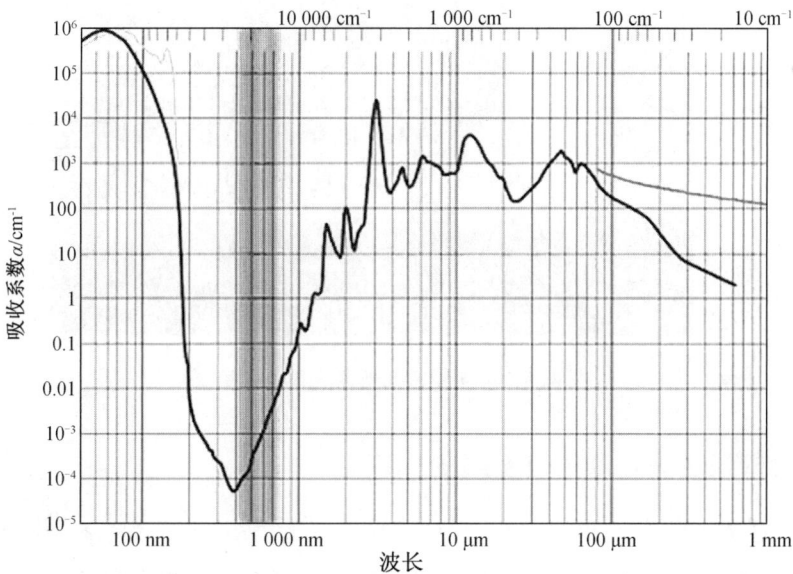

图 4-3　海水对不同波长光源的吸收系数曲线

4.1.1　蓝绿激光对潜通信的优点

潜艇的重要价值在于其隐蔽性和打击的高效性。隐蔽性是潜艇的生存前提,没有高隐蔽性,潜艇就是一个活靶子,极易受到敌方反潜舰和反潜机的攻击。南京大学现代光学工程中心的研究结果表明,其低频电磁波的平均海水穿透力为 10~15 m,数据率约为 75 bit/s,潜艇需上浮至危险深度或潜望深度并以低航速航行,且要保持一定的航向,才能有效接收信号,这就失去了潜艇的隐蔽性。在现代反潜作战手段高度发展的条件下,这显然不能完全适应对潜指挥通信的需要。超低频电磁波穿透海水的能力为其低频电磁波的 10 倍,潜艇可在 80~120 m 的深度收信,并对潜艇机动性无明显影响,基本兼顾了不间断通信和隐蔽性的要求。但是超低频通信数据率低至 1 bit/s,只能发送极重要而又简单的命令,或者作为振铃信号,潜艇在深水中收到"振铃"后便上浮,以便以更高频率和速率收发正式电文。这两种通信方式都不能使潜艇下潜更深、隐蔽性更好地接收信号。相比较而言,蓝绿激光对潜通信具有诸多优点。蓝绿激光的最大穿透深度可达 600 m,潜艇完全可以在工作深度或更深的海水中用自身壳体上的光学天线接收报文,丝毫不影响潜艇的机动性,也不会暴露目标。蓝绿激光对潜通信的数据率高,传输容量大,可传输数据、语音和图像信号。另外,它还具有波束宽度窄、方向性好、抗截获、抗干扰能力强及不受电磁和核辐射的影响等优点。激光对潜通信有利于潜艇隐蔽性和机动性的发挥,可在不损失潜艇隐蔽性的情况下做到实时、保密地可靠通信,提高对潜艇指挥和控制的顽存力和效能,更好地适应未来信息化条件下高技术局部战争的需要。不同颜色激光穿透海水深度如图 4-4 所示。

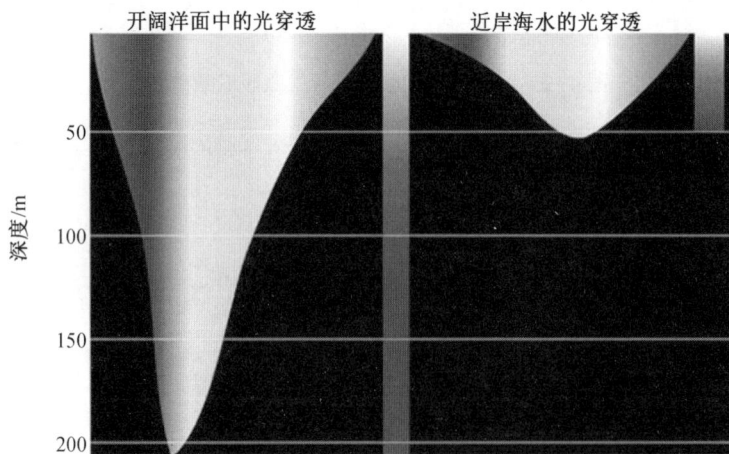

图 4-4　不同颜色激光穿透海水深度

4.1.2　蓝绿激光对潜通信发展史

由于蓝绿激光通信在民事和军事上的应用潜力巨大,故其受到世界各国特别是发达国家的重视,发展迅速。1963—1967 年间,美国海军委托俄亥俄州立大学进行利用蓝绿激光探测水下潜艇可行性论证;1968 年,G. D. Hickman 和 J. E. Hogg 首次论证了机载蓝绿激光探测系统的可行性;1971 年,美国海军成功研制出名为 PLADS(Pulse Light Airborn Depth Sounder)的机载系统,并在直升机上对海底进行了实测。美国海军自 1977 年提出卫星—潜艇通信的可行性后,就与美国国防研究远景规划局开始执行联合战略激光通信计划。从 1980 年起,以几乎每两年一次的频率,多次进行海上大型蓝绿激光对潜通信试验,这些试验包括成功进行的 12 km 高空对水下 300 m 深海的潜艇的单工激光通信试验,以及在更高的天空、长续航时间的模拟无人驾驶飞机与以正常下潜深度和航速航行的潜艇间的双工激光通信可行性试验,证实了蓝绿激光通信能在天气不正常、大暴雨、海水混浊等恶劣条件下正常进行。1985 年,美国海军利用星载激光器与"海豚"号潜艇进行了通信试验,深度达 250 m,航速 30 kn,通信容量达数 kbit/s,并取得了惊人的数据。美国蓝绿激光研究进展见表 4-1。除美国以外,英国、俄罗斯、加拿大、瑞典、澳大利亚、法国、荷兰等国也先后研制出各自的机载激光通信系统,并向星载激光通信系统发展。

表 4-1　美国蓝绿激光研究进展

时间	主要研究进展
20 世纪 70 年代早期	开始进行潜艇激光通信概念研究
1981 年	首次成功进行机潜激光通信试验
1984 年	美国高级研究计划局宣称将关注星载激光器方案,取代之前的卫星反射镜方案
1986 年	P-3C 飞机采用蓝绿激光通信技术,将信号发至冰层下的潜艇
1988 年	完成蓝激光通信系统的概念性验证
1989 年	开始实施水下潜艇与高海拔、长航时无人机间双向光通信项目
1991 年	完成用于潜艇激光通信的亚稳态原子共振滤光片的最终设计。利用"海豚"号潜艇成功完成了机潜双向激光通信
1992 年	美国利用"海豚"号潜艇继续开展海上通信试验,采用绿激光与无人潜航器进行了高速通信,试验还进行了潜艇对无人潜航器的控制能力测试
2004 年	资助了风冷大功率蓝绿激光器项目,旨在开发新一代风冷激光发射器。可产生平均输出功率达数十瓦的 532 nm 波长激光
2004 年	QinetiQ 北美公司在圣克利门蒂岛进行了双向激光通信演示。试验中,下行数据率最大为 2 Mbit/s,上行 500 kbit/s,深度为 110 英尺(约 33.5 m)
2006 年	资助了用于水下蓝绿激光通信的滤光片项目 资助了用于水下通信的蓝绿激光器项目 资助了用于水下通信的高脉冲频率绿光激光器项目
2007 年	资助了二极管泵浦蓝绿激光器项目
2010 年	美国海军开始在战术中继信息网研究计划中研发一种蓝绿激光潜艇通信系统。美国国防部高级研究计划局与 QinetiQ 北美公司签订了蓝绿激光潜艇通信系统的开发合同,开展潜机数据交换和增强计划研究

为了跟上发达国家在激光通信领域的发展进度,我国也做了大量的实验和理论研究。华中理工大学在"八五"期间承担了国防预研重点项目"机载蓝绿激光探潜总体及单元技术",研制出我国第一套机载激光探潜试验装置。2002 年,哈尔滨工业大学成功研制出国内首套综合功能完善的激光星间链路模拟实验系统,用于模拟卫星间激光链路的瞄准、捕获、跟踪、通信及其性能指标的测试,其技术水平为国内领先。中国科学院上海光学精密机械

研究所研制出点对点的 155M 大气激光通信机样机,该所承担的"无线激光通信系统"项目也在 2003 年 1 月通过了验收。武汉大学于 2002 年在国内首先完成 42M 多业务大气激光通信试验,2004 年 3 月又在国内率先完成全空域 FSO 自动跟踪伺服系统试验,这为开发机载、星载激光通信系统和地面带自动目标捕获功能的 FSO 系统创造了条件。2010 年,美国海军开始在战术中继信息网研究计划(TRITON)中研发一种蓝绿激光潜艇通信系统。美国国防部高级研究计划局(DARPA)与 QinetiQ 北美公司签订了蓝绿激光潜艇通信系统的开发合同,开展潜机数据交换和增强计划(SEADEEP)研究(图 4-5)。美国在多次海上激光对潜通信试验的基础上,开展了星载对潜通信的全面论证,计划采用装有大功率固体激光器的离地面仅有几百千米的廉价、低轨道卫星,代替先前计划采用的地球同步卫星,以开展双工卫星—潜艇激光通信系统的研究。由于星载蓝绿激光对潜通信试验所需的费用比机载系统大得多,所以现在仍处于理论研究阶段,还未得到应用。

图 4-5　QinetiQ 北美分公司生产的水下平台激光通信原型机

国内在蓝绿激光对潜通信领域也开展了相应的研究工作,桂林电子科技大学在"九五"期间承担了国防预研项目"蓝绿激光双向对潜通信关键技术",在海南省某地做了海水对通信深度影响的实验,并利用水池成功地进行了 50 m 的对潜通信,采用多路分集接收和自适应滤波的方法,提高了接收机的灵敏度。该技术的研究主要基于机载蓝绿激光通信系统,该系统本身具有实用性,并且也是向星载系统过渡的试验系统。体积小、质量轻、功率高、寿命长的二极管泵浦固体激光器和原子共振滤光片的先后研制成功,使得将激光器装在卫星上成为可能。

4.1.3　蓝绿激光对潜通信系统发展趋势

美国海军大力发展卫星对潜蓝绿激光通信,用于解决远距离深潜核潜艇的指挥控制,还与水面舰船、陆地组成了通信联网,定时控制潜艇的深度、航速及水下声呐、水雷等兵器。在 1981 年、1984 年及 1986 年,美国海军用机载激光器和潜艇上的光接收机对各种环境模型进行了一系列通信试验。试验结果证明了在若干个不同海域、在极恶劣的海水和云层条件下、在作战深度上激光对潜艇的通信能力。因此,美国海军曾预言,蓝绿激光将取代现有 ELF 通信系统。但苏联则认为当前解决对潜通信的最好办法是实施全部通信手段,保证系统具有最大限度的可靠性。未来对潜通信的发展趋势很可能是 ELF 系统和蓝绿激光通信系统并驾齐驱,形成相辅相成的局面。

激光对潜通信能否成功在技术上主要受到激光器功率和可靠性的限制,尤其是星载激光器可靠性问题。另一个限制就是光接收机的灵敏度。因此研制高灵敏度的接收机和适合对潜通信的蓝绿激光器是今后激光对潜通信的发展重点。

一是发展下一代三军共用的通信卫星。这种通信卫星能适应战略和战术机动部队在核战时具有抗干扰的全球通信能力;通信方式可同时采用极高频(上行 44 GHz、下行 20 GHz)、毫米波对潜通信及蓝绿激光对潜通信。

二是采用多波束自动调零天线。这种天线的方向由星上波束成形网络控制,具有很强的抗干扰性。地面站天线可制成各种形状以提高灵敏度,而对敌方干扰机方向自动调零,使干扰信号无法进入天线和转发器通道。

三是提高卫星自适应位置保持能力。卫星自适应位置保持的功能是一旦地面控制系统遭到破坏,星上的高精度星光传感器和计算机能在几个月内自动保持卫星的姿态和轨道位置,提高生存能力。但目前发展如此复杂的系统还要攻克许多技术难关,预计在不久的将来,这种技术会有较大的突破。蓝绿激光对潜通信在未来的军事通信中必将发挥重要的作用。

4.1.4　激光致声通信发展概述

国外早在 20 世纪 60 年代就开展了激光致声效应的理论研究。1962 年,美国的 White 和苏联的 Prokhorov 等人分别发现了浓缩介质在脉冲激光的作用下产生声波的现象,尽管当时对这一物理现象缺乏清晰的认识,但已指出在水声方面的应用可能是这种效应的重要应用之一。

国外对激光致声机理的研究及其在水声通信、水下目标探测等领域应用的可行性展开了大量研究,内容涉及激光空泡产生的冲击波特性研究、水中激光声脉冲特性及其传输损失研究、基于相干调制方法的激光致声通信研究、将光击穿声信号应用于水声通信中的试验研究分析等。基于光击穿机制虽然能产生较高的声源级,但声信号很难控制,不利于编码传输,而且现有聚焦设备很难把机载激光器发射的光束聚焦到海平面以下。美国海军武器研究中心对热膨胀激光声信号用于水声通信进行了较深入的研究,他们采用调制设备对长脉冲激光进行调制产生所需频段的声信号(长脉冲法),并对通信结果进行了分析。

水下光学击穿现象的实验研究始于 1968 年,Banes 首先观察到水下激光诱导的等离子体闪光现象,之后大批学者对液体(包括水或水溶液)击穿问题进行了大量的实验研究。1970 年,美国开始了液体中激光致声的实验研究,实验探测到光声信号的振幅、频谱特性及空间特性。1976 年,Williams 等人将水视为孤对无定形半导体,这种假设对于纯水和水溶液的情况基本适用,参考固体中雪崩电离机制和多光子电离机制初步建立了液态水的击穿机制模型。1991 年,Sacchi 对 Shocklcy 和 Baraff 有关半导体材料的击穿理论进行了修正,并将其成功应用于水下光学击穿现象的分析。1995 年,Kennedy 等人认为,由于水下击穿行为类似于固体击穿,因此将水作为孤对无定形半导体处理,结合 Bloembergen 的固体雪崩击穿模型和 Keldysh 的晶体中多光子电离击穿模型,提出了水下击穿的一阶模型,该理论模型与实验结果吻合得较好。1998 年,D. M. He 等人利用 Nd:YAG 激光器搭建了激光致声系统,通过光击穿机制在水中和海水中获得了光声脉冲,并讨论了将其应用于水声通信领域的可行性。

激光声效应的理论研究主要在于确定光声效应的物理过程,建立该过程对应的理论模型,确定该物理过程所遵循的理论公式,根据输入激光束的时空分布特征和介质的特征参数及初始状态确定理论公式的定解条件,采用解析法或数值计算方法获得光声信号的解,确定解的特征。实际研究中激光参数随激光器的工作条件、激光的传输光路发生变化,介质的热学、力学和声学特征参数随温度、液体中的杂质、液面的运动状态等发生变化,且激光和介质的特征参数变化时光声信号的激励过程可能涉及不同的物理过程,也可能多种激发过程同时存在,所以特别复杂。实际理论分析计算都是针对特定的实验条件做近似处理,如将激光时间脉冲波形看作方形或三角形,激光能量空间分布看作均匀或高斯分布,光声机制只考虑热弹、汽化或光击穿中的一种,或认为多种机制同时存在时不同机制产生的光声信号可以进行较简单的线性叠加,并对激发过程中涉及的热膨胀、热扩散、汽化等都做了一定程度的近似,考虑其中的主要过程,忽略次要过程或对次要过程做简化处理。近年来,国外对激光致声机理研究及其在水声通信、水下目标探测等领域应用可行性展开了大量研究,研究内容涉及激光空泡产生的冲击波特性研究、水中激光声脉冲特性及其传输损失研究、基于相干调制方法的激光致声通信研究、将光击穿声信号应用于水声通信中的试验研究分析等。美国在对潜通信、潜艇定位、潜艇探测常规手段与设施建设等方面均处于领先地位,在新技术研究中也一直在引领方向发展与技术潮流。美国对激光致声遥感与通信方面的研究起步较早,在理论研究方面相对成熟,已经展开了一些系统研究与实验验证。美国海军武器研究中心 Antonelli 等人对热膨胀激光声信号用于水声通信进行了较深入的研究,他们采用调制设备对长脉冲激光进行调制产生所需频段的声信号,并对通信结果进行了分析。欧洲等发达国家相继开展了这项研究,并取得了较好的研究结果,充分证明了高能脉冲激光激发超声脉冲在海洋通信与海洋声遥感应用中的可行性。

近些年国内一些单位也对激光致声通信进行了理论与实验研究,取得了初步的进展与成果。

浙江大学重点研究了热膨胀机制、汽化机制及光击穿机制下激光声源的波形、频谱、指向性等特性,并研究了通过控制激光光强的时域波形、光斑、激光串波形形状、重复频率等参数控制激光水下声源特性的方法,以及激发环境不同时激光声源特性的变化,为激光致声潜艇通信技术提供了理论基础。

陕西师范大学主要从理论和实验上研究了脉冲 Nd:YAG 激光在液体中激发的光声效应,得到激光声信号的特征,讨论了热扩散效应、光穿透效应、电致伸缩效应对声波振幅的影响;运用声学基础理论,对液体中光击穿时所激发声场进行了理论和实验研究,发现当观测点与光击穿区的距离远大于光击穿长度时,垂直于光传播方向声脉冲信号的声压幅值最大,沿光传播方向声脉冲信号幅值最小;发现激光能量与声信号强度之间存在着对数线性关系,且当声信号激发机制从热弹、汽化变为光击穿时,存在击穿阈值。

中国海洋大学研究了液体中光声脉冲的热弹、汽化、光击穿机制,并得出液体吸热区分别为平面、柱体时声信号的特征,分析了液体的吸收对光声信号的影响,给出光声信号用于空中—水下信息传递、浅海区水深测量、海面波浪监测、声影区的光声定位、水下物体探测、弱吸收液体的光吸收系数的测量、声速测量、流体的流速及温度的测量、液体的声学非线性参数的测量等方面的应用情况。

中船重工集团第七六〇研究所研究了光声激发原理及信号特点,并通过海上实验评估了光声信号在水下目标探测中的实际效果。他们撰写的《激光声遥感技术》一书中详细讲述了激光声脉冲激发机理、特征、检测方法及信号处理结果,给出了大能量红外脉冲 CO_2 激光聚焦射在自由水表面在水中产生的声脉冲的特性实测值,并就激光声遥感探测水下目标实际应用,提供了激光声脉冲在水中的传输损失、透过水与空气界面的传输损失以及在空气中的传输损失的理论公式。

国防科技大学主要针对热膨胀机制,对不同激光脉冲激发的声波特性以及光脉冲和介质特性对转换效率的影响进行了理论研究,并提出了提高转换效率的方法;阐述了激光与液体媒质作用通过热膨胀机制激发平面光声源的理论;通过仿真得到了激发声波的光声脉冲剖面和时空分布图;推导了约束边界和自由边界下的光声转换效率,分析了转换效率的影响因素比;从液体中脉冲激光致声的理论出发,探讨了热膨胀机制下提高光声转换效率的措施,并着重讨论了不同液体媒质的特性对转换效率的影响。

海军工程大学开展了对脉冲激光击穿水介质特性的实验研究,同时进行了空中平台与水下目标之间的激光致声通信技术可行性实验验证;提出了一种热膨胀机制下采用高重复频率激光进行水声通信的方法,理论推导了高重复频率激光产生窄带声信号的过程,并通过实验测量进行了验证;建立了激光声测量实验系统,通过实验分析了单个激光声信号的特征,从时域频域分析了激光声的传输特性,进行了初步的激光致声通信仿真与实验,利用设计的调制器进行了初步的激光声编码。

华中科技大学通过分析水中的光声信号的特点,采用实验的方法,对 $TEACO_2$ 脉冲激光在水中激发声波的幅度、频率等特性进行了测量;研究分析了激光脉冲的能量和宽度对声脉冲特性的影响关系,用于通过调节激光脉冲的能量和宽度,选择或控制应用于水声通信、水下资源探测等技术的光声信号。

中国电子科技集团第三研究所利用参数可调的高能量重复频率激光器进行了激光致声通信技术可行性实验验证研究;通过理论分析与实验研究,对液体中激光等离子体声波声谱特性、透明液体中激光致声特性、激光声信号的时域特性和频谱特性、激光声特性与激光脉冲能量对应关系、不同光聚焦状态的光击穿声辐射特性、空中对水下平台激光声通信技术与水下目标的激光声检测技术进行了研究,并在实验基础上进行了初步的激光声通信方案设计。

4.2 蓝绿激光水下通信技术及原理

4.2.1 蓝绿激光对潜通信系统基本原理

蓝绿激光对潜通信系统基本原理如图4-6所示。蓝绿激光对潜通信系统由光发射机、光接收机及信号检测与处理系统、其他辅助系统等组成。发射端先将要发送的信号内容按一定规律进行编码、加密,变换成数字化的电脉冲信号,然后以此电信号调制激光载波,使得激光器发射的激光参数(如光强、频率等)随信号的变化而变化。光发射机将信号发向潜艇所在海域。安装在潜艇上的光接收机收到这一激光后,用透镜系统对激光进行聚焦、滤波,然后送到光电检测器,经信号检测与处理系统还原成电信号,再通过低噪放大、脉冲整形等手段恢复原来的编码信号,并解密还原出原来的信息内容。

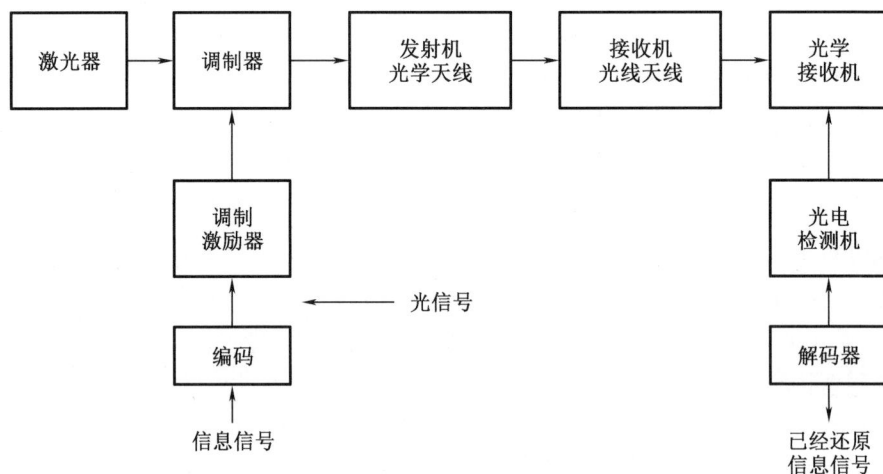

图 4-6 蓝绿激光对潜通信系统基本原理框图

4.2.2 蓝绿激光对潜通信系统分类

如图4-7所示,蓝绿激光对潜通信系统一般包括陆基系统、天基系统、空基系统。

4.2.2.1 陆基系统

由陆上基地发出强脉冲激光束,经卫星上的反射镜,将激光束反射至需要照射的海域,实现与水下潜艇的通信。这种方式可通过星载反射镜扩束成宽光束,实现一个相当大范围内的通信。也可以控制成窄光束,以扫描方式通信。这种系统灵活,通信距离远,可用于全球范围的海域,通信速率大,不容易被敌人截获,安全、隐蔽性好,但实现难度大。

4.2.2.2 天基系统

这种系统把大功率激光器置于卫星上,地面通过电通信系统对星上设备实施控制和联络。还可以借助一颗卫星与另一颗卫星的星际通信,让位置最佳的一颗卫星实现与指定海域的潜艇通信。这种方法不论是隐蔽性还是有效性都是不容置疑的,应该说它是激光对潜通信的最佳体制,当然实现的难度也很大。天基系统可覆盖全球范围,比较适合对战略导弹核潜艇的通信。

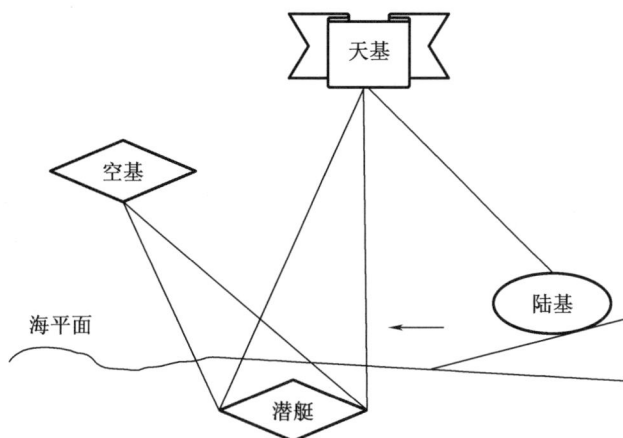

图 4-7 激光对潜系统的三种方案原理图

4.2.2.3 空基系统

将大功率激光器置于飞机上,飞机飞越预定海域时,激光束以一定形状(如长 15 km、宽 1 km 的矩形)扫过目标海域,完成对水下潜艇的广播式通信。该系统对战术潜艇很有效。如果飞机高度为 10 km,以 300 m/s 速度飞过潜艇上空,则激光束将在海面上扫过一条宽 15 km 的照射带。在飞机一次飞过潜艇上空约 3 s 的时间内,可完成 40~80 个汉字符号信息量的通信。这种方法实现起来较为容易,在条件成熟时,很容易将这种办法升级到天基系统中。

4.2.3 蓝绿激光对潜通信的信道特性

4.2.3.1 蓝绿激光对潜通信系统下行链路信道特性分析

光信道是指由发射机到接收机的光学天线之间的传播路径。对蓝绿激光通信系统来说,激光对潜通信信道主要由大气信道、气-水界面和海水信道三部分组成,其结构非常复杂。在大多数时间,大气信道部分由雾、云和雨组成,前两者发生最为频繁,它们对信号产生多次散射。在界面处,海水的镜面反射和白浪反射会对信号产生衰减。在海水信道部分,溶于海水中的有机物分子、微粒和微生物的作用对光产生多次散射。此外,海水还大量地吸收光能,使信号衰减。总之,信道上粒子多次散射占主导地位。因此,可将蓝绿激光通信信道看作一个光散射信道。当光信号经过散射信道时,总的效应是发生空间和角度扩展,光在这些信道中由于散射和吸收会发生很大的衰减,使到达接收机的信号很弱。因此有必要对不同信道的特点进行详细的分析,以便为系统设计提供重要依据。

由于蓝绿激光通信信道的复杂性,有人称其为至今人类最复杂的通信研究项目,它是电子技术、激光技术、通信技术、航天技术等高技术的综合,同时还涉及海洋学、气象学等领域。下面对各种信道进行具体分析。

蓝绿激光对潜通信可以描述为：一束很窄的激光脉冲由卫星（飞机）上的激光器发出，在大气、云层中传输距离 H 后到达并穿过海面，在海水中传输距离 D 后被潜艇上的探测器接收。因此，大气、云层、气-水界面、海水构成了蓝绿激光对潜通信的光学通道，如图 4-8 所示，其中 φ_s 为天顶角。

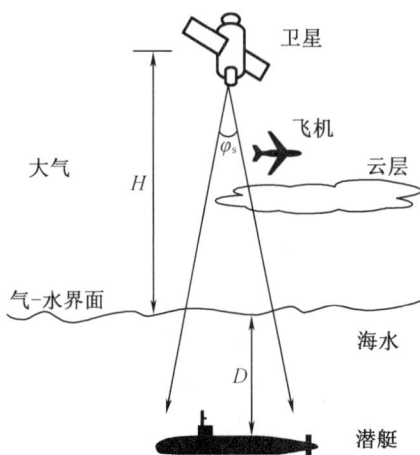

图 4-8　蓝绿激光下行信道

1. 大气光学通道

大气由大气分子、气溶胶（悬浮微粒）和水气凝结物（云、霾、雾、雨、雪等）组成。与大气的吸收相比，大气对光造成的衰减主要是由大气散射造成的。

气溶胶的 Mie 散射相函数采用 Henyey-Greenstein（HG）函数：

$$P_{\text{part}}(\cos \theta) = \frac{1-g^2}{4\pi(1+g^2-2g\cos \theta)^{\frac{3}{2}}} \tag{4-1}$$

式中　P_{part}——散射概率；

　　　θ——散射角；

　　　g——非对称因子。

大气分子散射是瑞利散射，其相函数为

$$P_{\text{Ray}}(\cos \theta) = \frac{3}{4\pi(3+p)}(1+p\cos^2 T) \tag{4-2}$$

式中，p 为极化系数，对于大气分子散射，极化系数 $p=1$。

大气分子透射率可表示为 $T_a = e^{-\beta_a H}$，其中 H 为飞机飞行高度；β_a 为大气散射系数，其值与高度有关。

大气中相对湿度小于 80% 时出现霾，而大于 80% 时则出现雾。雨的粒子尺度最大，但其粒子密度比雾小得多，所以它对可见光的衰减系数要比雾小。霾是大气中最普遍的物理成分，存在于从地面到深空的范围内，并且呈梯度分布。霾具有较强的前向散射特性，但是其粒子密度和半径都是大气各种成分中最小的，且对光的衰减较小。云的粒子半径分布比雾和霾大得多,对激光的传输影响很大,因此计算时一般按云来考虑。

2. 云层特性分析

(1)云的光学参数

云的种类和结构十分复杂。在海洋上空,层云、层积云、高层云、高积云和卷云的出现概率和覆盖率都在 80% 以上。层云和层积云属于水云,出现的平均高度是 0.4~2 km,平均厚度是 300~500 m。水云的液态水含量一般为 0~0.6 g·m^{-3},并主要集中在 0.1~0.5 g·m^{-3} 范围内。水云的液态水粒子直径为 0~30 μm,并以 10~25 μm 最为集中。

高层云和高积云属于冰水混合云。它们出现的平均高度从几百米到几千米,厚度集中在 200~500 m 范围内。它们中的液态水含量一般为 0.03~0.1 g·m^{-3},很少有超过 0.2 g·m^{-3} 的。冰水混合云所含粒子的直径集中在 0~30 μm 范围内。

卷云是冰云的主要成分。在中高纬度地区,卷云一般出现在 5.5~8 km 的高度;在低纬度地区,卷云的平均高度为 10~14 km。卷云最高可以达到 20 km。卷云的厚度变化范围很大,从几百米到几千米。有研究表明,在中低纬度地区,厚度为几百米的卷云出现概率最大;而在高纬度地区,1.2 km 左右厚度的卷云最为常见。卷云的液态水含量很少有超过 0.2 g·m^{-3} 的。卷云所含粒子的直径大多集中在 10~100 μm 范围内。

对于水云和球状冰云,其光学参数可由下式计算:

$$
\begin{cases}
\dfrac{\mu_t}{\mathrm{LWC}} = a_1 R_e^{b_1} + c_1 \\[2mm]
\omega = a_2 R_e^{b_2} + c_2 \\[2mm]
g = a_3 R_e^{b_3} + c_3
\end{cases}
\tag{4-3}
$$

式中　μ_t——衰减系数;

　　　LWC——云中的液态水含量;

　　　R_e——云中粒子的等效直径;

　　　g——粒子散射相函数的非对称因子;

　　　a_i、b_i、$c_i(i = 1,2,3)$——拟和系数;

　　　ω——粒子的单次散射比。

冰云的微结构很复杂,除了球状外,还有其他形状。冰云的光学参数可由下式计算:

$$
\begin{cases}
\dfrac{\mu_t}{\mathrm{LWC}} = \displaystyle\sum_{n=0}^{3} a_n \dfrac{1}{R_e^n} \\[3mm]
\omega = \displaystyle\sum_{n=0}^{3} b_n R_e^n \\[3mm]
g = \displaystyle\sum_{n=0}^{3} c_n R_e^n
\end{cases}
\tag{4-4}
$$

式中,a_i、b_i、$c_i(i = 0,1,2,3)$ 是拟和系数。

水云和球状冰云的散射相函数都采用式(4-1)的 HG 函数。对于其他形状的冰云,后向散射更加明显,相函数采用双 HG 函数:

$$
P(\theta) = f P(\theta, g_1) + (1-f) P(\theta, g_2)
\tag{4-5}
$$

由于云的结构复杂,其参数也是最难选择的。按照式(4-3)和式(4-4),各种云的单次散射比 ω 和非对称因子 g 的差异不大;只有衰减系数 μ_t 随着云的有效直径 R_e 和液态水含量 LWC 的不同,差别很大。

(2)云的散射特性

云粒子半径、光学厚度较大,容易引起光的散射,导致光能量的损失,光束的前向散射还会产生多通道效应,使信号在时间和空间上扩展。当波长在 $450\sim580$ nm 范围内时,各种云的衰减系数见表4-2。

表4-2　云的衰减系数

单位:m^{-1}

云型	晴天积云	层积云	积雨云	层云 I
μ_t	0.021	0.045	0.044	0.067
云型	浓积云	层云 II	高层云	雨层云
μ_t	0.069	0.100	0.108	0.128

云是常见的自然现象,其结构复杂,种类繁多,每一种云的高度、厚度、粒子大小和浓度、衰减系数、含水量等也不一样。云层中粒子对光的散射作用,取决于其折射率及形状大小的分布。由于上述条件复杂,且云层散射主要是由粒子散射决定的,主要体现在前向散射上,因此采用等效的米氏理论来描述。对于米氏散射,采用的相函数解析表达式为式(4-1)。

g 是非对称因子,用于表征散射函数的不对称性,反映了散射的各向异性程度。式(4-1)相函数的物理意义为:光子散射后落在立体角内的概率。散射的方向选择性取决于非对称因子的选取:g 越接近-1,后向散射性越强烈;g 越接近 0,散射的介质越接近各向同性;g 越接近 1,介质的前向散射越强烈。式(4-1)的相函数在前向有很高的峰值,具有很强的前向选择性,即散射能量将集中在偏离传播方向附近较小的角度内。

式(4-1)的相函数表达式简单,方便数学分析计算、蒙特卡罗法模拟等,利用其简单的勒让德多项式级数表达式,也很容易计算渐进辐射分布。虽不能很好地模拟后向散射,但能够很好地体现前向散射的特性。对于前向散射比较明显的云层和海水来说,采用 Henyey-Greenstein 相函数是比较合适的。

在模拟模型的建立过程中,计算云层能量传输效率(单脉冲能量透射率)采用的是厚云层多发散模型,天顶角为 φ_s,在最小光学厚度 10 处设立一个断点。当光学厚度 $\tau_{opt}\geqslant10$ 时用 Bucher 公式,当 $\tau_{opt}<10$ 时用范德瓦尔德公式。

由布赫公式和范得瓦尔德公式可得能量透射率公式:

$$\begin{cases} T_c = \dfrac{1.69A(\varphi_s)}{\tau_{opt}(1-\langle\cos\theta\rangle)+1.42}, \tau_{opt}\geqslant10 \\ T_c = F(\varphi_s)(1-0.46\tau_{opt}), \tau_{opt}<10 \end{cases} \qquad (4-6)$$

式中　T_c——云层中的信号能量传输效率;

τ_{opt}——光学厚度,$\tau_{opt}=Z\mu_t$;

μ_t——云层衰减系数；

$\langle \cos \theta \rangle$——散射角的平均余弦值，对于可见光，$\theta$ 一般取 37°；

$A(\varphi_s)$ 与 $F(\varphi_s)$——与云层上面光线天顶角有关的函数。

在实际计算时，一般可近似地认为云的衰减系数等于其散射系数。

激光脉冲在云层中传输时，信号能量的衰减与云层的光学厚度和天顶角有关，对同一天顶角，不同厚度的云层衰减系数不一样，云层的光谱辐照度透射率也不一样。

3. 海水界面分析

海深不同，海底浪涌和海面的浪高也不同，海水的镜面反射和白浪反射会对信号产生衰减。光由空气进入海面时，能量的界面透射率为

$$T_{aw} = T_{aw1} T_{aw2} \tag{4-7}$$

式中　T_{aw1}——由折射率不连续性决定的界面透射率；

T_{aw2}——由海水泡沫及条纹决定的界面透射率。

当 $\tau_{opt} \geq 10$ 时，T_{aw1} 数值是海面风速和光入射角的函数。

T_{aw2} 的数值只取决于海面风速：当风速小于 8 m/s 时，可以认为 $T_{aw2} \approx 1$；当风速大于 15 m/s 时，T_{aw2} 减小。若 $\tau_{opt} > 10$，当风速小于 8 m/s 时，可认为界面的入射为漫射光，$T_{aw1} \approx 0.83$。

模拟中，在计算海面风对激光脉冲传输的影响时，没有考虑由风导致的海面泡沫的因素。海面泡沫的最大覆盖面积与风速 v 的关系为

$$C_f = (1.2 \times 10^{-5}) v^{3.3} (0.225v - 0.99), v \geq 9 \text{ m/s} \tag{4-8}$$

当海面风速 $v = 10$ m/s 时，泡沫的最大覆盖面积为 3%，因此对模拟结果的影响很小。

4. 海水信道分析

由于海水本身的散射和海水中悬浮粒子引起的散射，以及悬浮粒子的尺寸分布随水质不同差异很大，因此海水中粒子的散射要比大气的散射强 2~3 个数量级。下面对光在海水中的散射情况进行分析。

海水的衰减系数与水中的浮游生物浓度、悬浮粒子、盐分及温度有关。主要考虑有云天空的情况，这时入射到海水中的是云的漫射光。对于漫射光，海水的衰减遵从指数规律，其透射率为

$$T_w = \exp[-(K_a + K_{dR} + K_{dM}) Z] \tag{4-9}$$

式中　K_a——总的吸收系数；

K_{dR}——瑞利散射系数；

K_{dM}——米氏散射系数；

Z——水的深度。

由于海水水质是随深度变化的，所以可以将其分层处理。若将深度分为 j 层，则上式可改写为

$$T_w = \exp\left[-\frac{\sum_{i=1}^{j} (K_{ai} + K_{dRi} + K_{dMi})}{\cos \varphi_w} \right] \tag{4-10}$$

激光在水下传输光路为多重散射,水对光的衰减主要是水分子和浮游生物的散射,其次是水的吸收效应。海水通道最为复杂,除了考虑上面所提及的因素外,在实际应用中,还应考虑海上风速、背景辐射等情况。

特别指出,衰减系数是系统的有效衰减系数,它由系统的接收视场角、飞机高度及海水的水质光学参数等共同决定。漫射衰减系数是海水的固有光学性质参数,不随人为的试验测量方法和测量参数而变化。当系统接收光斑直径足够大时,有效衰减系数近似等于海水的漫射衰减系数。表4-3为对潜通信系统中,漫射衰减系数和有效衰减系数在三类海区中对应的典型参数值。

表4-3 不同水域海水衰减系数 单位:m^{-1}

海水参数	Ⅰ类海区		Ⅱ类海区		Ⅲ类海区	
漫射衰减系数 K_d	0.070	0.133	0.144	0.250	0.270	0.350
衰减系数 μ_c	0.231	0.479	0.575	1.013	1.316	1.500

5. 背景辐射分析

潜艇接收机除接收信号能量之外,同时还会接收来自天空的自然光,以及海洋生物所产生的背景光辐射干扰,这种干扰以噪声形式出现,它降低了信噪比,增大了系统的误码率。在白天,主要的背景辐射源是太阳和天光;在夜晚,则为月光、星光、生物光及黄道光等。若太阳、月亮处于接收机的视场内,可把它们看作点源处理;对于天光和云层,则可看作充满视场的扩展源。由于自然光的辐照是非相干的,经云层多重散射后,入射到海面的背景光为漫射光,再经海水吸收、散射后到达接收机,此时背景光的光场分布与信号的光场分布相同。

在实际处理时,认为海面辐照度除阳光直射之外,天光的贡献不能忽略,可近似认为天光在海面的辐照度是太阳的0.2倍;在夜晚,只考虑月亮的光谱辐照度,而忽略星光、黄道光等的影响;海洋中的生物光,其辐射强度偶尔可达到相当于深度为220 m左右的阳光辐射,但它的不确定性太大,目前缺乏完整的统计资料,因此暂时不予考虑。通过上面的讨论,可得出背景光功率 P_b(单位为 W)的计算公式:

$$P_b = H_\lambda \Delta\lambda ALT_c T_w T_{aw} f(\varphi_r) \qquad (4-11)$$

式中　H_λ——光谱辐照度;

A——接收光学天线的面积,m^2;

L——接收光学系统和滤光器的总透过率;

$\Delta\lambda$——滤波器的带宽,nm;

T_c——云层透射率;

T_{aw}——海水界面透射率,相关的参数有入射角、风速、海面泡沫;

T_w——海水透射率。

6. 信道衰减的计算

通过对激光对潜通信光信道的分析,此时最关心的是接收到的信号功率。假设蓝绿激

光器输出的单脉冲能量是 E_p,水下潜艇接收到的光脉冲能量 E_r 可表示为

$$E_r = E_p \frac{A}{S} \gamma T_a T_c T_{aw} T_w L f(\varphi_r) \tag{4-12}$$

式中　A——接收光学天线的面积,m^2;

　　　S——接收处水下光斑面积,显然 S 的大小与飞机的高度、潜艇深度、激光器的扩束角度直接相关,m^2;

　　　γ——发射机光学系统的透射率;

　　　T_a——大气分子散射的透射率;

　　　T_c——云层透射率;

　　　T_{aw}——海水界面透射率,相关的参数有入射角、风速、海面泡沫;

　　　T_w——海水透射率;

　　　L——接收机光学系统与滤光器的透射率;

　　　$f(\varphi_r)$——与水下辐射率分布和视场角有关的因子,也与海水深度有关。

为了说明数值关系,把各项因素产生的能量衰减用 dB 表示,则式(4-12)变为

$$10\lg \frac{E_r}{E_p} = 10\lg \frac{A}{S} + 10\lg \gamma + 10\lg T_a + 10\lg T_c + 10\lg T_{aw} + 10\lg T_w + 10\lg L + 10\lg f(\varphi_r) \tag{4-13}$$

因为信道的参数是随时变化的,所以在计算时采用的参数值是该介质典型值,理想情况下各项衰减值范围计算如下:

①$10\lg \frac{A}{S}$ 为面积比衰减,取 −52.04 dB;接收光学天线半径 r = 0.5 m,水下光斑半径 R = 2 002。

②$10\lg T_a$ 为大气衰减,计算得出值为 −1.74 dB;飞机高度取 10^4 m,大气衰减系数取 4×10^{-5} m^{-1}。

③$10\lg T_c$ 为云层衰减,计算得出值为 −5.06 dB;云层厚度取 200 m,$\theta = 37°$,云层衰减系数取 0.1 m^{-1}。

④$10\lg T_{aw}$ 为空气、海水界面衰减,在阴天且风速 $v < 8$ m/s 时,值为 −0.8 dB。

⑤$10\lg T_w$ 为海水衰减,海水深度取 200 m,采用表 4-3 的衰减系数,对 I 类海区,取典型漫射衰减系数值为 0.070 m^{-1},对 III 类海区,取典型漫射衰减系数值为 0.270 m^{-1},得出的衰减值分别为 −60.80 dB、−234.52 dB。海水的混浊度不同,其衰减值有很大的差异,越混浊,衰减得越严重。

⑥$10\lg L$、$10\lg \gamma$、$10\lg f(\varphi_r)$ 值均为 −3.98 dB。

⑦信道总衰减对于 I 类海区为 −52.04 + (−1.74) + (−5.06) + (−0.8) + (−60.80) + (−11.94) = −132.38 dB,对于 III 类海区其衰减为 −306.1 dB。

由此可以看出,对光传输造成衰减的主要因素是海水和面积比,其次是云层等。由于信道的随机性,不可能得出一个确定的衰减值,而且由于不同的时间、不同的海域、不同的天气等条件都会影响到参数的取值,因此其衰减值动态范围较大。而且通信深度与单脉冲能量 E_p 呈非线性关系,在通信深度不大时,随 E_p 增大而增大,但当到达一定深度时,即使大幅度地增加 E_p,通信深度也不会明显增加。

4.2.3.2　海水的光学性质

1.海水的光学性质概述

海水是个复杂的物理、化学、生物系统。它含有溶解物质、悬浮体和各种各样的活性有机体。海水是混浊介质,由于它的各种不均匀性,使得光被强烈地散射、吸收而衰减。

海水的光学特性与它的成分,即三种主要因素(纯水、溶解物质和悬浮体)有关。除这些因素之外,还有气泡、湍流等非均匀性因素,但它们对水下激光脉冲传输的影响并不大,在本书中不加以考虑。在研究水下激光脉冲的传输过程时,海水介质中各种成分对光场的作用结果都可以归结为它们对光场的吸收和散射,因而本书中对于海水介质光学性质的讨论是从如何导致光场的衰减出发。海水的光学性质可分为固有光学性质和表观光学性质两类。其中与边界条件无关,仅取决于海水本身物理性质和光学特性的海水光学性质称为海水固有光学性质。与之相对应,由在海水介质中辐射场的分布和海水内在光学性质共同决定的光学性质称为海水介质的表观光学性质。由此可见,对于海水内在光学性质的认识是第一位的。

溶解物质和悬浮体成分种类繁多,如无机盐、溶解的有机化合物、活性海洋浮游植物、细菌、碎屑和矿物颗粒等。在海水光学特性中,所列举的每一种因素各自都以某种方式显示其作用,然而准确地计算它们是不可能的。研究这种问题,首先要找出主要因素,再适当地理想化,建立实际可接受的海水光学特性的物理模式,并做出可行性的估计。

海水在大洋中所处的物理条件为,压力 101 kPa~110 MPa,温度−4~36 ℃,在此范围内,水的光学特性变化较小。海水光学特性容易变化,主要是由溶解物质和悬浮体的易变性引起的。

重要的海水内在光学特性参数包括:海水吸收系数 μ_a、海水散射系数 μ_b、海水体积散射函数 $\beta(\theta)$、海水衰减系数 μ_c。

2.海洋光学中的基本辐射量

在描述海水内在、外在光学性质时,常常用到一些光学参数,如辐射通量、辐射强度、辐射亮度、辐照度等。在此,先给出它们的基本物理定义和表达式。国际海洋物理协会(IAPSO)制定了海洋光学基本辐射量的定义、符号、单位等国际统一标准。

(1)辐射能量 Q

指辐射传输的总能量,用 Q 表示,单位为 J。

(2)辐射通量 φ

指单位时间内传输的辐射能量(辐射能流速率),用 φ 表示,单位为 W。

$$\varphi = \frac{dQ}{dt}$$

(3)辐射强度 I

指单位立体角内的辐射通量,用 I 表示,单位为 W·Sr⁻¹(瓦/立体角)。

$$I = \frac{d\varphi}{d\omega}$$

式中,$d\omega$ 为立体角。

（4）辐射率（辐射亮度 Γ）

指单位面积、单位立体角内的辐射强度，用 Γ 表示，单位为 $W/(m^2 \cdot Sr)$。

$$\Gamma = \frac{dI}{dA\cos\theta}$$

式中，dI 为光辐射强度。

（5）辐射照度 E

指单位面积上的辐射通量，用 E 表示，单位为 W/m^2。

$$E = \frac{d\varphi}{dA}$$

3. 海水的光吸收参数

单色准直光在海水介质中传输，当通过路程 dr 时，由于吸收而引起辐射通量的损失为 $d\varphi = -\mu_a \varphi dr$。其比例系数 μ_a 为海水的吸收系数，单位为 m^{-1}。

海水的吸收主要由纯水、被溶解物、浮游生物等引起。吸收系数的大小依赖于波长。对清澈的大洋水，吸收最小的光波波段为 $450 \sim 480$ nm；对于混浊的海水，为 $530 \sim 570$ nm。吸收谱的形状取决于被溶解物和悬浮体之间的比例。本节中假定海水介质为均匀分布的各向同性介质，且激光脉冲无频率漂移，因而可以将海水介质的吸收系数视为常数。

4. 海水的光散射参数

（1）散射系数 μ_b

单色准直光在海水介质中传输，当通过路程 dr 时，由于散射而引起辐射通量的损失为 $d\varphi = -\mu_b \varphi dr$。其比例系数 μ_b 为海水的散射系数，单位为 m^{-1}。

（2）体积散射函数 $\beta(\theta)$

体积散射函数是指在 θ 方向单位散射体积、单位立体角内散射辐射强度与入射在散射体积上的辐照度之比，即

$$\beta(\theta) = dI(\theta)/(EdV)$$

散射系数 μ_b 与体积散射函数 $\beta(\theta)$ 的关系为

$$\mu_b = \int_{4\pi} \beta(\theta)d\omega = 2\pi\int_{-\pi}^{\pi} \beta(\theta)\sin(\theta)d\theta$$

当海水介质中粒子稀少时，$\beta(\theta)$ 趋近于纯水的散射函数，不同的水质具有相似的 $\beta(\theta)$ 函数。在实际的海水环境中，前向散射一般远远大于后向散射，单位为 $(m \cdot Sr)^{-1}$。

（3）衰减系数 μ_c

单色准直光束在海水介质中传输，海水体积衰减系数等于其吸收系数与散射系数之和，即

$$\mu_c = \mu_a + \mu_b$$

进而我们可以定义衰减长度 l：当单色准直光束在海水介质中通过路程 $r = l$，且 $l = 1/\mu_c$ 时，辐射通量衰减到 e^{-1}，称此路程 l 为海水的衰减长度，以 m 为单位。这样海水的深度就可以用衰减长度来表示。

例如，大洋清洁海水的总衰减系数约为 0.05，对应的衰减长度约为 20 m，水深 20 m 就是 1 个衰减长度；近岸混浊水的总衰减系数约为 0.3，其衰减长度约为 3.3 m，水深 20 m 就

对应着6个衰减长度。

(4)单程散射反照率ω_0

$$\omega_0 = \mu_b/\mu_c$$

它通常出现在辐射传输方程中,从其定义式可以看出,它描述了总衰减中散射和吸收所占的比例。

5.光在海水中的吸收和散射特性分析

在多散射媒质中,光的传播过程是很复杂的。光在水里传播的过程中,水的作用归纳为吸收和散射。在通过媒质传播的过程中,光波的能量转变为其他形式的能量,称为光的吸收。当入射光的频率趋近于媒质的原子或分子的电子本征振动频率时,吸收变得特别强烈,就像发生共振一样,因此称为共振吸收。共振吸收可以解释为什么水对光有很强的吸收作用。当光传播的媒质具有光学非均匀性时就产生散射,光学均匀媒质不产生散射。水的光学性质与其所含的可溶性和悬浮体有关,海水中散射微粒的形状不规则、尺寸分布范围宽,且有颜色。因此无论我们在多么小的水体中做实验,都存在散射、吸收两种作用,即使在同一媒质中,不同部分的散射、吸收的强弱也是不一样的。世界上各地海水的差异就更大。

光束在海水中传输比在大气中传输复杂得多,在海水中传输时将受到海水水体的吸收,水体及水体中悬浮粒子发生多次散射,这就造成了激光光束在传输过程中的衰减,海水对光束的这种衰减远比在大气中严重。它引起的光束衰减有两种:吸收和散射。海水的基本光学吸收和散射特性的产生原因归纳为五个因数,分别是水分子、海盐、黄色物质、悬浮颗粒、温度不均匀。

(1)海水的光吸收特性

海水中不仅含有水分子和无机溶解质,还含有大量悬浮粒子和各种有机物,因此可以把海水看作混浊的介质。海水光吸收表现为入射到海水中的部分光子能量转化为其他形式的能量,如热动能、化学能等,所以海水的光吸收表现出的是衰减机制。海水的吸收特性与海水中所含物质的成分密切相关,海水中所含成分的吸收特性决定着海水的吸收特性。

吸收系数的大小依赖于波长。在透明的深水中,物质的附加吸收很小,在波长470~490 nm处观察到海水吸收的极小值;对于大洋表层水,在波长510 nm处观察到海水吸收的极小值;在沿岸比较混浊的海水中,极小值位置靠近550 nm。水分子在可见光谱产生的共振较弱,因此纯水在可见光范围的吸收要较紫外和红外小得多,而在可见光范围的450~480 nm处吸收最小,吸收系数在0.02~0.05 m^{-1}之间,在蓝绿波段吸收系数约为0.04 m^{-1}。在浅海吸收最小的波长范围为520~550 nm(最佳波长为540 nm),而在深海吸收最小的波长范围为450~520 nm(最佳波长为457 nm)。

对于可见光来说,海水中吸收光的主要因素是纯水、浮游植物和黄色物质,而其余的影响很小,可以忽略。因此海水的吸收系数可以表示为以下几种物质吸收作用的叠加:

$$k(\lambda) = k_{黄}(\lambda)c_{黄}+k_{叶绿素}(\lambda)c_{叶绿素}+k_{水}(\lambda)$$

式中,$k_{黄}(\lambda)$、$k_{叶绿素}(\lambda)$分别为海水中黄色物质和浮游植物色素的比率吸收值;$c_{黄}$和$c_{叶绿素}$分别为它们的浓度;$k_{水}(\lambda)$为纯水的吸收系数。

海水中的溶解杂质对吸收作用影响很大,较混浊的近岸水,即使经过反复过滤,其吸收能力仍然远大于纯水,主要原因是前者含有黄色物质。黄色物质是指海洋生物及来自陆地的有机体腐败分解而形成的可溶性有机物质,通常呈黄色。自然海水的吸收系数,在短波部分明显大于纯水,并且随海水混浊度的增大而更加突出。黄色物质大多存在于河口和近海区。因此这些水域的水对光的吸收较强;外海和大洋水中有机物和悬浮体含量低,对光的吸收较弱。纯水对可见波段尤其是蓝绿光波段吸收系数最小,在理论分析时可以忽略。而海水中含有大量溶解的可溶性有机物质——黄色物质,增加了海水对光的吸收效应。

叶绿素和黄色物质的吸收系数为

$$a_{chl}(\lambda) = 0.06A(\lambda)C^{0.65}+a_y(440)\exp[-0.014(\lambda-440)] \tag{4-14}$$

式中,$a_y(440) = 0.2[a_w(440)+0.06A(440)]C^{0.65}$;$C$ 为叶绿素含量;λ 为波长。

由上式可知,叶绿素和黄色物质含量越多的海域,光的吸收就越明显。

海水的吸收特性还表现出较大的易变性。同一水域不同深度、同一水域不同时间、不同水域,海水的吸收都表现出随时间和空间的变化。海水吸收特性的易变性是由溶解物质和悬浮体的易变性造成的。海水的吸收系数随深度的变化而改变。通常,吸收随海水的深度增加而减少,但在某些情况下,中间水层中或接近海底部,吸收值局部增加。

(2)海水的光散射特性

光在海水中传播时存在所谓的"蓝绿窗口",这一事实使得蓝绿激光在海洋开发中起着重要作用,而海水散射和吸收是决定蓝绿激光在海水中衰减的主要因素。激光功率损耗和波前畸变是由于海水中粒子对激光辐射场的吸收和散射引起的,这些影响随激光波长等于粒子横截面尺寸而变得最为严重。海水中粒子尺度从厘米级到微米级,因此激光辐射在传播过程中随机地改变其波束特性,致使光波强度、相位和频率在时间和空间上都呈现随机起伏,表现为光束截面内的强度闪烁及光束的扩展畸变、空间相干性退化等,严重影响蓝绿激光在海水中的传播性能。

散射过程引起光分布的复杂变化。散射研究中的重要物理量是体积散射函数,它是用散射角度的函数来表示散射特性的。把散射问题同海水环境联系起来考虑,给研究带来相当大的困难。主要原因是海水中的散射有两种截然不同的情况,即由海水本身产生的散射和由悬浮粒子引起的散射。纯水引起的散射在温度和压力的影响下变化较小,而粒子的散射却与浓度变化很大的颗粒性物质有关。海水应该看成是由具有吸收本领的、随机取向且不规则的粒子所组成的复杂色散系统。

由于在光信道中信号衰减主要表现为海水的衰减,即吸收和散射引起的衰减,海水对蓝绿激光的吸收损耗很小,散射损耗是主要因素。海水的散射是由海水的粒子造成的。海水对光的散射比较复杂,可认为主要由两部分组成:一部分是由水本身引起的,被当作一种分子散射,可用瑞利散射理论进行描述;另一部分是由悬浮粒子引起的,而海水中悬浮粒子的尺寸因水质不同差异很大,它们大多属于大粒子范畴,即水体中粒子的平均半径 $a\gg\lambda$,散射的能量将集中在偏离传播方向附近的角度内,可用米氏散射理论进行分析。

(3)海水本身的光散射

海水本身的光散射取决于三种类型的变化:密度起伏、各向异性水分子运动方向的起伏、溶解物质的浓度起伏。因为纯水的散射常被当作一种分子散射,所以可利用瑞利理论来处理。其体积散射函数具有如下形式：

$$\beta(\theta) = \beta(90°)(1+\cos^2\theta) \tag{4-15}$$

式中，$\beta(90°)$的数值是依赖于入射波长λ的。通常有

$$\lambda = 500 \text{ nm}, b = 0.4×10^{-3}\text{m}^{-1}$$
$$\lambda = 520 \text{ nm}, b = 2.0×10^{-3}\text{m}^{-1}$$
$$\lambda = 530 \text{ nm}, b = 1.9×10^{-3}\text{m}^{-1}$$
$$\lambda = 540 \text{ nm}, b = 1.7×10^{-3}\text{m}^{-1}$$

可见海水本身引起的光散射损耗占总损耗的比例很小。同时因为其体积散射函数不具有明显的方向选择性，从对光场衰减的作用效果来看，可以将其看作一种类似于吸收的衰减性质。

（4）悬浮粒子的光散射

纯水引起的散射在温度和压力的影响下变化较小，而粒子的散射却与颗粒性物质的浓度变化有关。海水介质中悬浮粒子对光的散射作用，取决于其浓度、折射率及形状大小的分布。由于上述条件复杂，其严格的理论模型还不存在，理论上主要是用等效的Mie理论来描述。结合Mie散射理论和外场实验结果，得出典型海域中悬浮粒子的体积散射函数，在前向散射方面具有很强的代表性。下面列出一些常用的体积散射函数的表达式。

①纯水的体积散射函数。

如式（4-15）所示。

②Henyey-Greenstein函数。

$$\beta(\theta)\frac{b}{4\pi}(1-g^2)(1+g^2-2g\mu)^{-\frac{3}{2}} \tag{4-16}$$

式中，$\mu=\cos\theta$，$g=\mu$，即为散射角余弦值的均值。可以看出，散射的方向选择性取决于不对称因子g的选取。

③指数型体积散射函数。

$$\beta(\theta) = \frac{b\zeta}{2\pi\theta}\text{e}^{-\zeta\theta}, \zeta\approx10 \tag{4-17}$$

式中，参数ζ类似于式（4-16）中的参数g，不同的ζ值表示不同程度的散射前向选择性，ζ值越大，前向散射越强烈。

④Guass型体积散射函数。

$$\beta(\theta) = \frac{a_p b}{\pi}\text{e}^{-a_p\theta^2}, a_p = 2.66\left(\frac{D}{\lambda}\right)^2 \tag{4-18}$$

式中　D——粒子的直径；

λ——入射波长。

叶绿素和黄色物质的散射系数为

$$b_{\text{chl}(\lambda)} = 0.3\frac{550}{\lambda}C^{0.62} \tag{4-19}$$

海水中含有叶绿素和黄色物质越多，对光的散射作用也越大。因此越混浊的海域，光的衰减越严重，同时海水的多次散射不仅会使光的能量衰减，还会引起光脉冲的时间展宽。

通过对蓝绿激光对潜通信信道能量的传递分析及已有的实验结果,可知激光在传输过程中,信道对光能的衰减极为严重。光束在云层中传输,云粒子对光束的散射导致能量的损失和光束在时间和空间上的扩展,光束的前向散射还会产生多通道效应,使信号产生时间展宽。光束在海水中的传输远比在大气中传输复杂得多。在光学传输通道中海水光学通道是最重要的一个环节。除了海水的吸收损失外,海水中的散射信道、湍流信道仍然存在不确定因素,这些信道的特性不仅取决于海域的状况,还取决于流动的水质光学性质、水深、入射角等。光束入射到海水大气界面,由于界面的反射,损失了一部分能量,其损失与海面上的风速、海流、海洋平均起伏时间、水温和大气的热稳性有关。

因此,为满足蓝绿激光双向对潜通信系统设计、研制和实验的要求,需彻底研究激光在水体和云中的多次散射传输特性,即激光束经过具有不同散射特性和含量的悬浮体和溶解物的分层水体后的能量衰减照度分布及脉冲展宽,以及激光束经过不同类型云层后的能量衰减、光束扩展、照度及辐射分布、脉冲特性变化。

4.2.4　蓝绿激光对潜通信的关键技术

4.2.4.1　激光器

在蓝绿激光对潜的应用中,激光器是激光水下通信的关键设备,激光水下通信能否顺利实现,是否具有可行性,关键在于所选激光器的各种参数能否达到使激光束在水下传输所需的深度。

一般来讲,所选激光器应主要考虑波长和功率两项技术指标。激光水下对潜通信,选择激光器的首要条件是具有适应穿透海水的波长。在深度不超过 75 m 时,蓝绿激光穿透海水的衰减率比其他波长低;当深度超过 75 m 时,穿透窗口移向蓝光,波长在 455 nm,其在海水中的衰减值相当低。按新观点,波长 455 nm 的蓝光视为激光对潜通信的最佳波长,有着很好的应用前景。

理论上,激光器输出的脉冲能量越高越好,脉冲宽度越窄越好,即脉冲的峰值功率越大越有利于提高探测系统的信噪比。但实际应用中,必须考虑激光器的研究现状和预期可达到的研究水平。蓝绿激光器性能分析见表 4-4。从目前国内水平来看,表中几类激光器用于蓝绿激光对潜艇通信都具有相当好的基础,这方面的工作已为激光通信打下了良好的基础。

国外利用这些激光器完成了蓝绿激光对潜艇通信的原理及技术实验。例如,美国国防部远景规划局经过 7 年的努力,用 XeCl 准分子激光泵浦 Pb 蒸气获得 459 nm 散射激光,然后经过 Cs 蒸气共振滤光片,完成了机载激光潜艇通信实验;美国利用 HgBr 激光器完成了机载与海下 200 m 潜艇通信实验;苏联利用 Nd:YAG 倍频激光器经过卫星反射器进行了海下潜艇通信实验。早期还有用氩离子激光及铜蒸气激光进行的通信试验。

因此,就蓝绿激光通信而言,XeCl-Pb-Cs 路线仍是优先考虑的路线之一。

Nb:YAG 倍频激光器是一个好的候选者,Pb 原子共振滤波器可以与之匹配。但在波长匹配、效率等方面,仍未取得大的进展,还停留在实验阶段,若没有好的原子滤波器与之相匹配,Nd:YAG 激光系统在通信上将无法与 XeCl-Pb-Cs 抗衡。

表 4-4　蓝绿激光器性能分析

激光器	波长	重复率	平均功率
XeCl 准分子激光器	308 nm	100 Hz	20 W
Cu 蒸汽激光器	510.6 nm	5 000 Hz	10 W
	578.2 nm	5 000 Hz	10 W
Nd:YAG 倍频激光器	530 nm	100 Hz	10 MW
XeCl 泵浦激光器	459 nm	100 Hz	0.5 MW
HgBr 激光器	498 nm 501.3 nm 507.3 nm	1 000~2 000 Hz	10^4 W(峰值功率)
掺钛宝石激光器	可调		目前功率很小

HgBr:Cu 蒸气激光器,它们的波长在大气海洋窗口中功率也很高。由于没有找到相匹配的原子共振滤波器,故也不是很合适的光源。探索与这些激光器相匹配的原子滤波器也是今后的研究重点之一。

我国现阶段的海军总的战略思想是近海防御,打赢未来高科技的局部战争。如果利用空基对潜通信实现双工通信,提升我潜艇在近海的通信、活动能力,就可以大大提升现有的海军整体作战能力。

4.2.4.2　光通信调制技术

与射频通信系统一样,光学无线通信系统同样可以利用调制技术来提高通信链路的抗干扰能力。已调制的光信号具有与噪声不同的特征,因此在接收模块中可根据调制信号与噪声的特征采用滤波、选频放大等技术手段让以载波中心频率为中心的较窄频带内的信号通过,可以有效抑制噪声,达到高灵敏度接收的目的。

在水下光学无线通信应用中,通常采用非连续的脉冲系列作为载波,载波受到调制信号的控制,使得脉冲的幅度、频率、相位和位置随之发生变化而传递信息,其相对应的调制技术称为振幅调制(ASK)、频率调制(FSK)、相位调制(PSK)、脉冲编码调制(PPM)等,如图 4-9 所示。这些调制技术主要是通过改变脉冲的幅度、频率和相位来传递信息的,除了FSK 和 PSK 外,其他调制技术均可采用直接检测接收技术。

1. 频率和相位调制技术

频率调制是用载频的不同频率来表示信息的,对于 2FSK 信号,"0"对应载频 ω_0,"1"对应载频 ω_1(ω_1 与 ω_0 不同,一般情况下正交)。与其他调制方式相比,在 FSK 系统中,不需要人为地设置判决门限,不易受到信道的干扰,对信道特性变化最不敏感,并且其抗加性高斯白噪声的能力比振幅调制要高。

相位调制是受键控载波的相位按基带脉冲而改变的一种数字调制方式,由于它是用载波的不同相位直接表示相应的数字信息的,因此 PSK 在发送端需要以某一个相位为基准,而在接收端需要有一个相同的基准相位作参考,因此 PSK 存在相位不确定性,会造成接收码"0"和"1"的颠倒而造成误码,在实际应用中常用差分相位键控(DPSK)来取代。2DPSK

是利用前后相邻码元的相对载波相位值来表示数字信息的,其光信息的解调通常采用 Mach-Zehnder 干涉仪,实施设备较为复杂。

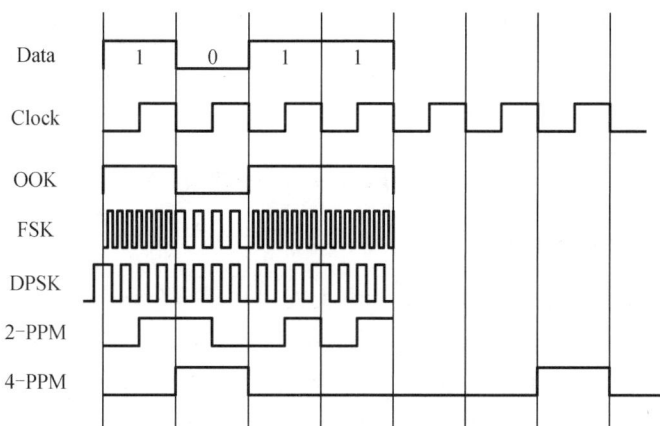

图 4-9　各种调制下的信号输出

2. 振幅调制技术

振幅调制是用不同的载波幅度来表示数字信息的一种数字调制方式,与其他调制方式相比,幅度调制方式的设备最为简单,且 OOK 调制具有与 2DPSK 一样高的频带利用率,但由于 OOK 系统的最佳判决门限为 1/2 信号幅度,因此受信道特性变化的影响较大。就对信道特性变化的敏感度而言,OOK 的抗干扰能力较差。不过,由于其设备简单,实现起来比较方便,目前仍被用于多数采用强度调制/直接检测(IM/DD)的工作方式的光通信系统设计中,以简化通信系统设计与制作的复杂性。

3. 脉冲编码调制技术

PPM 调制是一种正交调制方式,其能量传输效率比较高,是无线光通信系统中经常采用的方式。相比于 OOK 调制方式,PPM 具有平均功率低、频带宽的特点,近年来在大气空间光学无线通信领域得到了广泛应用。

在 PPM 调制中,信息是由光脉冲所在的位置来表示的。每 M 位的二进制信息被编码为一帧中某特定位置的一个光脉冲。一个光脉冲位于 2^M 个时间位置之一上,一个时隙间隔长度为 T_s,2^M 个时隙构成一个 PPM 帧。发射端在特定的时隙中将信号以光脉冲的形式发射出去,接收端探测到光脉冲后,判断其所属时隙,然后恢复出信号。

目前比较常用的是单脉冲位置调制(L-PPM),其原理是:在一个 L-PPM 的符号间隔 $T=\log_2(L/R)$(R 为码元速率),T 被分为 $L=2^M$ 个时隙,每个时隙的宽度为 T/L,当 $\log_2 L$ 个信源比特到来时,光发送器仅在这 L 个时隙中的一个内发送脉冲,而在其他时隙内不发送脉冲。对于一个 4-PPM 调制,其脉冲对应时隙位置如图 4-10 所示。

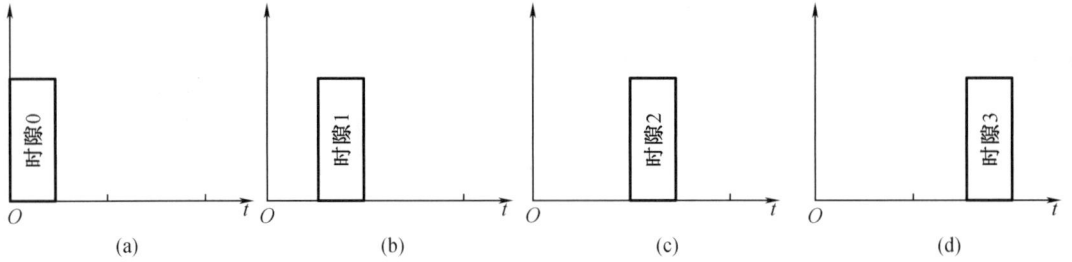

图 4-10 L-PPM 调制脉冲位置示意图

4.2.4.3 差错控制编码技术

通过采取均衡技术消除码间串扰,利用增大发射功率、降低接收设备本身的噪声、选择好的调制方式和解调方法、加强天线的方向性等措施来提高数字传输系统的抗噪性能,只能将传输误差减小到一定程度。而采用信道抗干扰编码可以有效地提高水下光学通信的信息传输可靠性,采用差错控制编码技术可以在有限的信号功率、系统带宽和硬件复杂性要求下保证数字传输系统的可靠性,因此,水下信道的抗干扰编码技术是光学无线通信系统设计中的关键技术之一。

差错控制编码在无线通信中已得到广泛的应用,然而由于水下光学无线通信是近年来新兴的研究领域,因此差错控制编码技术在水下光学无线通信中的研究报道非常有限。由于采用信道编码技术有望克服水下光学无线通信出现的噪声及脉冲失真等影响,对提高信息传输的可靠性具有良好的作用,因此有必要开展差错控制编码在水下光学无线通信中的应用研究。

1. 差错控制编码的概述

差错控制是指在数据通信过程中能发现或纠正差错,将差错限制在尽可能小的允许范围内。在通信信道中总有噪声的存在,如果噪声和有用信息相伴随,就会出现差错,使得在通信接收端所收到的数据与其发送端实际发出的数据出现不一致的现象。由于噪声可分为热噪声和冲击噪声两类,因此,差错也有随机错和突发错两类。热噪声引起的差错是一种随机错,亦即某个码元的出错具有独立性,与前后码元无关。冲击噪声引起的差错是成群的,其差错持续时间称为突发错的长度。不论哪种差错都会使接收产生错误,形成误码率。衡量通信质量的重要指标之一是误码率,如何降低误码率、提高通信质量是所有通信必须考虑的问题。目前用于无线通信的差错控制技术几乎全部是调制与差错控制编码相结合,以更好地实现信息的准确有效传输。

目前最经常用的差错控制技术主要是前向纠错方式、检错重发方式、混合纠错方式,如图 4-11 所示。

(1)前向纠错(FEEC)

发送方将要发送的数据附加上一定的冗余纠错码一并发送,接收方则根据纠错码对数据进行差错检测,如发现差错,由接收方进行纠正。采用前向纠错方式时,不需要反馈信道,也无须反复重发而延误传输时间,对实时传输有利,但是纠错设备比较复杂。

(a) 前向纠错(FEEC)

(b) 检错重发(ARQ)

(c) 混合纠错(HEC)

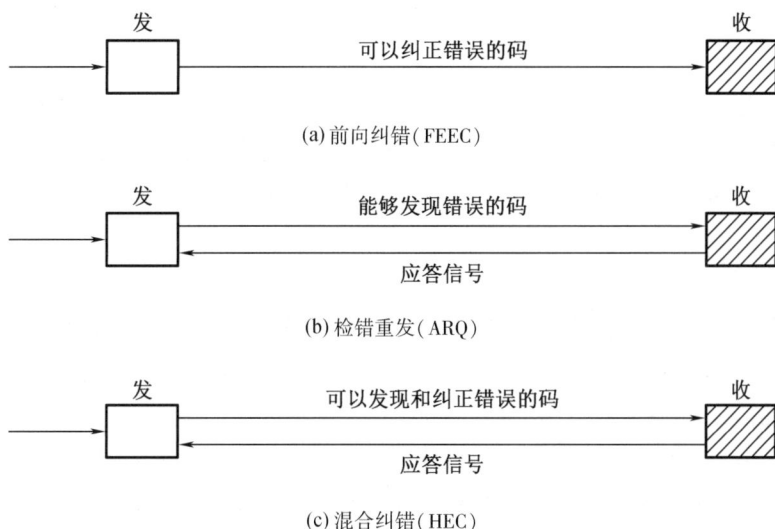

图 4-11　常用的差错控制技术

（2）检错重发

这种方式又称自动请求重发,是在发信端采用某种能发现一定程度传输差错的简单编码,对所传信息进行编码,加入少量监督码元,在接收端则根据编码规则对收到的编码信号进行检查,一旦检测出(发现)有错码,即向发信端发出询问信号,要求重发。发信端接收到询问信号时,立即重发已发生传输差错的那部分信息,直到收到正确的为止。采用检错重发方式时,使用检错码(常用的有奇偶校验码和 CRC 码等),但其所需要的信道必须是双向信道,且发送方需设置缓冲器。同时,由于采用重传方式,其出现差错时有很大的传输延时,不利于实时数据的传输。

（3）混合纠错(AEC)

这种方式是少量纠错在接收端自动纠正;若差错较严重,或超出自行纠正能力,就向发信端发出询问信号,要求重发。因此,混合纠错是前向纠错及反馈纠错两种方式的结合。

2. 差错控制编码在光通信系统中的应用

FEC 在电通信系统中的应用已有很长的历史,但在光通信中的应用研究一直被忽视。直至 1988 年,Grover 最早将 FEC 用于光纤通信系统,首要目的是改善和优化光链路传输质量,延长传输距离,从而减少昂贵的中继器的数目,降低网络投资成本。

在光传输系统中采用 FEC 技术,能够消除系统性能曲线中的误码率平台现象,其编码增益也提供了一定的系统余量,从而降低光链路中线性及非线性因素对系统性能的影响,达到延长传输距离的目的。例如,美国小型光传输设备供应商 Avvio 网络公司在 9 月 24 日推出的带有 FEC 编码功能的 A1020G:OC-192/10G 以太网中继器,就是采用了 FEC 技术来延长传输距离,增加系统的可靠性。A1020G 无须增加外部的色散补偿,通过一个可选的延伸距离接口,就可以支持普通 SMF-28 光纤上达 200 km 的传输。

虽然 FEC 技术目前在自由空间有着极为广泛的应用,但是由于水下无线光通信技术起步较晚,在将 FEC 技术应用于水下无线通信,实现水下信息高速可靠传输方面的研究还比较少,因此针对水下信道的特点,研究几种常见的差错控制编码(如 BCH 码、RS 码等)的差错控制性能很有意义。

3. 高灵敏度抗干扰的光信号接收技术

蓝绿激光通信系统中,光接收机收到的光信号十分微弱,加之高背景噪声场的干扰,会导致接收端的信噪比小于1。为快速、精确地捕获目标和接收信号,通常采取两方面的措施:一是提高接收端机的灵敏度;二是抑制背景杂散光的干扰,对接收光信号进行窄带滤波(可用干扰滤光片或原子滤光器等)。

4. 精密、可靠和高增益的收发天线技术

为完成系统的双向互逆跟踪,机载光通信系统均采用收发合一的天线,要求天线的增益要高,总体结构要紧凑、轻巧、稳定可靠。目前天线口径一般为几厘米至60 cm。

5. 快速、精确的ATP技术

ATP技术是实现机载远距离光通信的核心技术。ATP系统通常由捕获(粗跟踪)系统和跟踪、瞄准(精跟踪)系统组成。粗跟踪是指在较大视场范围内捕获目标,捕获范围可达±1°~±20°甚至更大。精跟踪是指在完成了目标捕获后,对目标进行瞄准和实时跟踪。

4.3 激光致声通信

激光致声通信在空中利用激光,在水中利用声波。激光和声波在空气和水中具有良好的传输特性,两者结合技术优势明显。基于激光致声的对潜数据传输系统采用的传输介质与以往方法不同。空中—水下激光致声通信由空气中的激光器向水面发射经过调制的激光,通过热膨胀、汽化或光击穿机制在水下激发声波,声波信号传输到水下目标被接收解调,完成空中至水下的信息传输。

4.3.1 激光致声通信系统总体结构

激光致声通信系统总体结构如图4-12所示,主要包括信源编码、信道编码、调制解调三个功能模块。

基于激光致声通信的新型空中平台对水下目标的通信系统采用空中平台搭载的激光器发射高重频调制激光束,使光学系统调节在水面或水下聚焦,激发向水中传播的声信号。通信信号加载于发射激光束上,声信号携带编码信息在水下传播,当遇到水下目标时,载有通信信息的声信号被接收解调,完成空中至水下的信息传输,系统工作原理如图4-13所示。水中最好的物理场为声场,声波在水中传输衰减小,相比于直接激光通信而言,激光致声通信为水下传输数据提供了较好的解决方案。

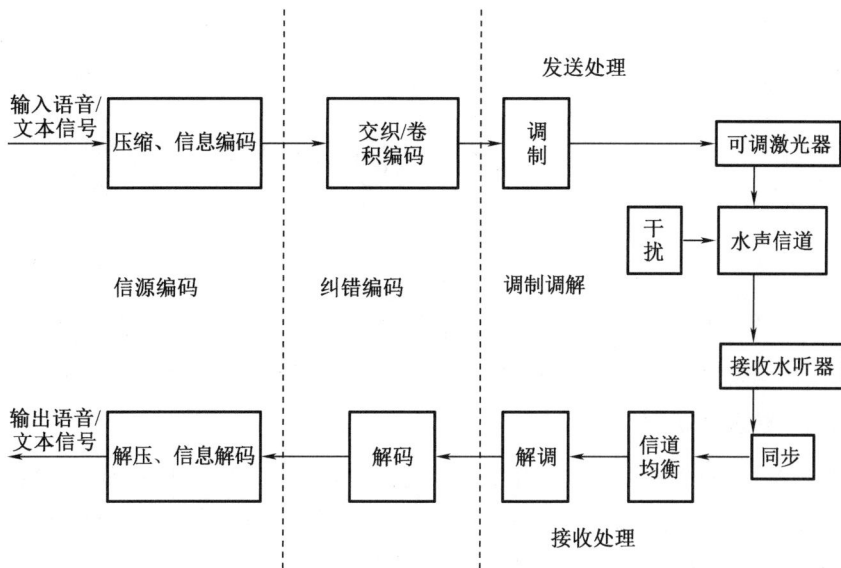

图 4-12　激光致声通信系统结构图

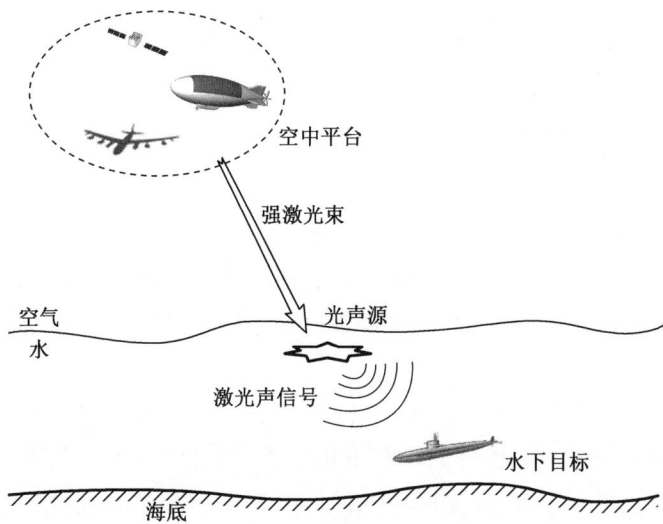

图 4-13　激光致声通信原理图

4.3.2　液体中激光致声理论

大能量脉冲激光打在水面并与水相互作用是在水中产生声波的新方法,由于激光器不与水接触,因此奠定了机载、星载激光声遥感与通信的基础。激光在液体中激发声波效应的机理主要与释放到物质中的能量体积密度的大小和释放的方式有关,主要机理可分别利用线性理论和非线性理论描述。根据激光脉冲能量大小、相互作用区内能量密度及其时空分布,可以把激光辐射与水相互作用产生声的机制归纳为热膨胀、汽化和光击穿三种。其中热膨胀机制可利用线性理论来描述,而汽化机制和光击穿机制都属于非线性机制,且具有阈值特性。热膨胀、汽化、光击穿三种机制如图 4-14 所示。

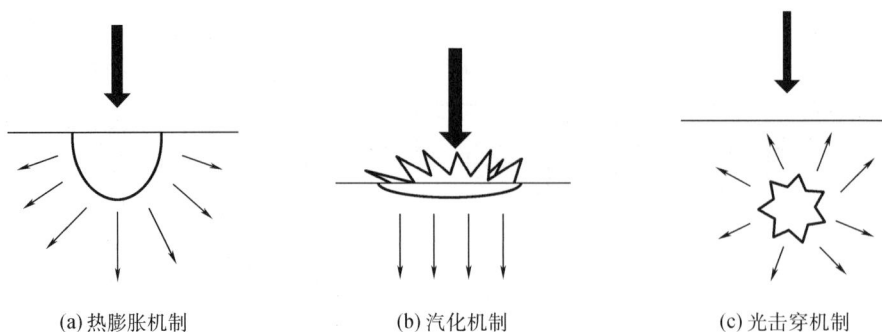

(a)热膨胀机制   (b)汽化机制   (c)光击穿机制

图 4-14 光声转换机制示意图

4.3.2.1 热膨胀机制

当激光脉冲能量密度较低($1\sim2$ J/cm^2),液体表面被加热但达不到沸点温度时,液体中由于不均匀加热而导致温度梯度,从而引起热膨胀和热弹性压力,产生从吸热区向外传播的声波。热膨胀机制中,光辐射通过热膨胀进行能量释放,液体体积的热膨胀速率远小于声速,声波的产生可以在线性理论范畴内描述,声压 p 满足下面的波动方程:

$$\nabla^2 p - \frac{1}{c^2} \cdot \frac{\partial^2 p}{\partial t^2} = -\frac{\beta}{c_p} \cdot \frac{\partial H}{\partial t} \qquad (4-20)$$

式中　c——液体中声速;

　　　β——液体的体积热膨胀系数;

　　　t——温度;

　　　c_p——单位质量定压比热容;

　　　$H(x,y,z,t)$——单位时间内单位体积液体吸收的激光能量转换成的热能密度函数。

假设在整个过程中温度不变,β 为常数,则通过求解方程可以得到激光声脉冲的时空分布。

热膨胀机制产生的光声源几何形状和位置与液体对入射激光波长 λ 下的光吸收系数 α 有关。根据激光束直径与 α 的相对大小和聚焦位置,可将光声源分为平面光声源、柱面光声源和球面光声源。若 α 很大,激光束透入液体的深度与激光束直径相比小得多,则激光声源犹如液面附近的平面声源;若 α 很小,激光束透入液体的深度远大于激光束直径,则激光声源犹如柱形声源。

4.3.2.2 汽化机制

当激光脉冲能量密度较大(>2 J/cm^2)时,吸收能量超过了表面层加热到沸点温度所需要的热量,引起水的沸腾和水蒸气的膨胀爆裂,形成水的表面喷出,对水表面喷出物的反作用引起声脉冲。由于介质的平衡状态被打破,因此,这种作用为非线性作用过程。

液体汽化及随后的声波形成过程非常复杂,因而目前对汽化产生声的过程的理论描述还不是很完善。常用的方法是将蒸汽的反冲压力当作一种表面力作用于介质,在介质内部和周围产生声波。一般来说,如果液体温度升高得不多(低于临界温度),可用气动力学中液体表面汽化动力学理论及欧拉守恒方程决定蒸汽流情况;当液体温度高于临界温度时,则由液体的质量、动量和能量守恒方程确定蒸汽流密度。此外,气泡对声压也会有较大影响。而当液体中存在稀疏波时,会有气泡形成,当气泡破裂时,液体进入空腔,导致声压的变化。研究表明,声压变化正比于空腔破裂速度、介质密度以及介质中的声速,还与气泡破裂状况相关,如气泡数目、气泡间隔、气泡是否变形等。关于气泡对声压影响的分析,目前还不是很成熟,其难度在于液体中杂质情况难以统计,液体内部气泡的初始及随时间变化情况难以确定。

4.3.2.3　光击穿机制

高强度的激光聚焦到液体中,会使聚焦区域的分子发生电离,形成充满等离子的腔体。稠密的等离子体具有比液体大得多的光吸收系数,等离子进一步吸收激光能量,发生爆炸式的膨胀产生声波。光击穿机制中,激光功率密度达到水的介电击穿阈值(约 10^7 W/cm^2)时,可以在水表面或水中某一深度处产生光击穿。如果等离子体在水表面形成,那么将在水中和空气中同时产生很强的冲击波,水中冲击波的速度和波前很快衰减为通常的声压波。在此过程中,被击穿的那部分水已经变成性质完全不同的等离子体,其规律由等离子体动力学来支配。水的介电击穿是产生水下声波的重要机制,但其机理目前还没有十分成熟的理论。理论分析多从电子密度的速率方程出发,对多光子电离、雪崩电离等过程的速率做近似处理,确定介质内部电子密度的变化情况,另一方面从爆炸力学的角度确定等离子体爆炸时产生的声波特征。

一般来说,激光的强度和脉宽不同,与液体的相互作用机制及物理现象也将迥然不同,而且在实际作用过程中,三种现象通常会出现耦合。功率密度小于 10^5 W/cm^2 的长脉冲激光的热效应主要表现为温度升高;当功率密度大于 10^5 W/cm^2、脉冲持续时间大于 100 μs 时,激光与液体的作用主要表现为汽化,则会产生激光等离子体声波。由于汽化机制介于热膨胀机制与光击穿机制之间,容易伴随发生,加之热膨胀机制声波可控性好,光击穿机制声波强度大且转换效率高,应用研究中更多关注热膨胀与光击穿机制。

在实际应用中,激光参数随激光器的工作条件、激光的传输光路发生变化,介质的热学、力学和声学特征参数随温度、液体中的杂质、液面的运动状态等发生变化,且激光和介质的特征参数变化时光声信号的激励过程可能涉及不同的物理过程,特别复杂。

4.3.3　激光致声实验

激光致声技术的应用,需要建立在大的激光光源基础上。对于这一新技术的研究工作,在实验室中,可以通过小型光源加装透镜聚焦的方式产生声波。室内实验装置基本结构如图 4-15 所示,主要包括以下部分:

①激光源:激光器类型为 Nd:YAG 激光器,输出脉冲激光。

②光路系统:主要包括棱镜、透镜,对激光束进行扩束、聚焦处理。

③水下接收处理系统:包括水听器接收装置与信号采集处理装置(信号采集卡、计算机)。

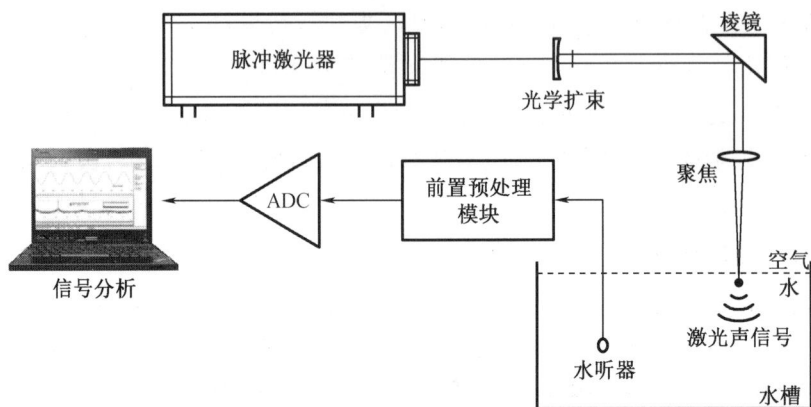

图 4-15　室内实验装置基本结构图

4.3.3.1　短脉冲激光激发等离子体声波实验研究

本实验利用高能窄脉冲激光器激发水介质,拍摄等离子体声波影像,并采集冲击波演化的声波信号进行分析,以验证水介质击穿机制原理,为后续激光声信号应用提供可行性论证基础。

阴影成像探测光源为 Nd:YAG 激光器(Continuum,Surellite Ⅱ),输出波长为 532 nm、脉宽为 10 ns 的激光光束。阴影成像探测激光通过中性密度滤波片衰减激光能量,经由焦距为 100 mm 的凹透镜和焦距为 400 mm 的凸透镜组成的扩束系统进行扩束后,垂直照射到水等离子体区域上,经焦距为 75 mm 的成像透镜、中性密度滤波片和 532 nm 干涉滤波片成像到 CCD 相机(Princeton Instruments Pixis 1024B Detector)上。中性密度滤波片用来衰减探测激光能量以防止 CCD 相机过度饱和;532 nm 干涉滤波片只允许 532 nm 光透过,从而消除杂散光成像干扰;CCD 相机用来记录激光诱导等离子体膨胀的时间分辨阴影图,动态过程拍摄时间分辨率为 10 ns。

采用 DG535 和 DG645 同步触发飞秒激光器、纳秒激光器和 CCD 相机工作,以及改变飞秒激光器和纳秒激光器之间的时间延时,从而得到水等离子体冲击波的膨胀动力学信息。实验装置如图 4-16 所示。

图 4-16　阴影成像实验装置

利用阴影成像法获得纳秒激光脉冲与飞秒激光脉冲激发等离子体的冲击波膨胀动力学图像,并分析其时间与空间特性。

1. 纳秒激光脉冲实验

实验采用的纳秒激器为 Nd:YAG 激光器(Continuum,power8000),实验用激光波长为 1 064 nm,脉冲宽度为 10 ns,脉冲能量为 10~150 mJ,脉冲重复频率在 1~10 Hz 范围内可调。选定激光能量为 135 mJ,通过阴影成像获得激光诱导击穿水等离子体的冲击波膨胀动力学图像如图 4-17 所示。

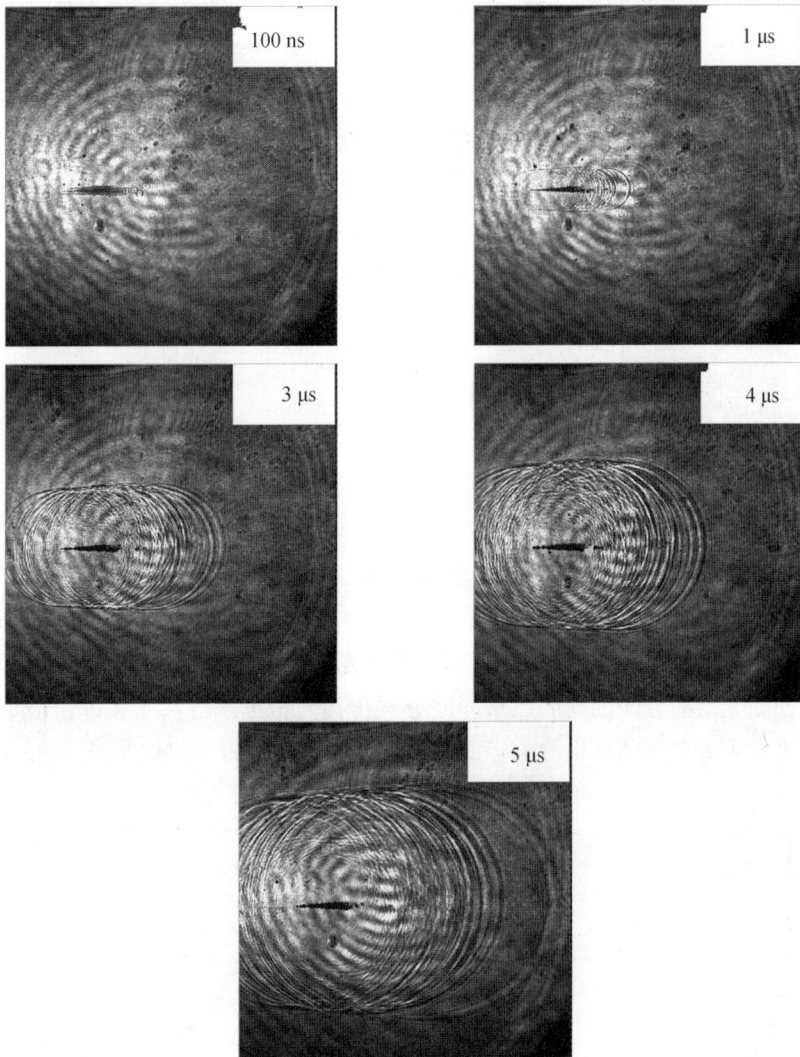

图 4-17　水等离子体冲击波膨胀阴影图像(135 mJ)

纳秒激光诱导击穿水产生等离子体,在等离子体向外膨胀过程中,压缩周围的水介质产生冲击波。由于水对冲击波存在“透明”现象,因此等离子体冲击波以激光聚焦中心为产生源向四周膨胀,但膨胀速度有一定的空间分布。逆激光入射方向(轴向)膨胀速度快,垂直于激光入射方向(径向)膨胀速度慢。根据获得的水等离子体冲击波的阴影成像图,可得到激光能量为 135 mJ 条件下的轴向和径向冲击波膨胀距离的时间演化,如图 4-18 所示。

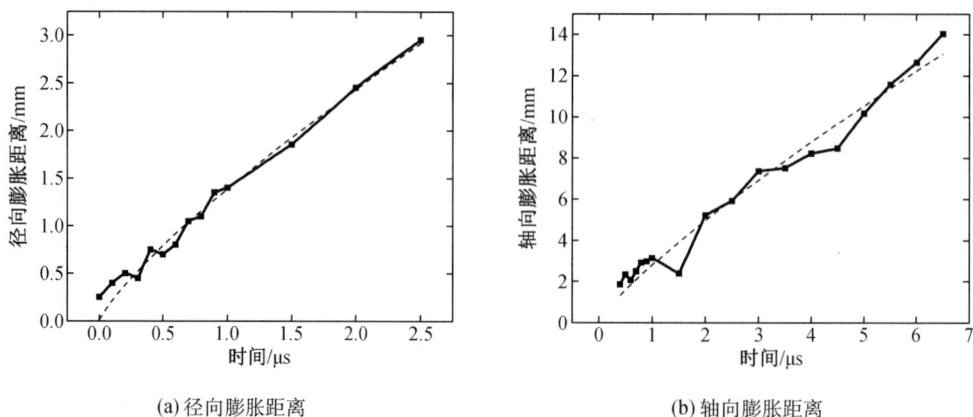

(a)径向膨胀距离　　　　　　　　　　(b)轴向膨胀距离

图 4-18　水等离子体冲击波径向和轴向膨胀距离的时间演化(135 mJ)

由图 4-18 可知,在相同脉冲能量条件下,水等离子体冲击波的径向膨胀距离均小于轴向膨胀距离。随着脉冲能量的增加,水等离子体冲击波的径向和轴向膨胀距离均随脉冲能量的增加而增大。水等离子体冲击波膨胀距离与时间存在如下关系:

$$R = \xi_0 \left(\frac{E}{\rho_0}\right)^{1/(\beta+2)} t^{2/(\beta+2)} \tag{4-21}$$

式中　R——冲击波波前的传播距离;

　　　ξ_0——归一化的常数;

　　　E——爆炸注入冲击波中的能量;

　　　ρ_0——环境气体的密度;

　　　β——与冲击波维度有关的常数($\beta=1$ 时为平面波,$\beta=2$ 时为柱面波,$\beta=3$ 时为球面波)。

对于水等离子体冲击波的轴向膨胀而言,在激光能量为 135 mJ 条件下,得到 β 为 0.45,表明冲击波在逆激光入射方向的膨胀以平面波方式传播。根据水等离子体冲击波的膨胀距离,可得到诱导击穿水等离子体冲击波的径向和轴向膨胀速度的时间演化曲线,如图 4-19 所示。

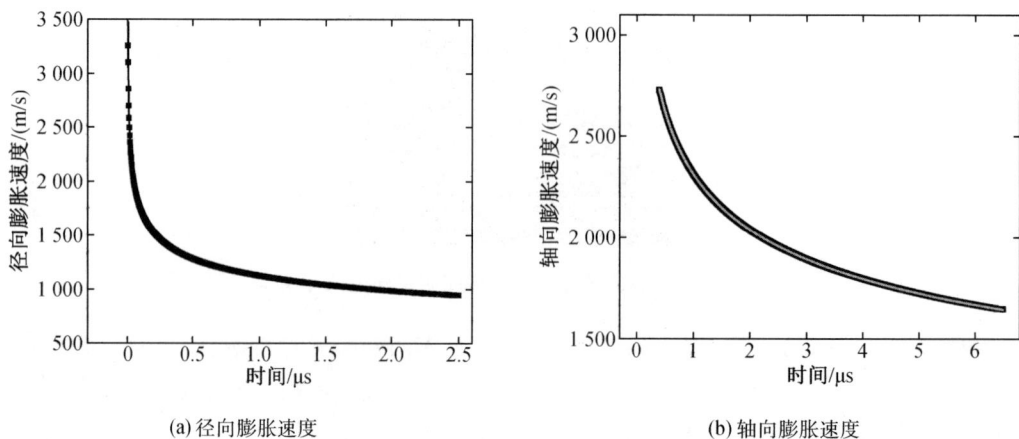

(a)径向膨胀速度　　　　　　　　　　(b)轴向膨胀速度

图 4-19　水等离子体冲击波径向和轴向膨胀速度的时间演化曲线

由图 4-19 可知,对比 135 mJ 能量条件下的诱导击穿水等离子体冲击波的径向和轴向膨胀速度的时间演化曲线,发现随着激光能量的增大,水等离子体冲击波的径向和轴向膨胀速度均增大。从图中还可以看出,水等离子体冲击波的径向膨胀速度大于轴向膨胀速度。

2. 飞秒激光脉冲实验

实验中采用的是飞秒激光器(Libra-Usp-He,美国 Coherent)。实验中飞秒激光脉冲参数为中心波长 800 nm,脉冲宽度 50 fs,脉冲能量 1.4~2.4 mJ,脉冲重复频率 10 Hz。固定诱导击穿水产生等离子体的飞秒激光脉冲能量为 2.3 mJ,通过阴影成像获得激光诱导击穿水等离子体的冲击波膨胀动力学图像如图 4-20 所示。

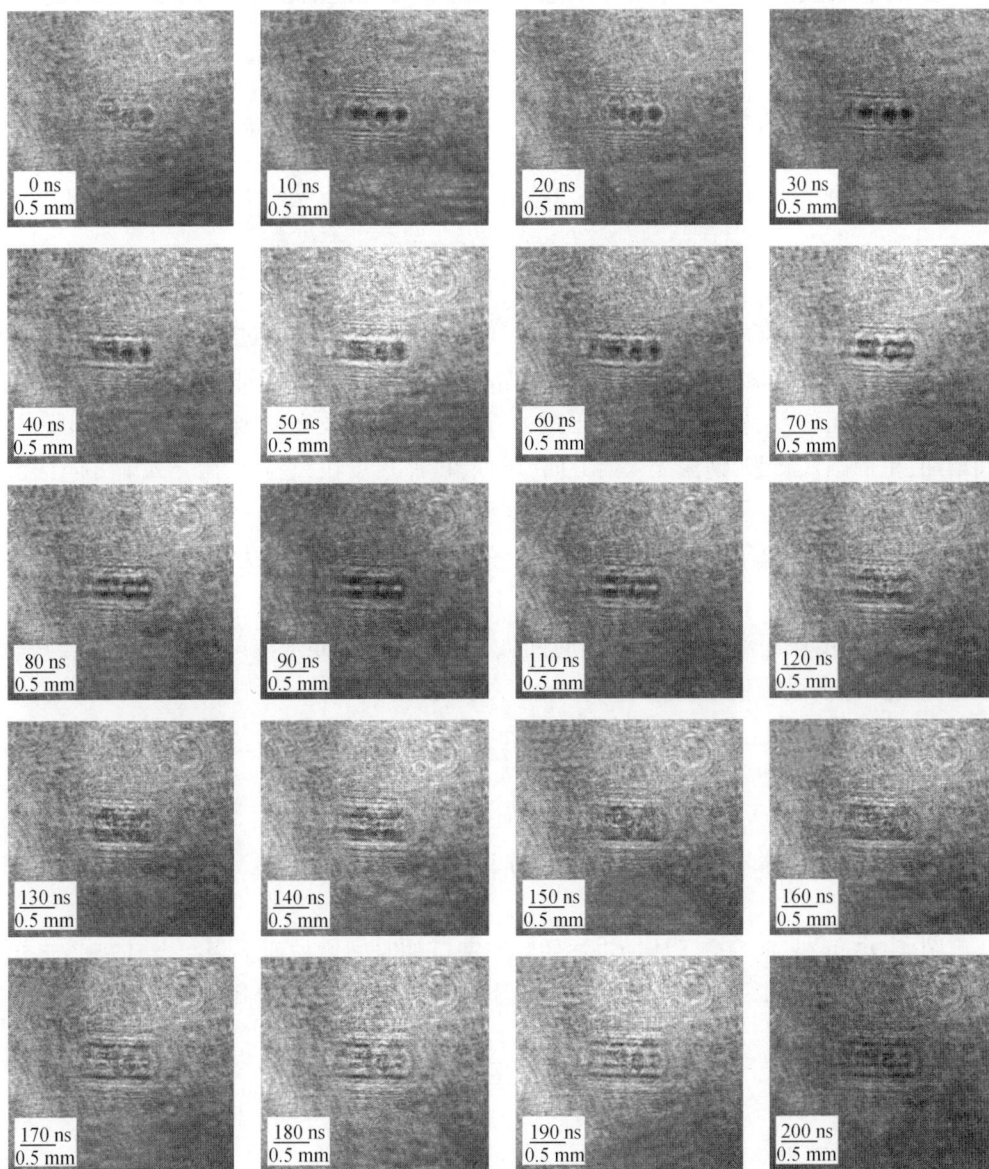

图 4-20　等离子体冲击波膨胀阴影图像

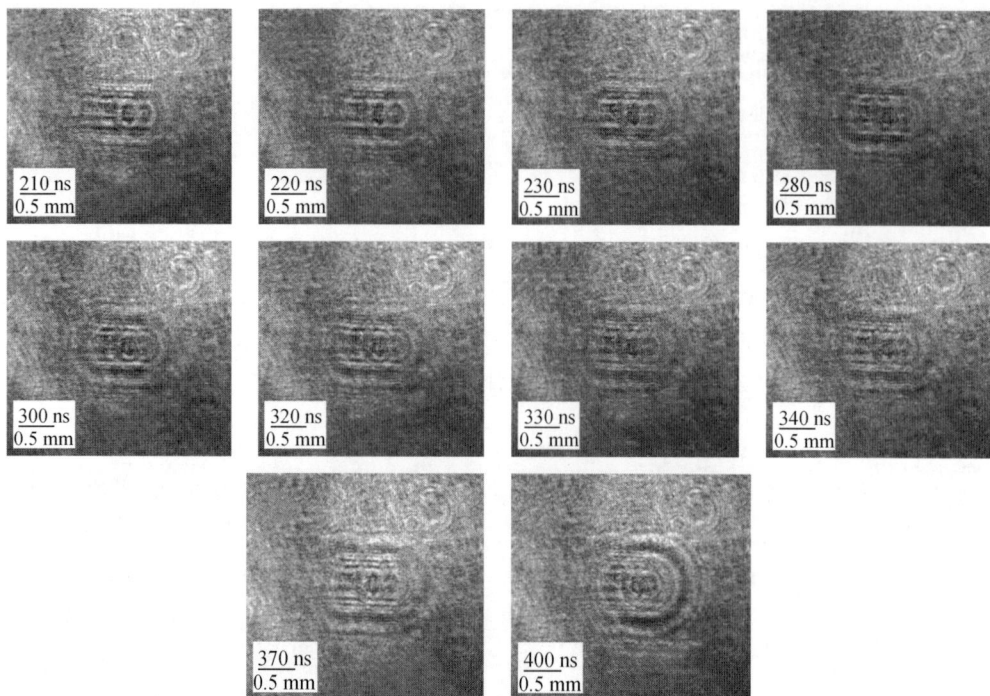

图 4-20(续)

飞秒激光诱导击穿水产生等离子体,在等离子体向外膨胀的过程中,压缩周围的水介质产生冲击波,以激光聚焦中心为产生源,冲击波向四周膨胀,但膨胀速度有一定的空间分布。由图 4-20 可知,飞秒激光在水中形成的等离子体冲击波在膨胀初期呈柱状膨胀,随着时间增加,呈椭圆式膨胀,逆激光入射方向(轴向)膨胀速度快,垂直于激光入射方向(径向)膨胀速度慢。

根据获得的水等离子体冲击波的阴影成像图可得到激光能量为 2.3 mJ 条件下的轴向冲击波膨胀位移和膨胀速度的时间演化,如图 4-21 所示。由图可知,随着时间的增加,水等离子体冲击波膨胀距离不断增大,当时间大于 300 ns 时,冲击波前沿距离增加缓慢。按照水等离子体冲击波膨胀距离与时间存在的关系式

$$R = \xi_0 \left(\frac{E}{\rho_0} \right)^{1/(\beta+2)} t^{2/(\beta+2)} \tag{4-22}$$

可以计算出 $\beta = 2.65$($\beta = 1$ 为平面波,$\beta = 2$ 为柱面波,$\beta = 3$ 为球面波),所以我们可以认为当激光能量为 2.3 mJ 时,飞秒激光器诱导水产生的冲击波以球面波方式逆激光入射方向膨胀。

由图 4-22 可知,水等离子体冲击波的膨胀速度随时间增加而下降。当时间小于 50 ns时,冲击波膨胀速度急剧下降;随着时间的增加,冲击波膨胀速度下降缓慢。

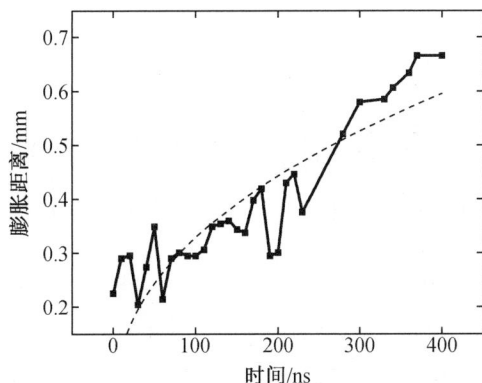

图 4-21　等离子体冲击波轴向膨胀距离的时间演化曲线

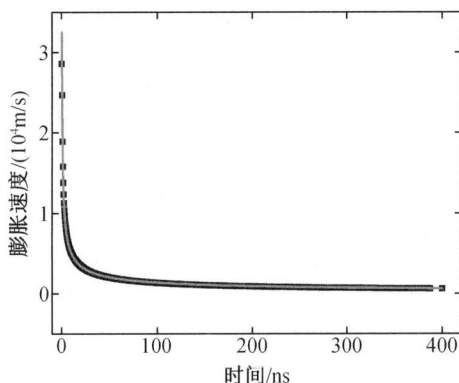

图 4-22　等离子体冲击波轴向膨胀速度的时间演化曲线

4.3.3.2　声波特性测量与分析

光击穿过程中,等离子体向外形成冲击波并演化成声波,实验中同时测量了纳秒激光脉冲与飞秒激光脉冲在水中激发的声波,分析其时频特性以及与入射能量的关系。

1. 纳秒脉冲实验结果

纳秒激光脉冲致声实验中,在 10~150 mJ 范围内调整不同激光脉冲能量进行声波测量,测得的声波波形与频谱分析结果如图 4-23 至图 4-30 所示。分析可知,纳秒激光脉冲激发的声波脉冲宽度为 20~30 μs,频谱范围在 80 kHz 以内,有明显峰值带宽。激发脉冲有拖尾与杂波,初步分析为回波及空泡效应引起。表 4-5 中列出了入射激光脉冲能量与激发声波强度对应值,从中可以看出,激发声波脉冲强度随激光脉冲能量增加而增大,接近线性关系,如图 4-31 所示。

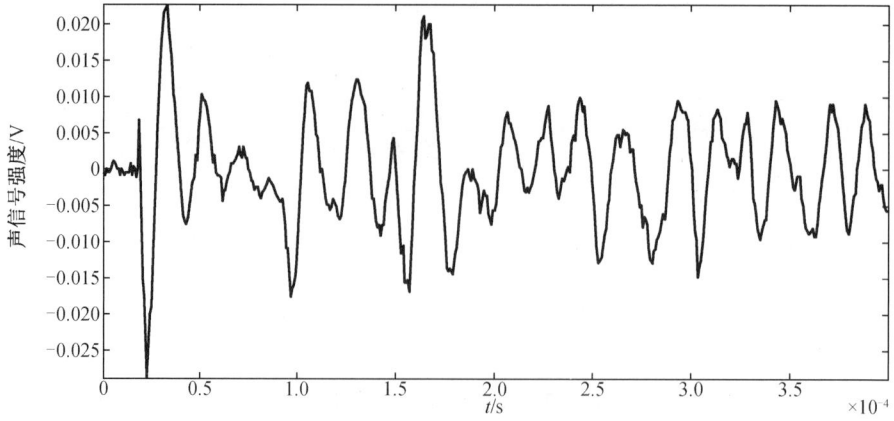

(a)声波时域波形

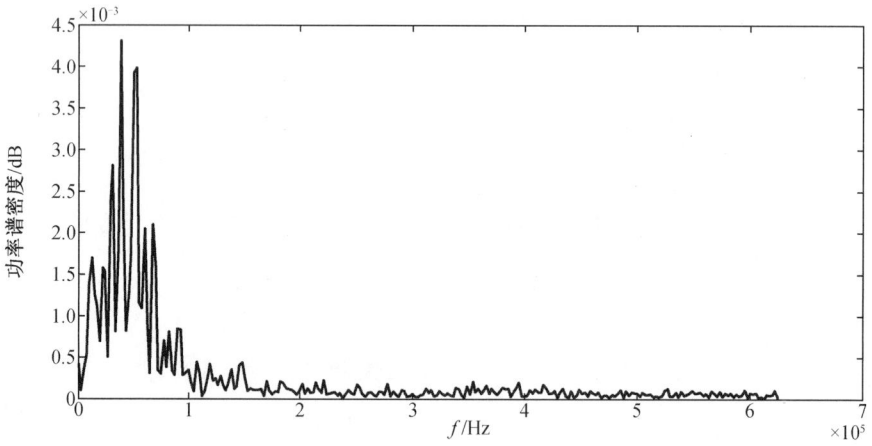

(b)声波频谱

图 4-23　时域波形与频谱(10 mJ)

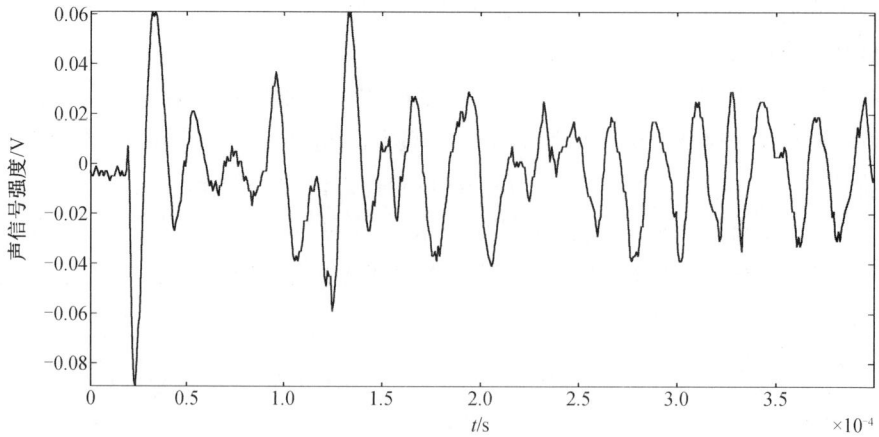

(a)声波时域波形

图 4-24　时域波形与频谱(30 mJ)

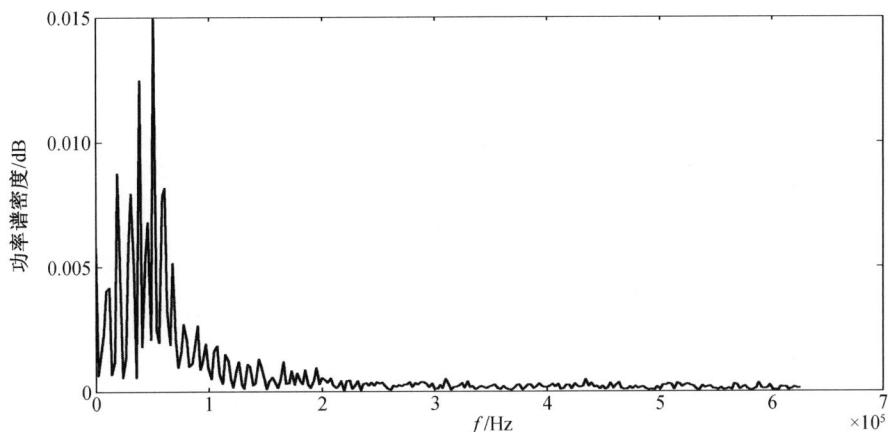

(b) 声波频谱

图 4-24(续)

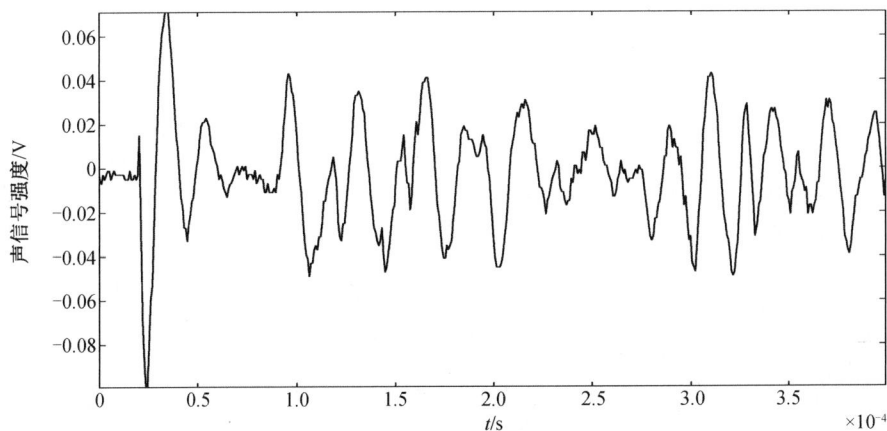

(a) 声波时域波形

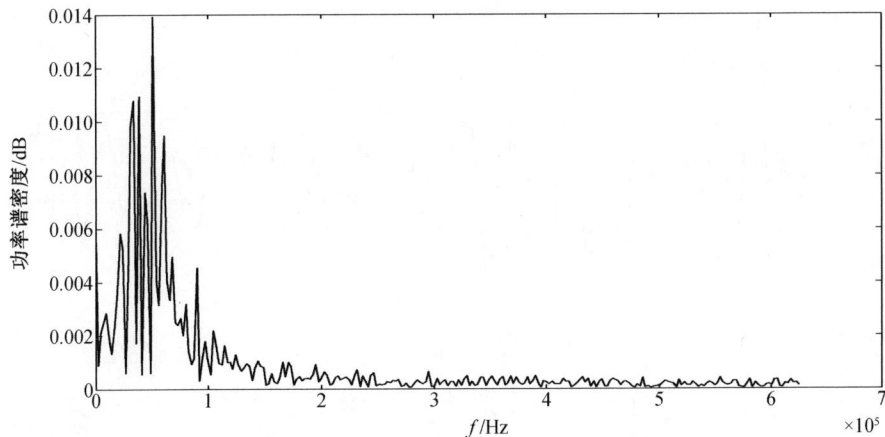

(b) 声波频谱

图 4-25　时域波形与频谱(50 mJ)

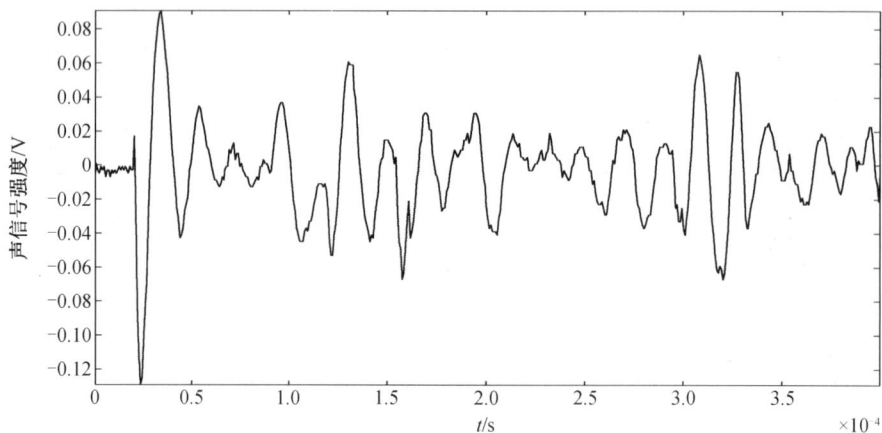

(a) 声波时域波形

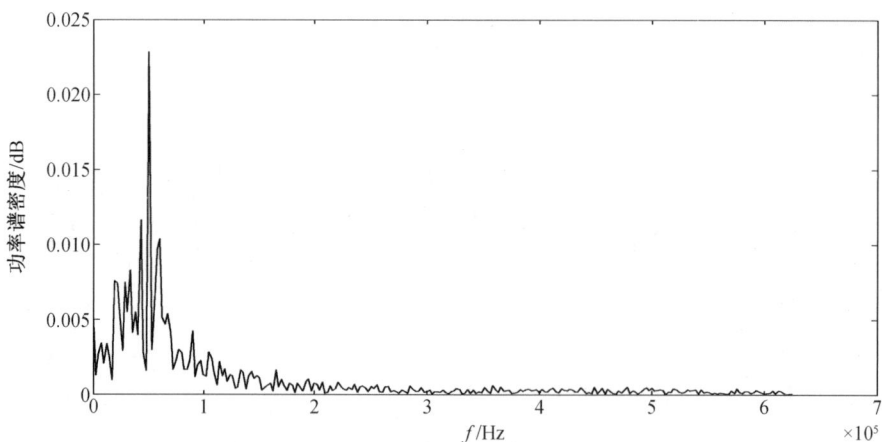

(b) 声波频谱

图 4-26　时域波形与频谱(70 mJ)

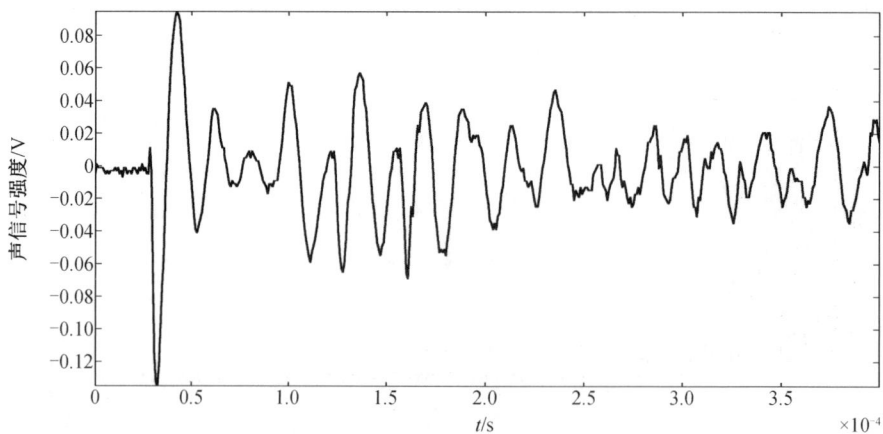

(a) 声波时域波形

图 4-27　时域波形与频谱(90 mJ)

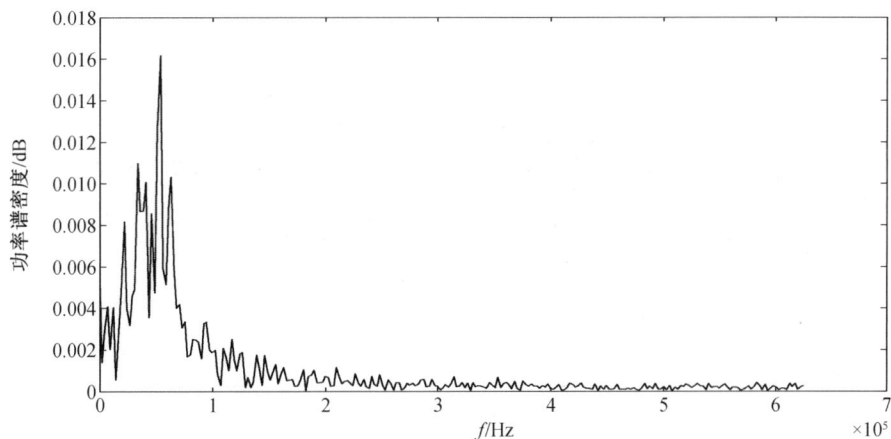

(b) 声波频谱

图 4-27（续）

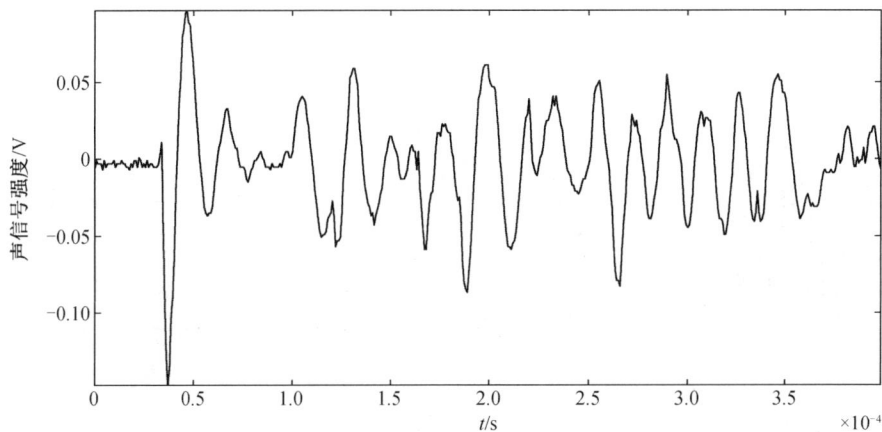

(a) 声波时域波形

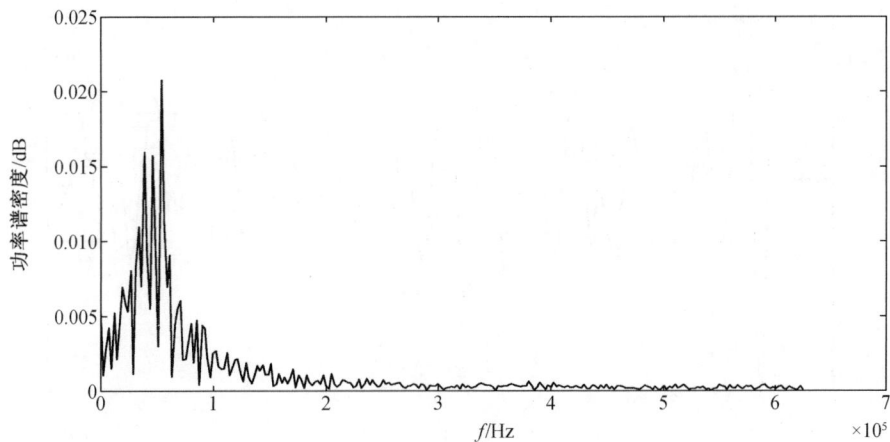

(b) 声波频谱

图 4-28　时域波形与频谱（110 mJ）

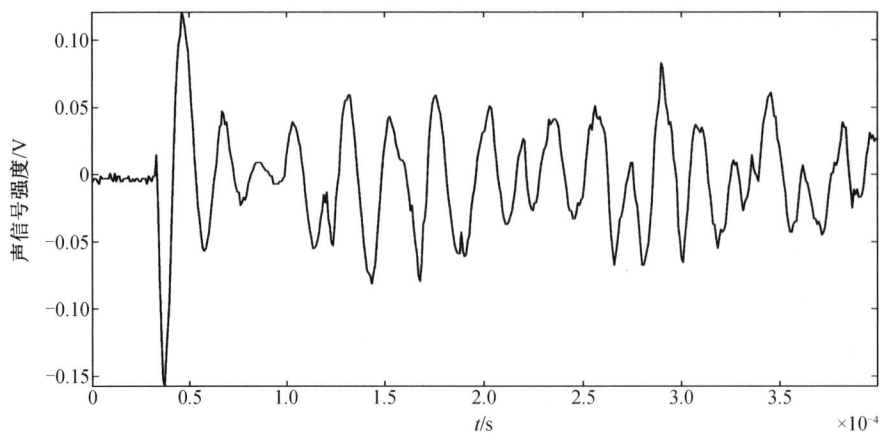

(a) 声波时域波形

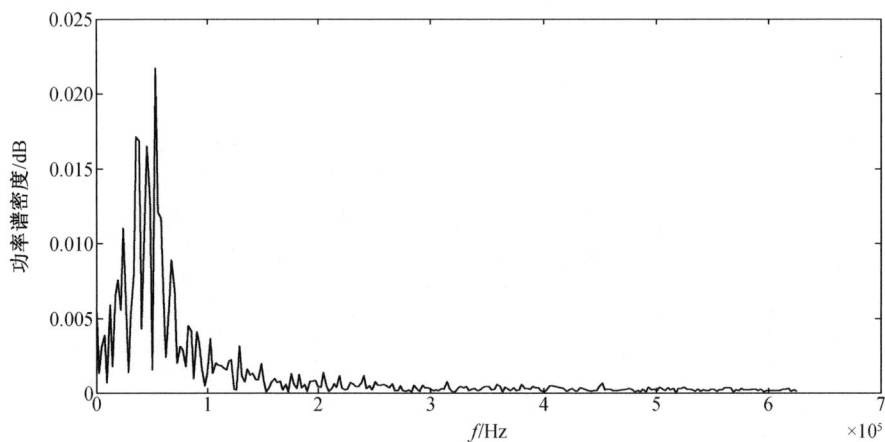

(b) 声波频谱

图 4-29　时域波形与频谱（130 mJ）

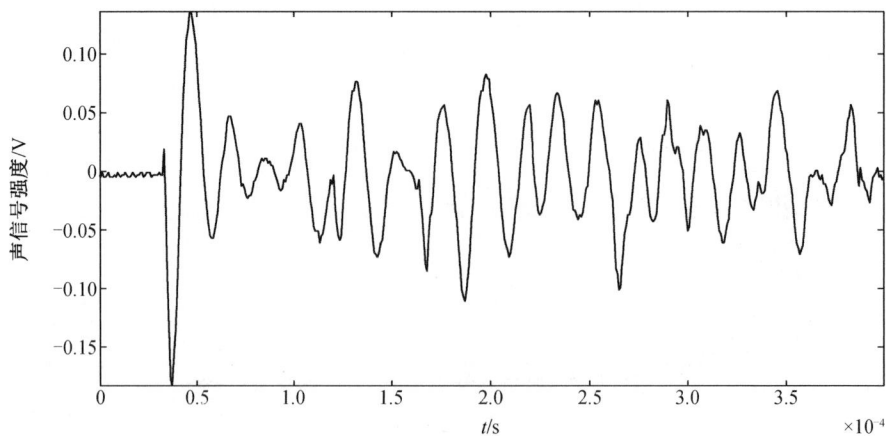

(a) 声波时域波形

图 4-30　时域波形与频谱（150 mJ）

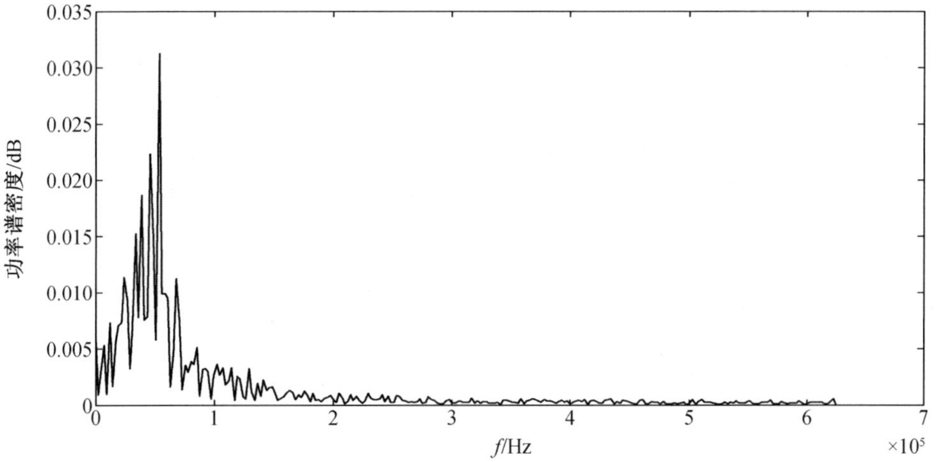

(b) 声波频谱

图 4-30(续)

表 4-5　入射激光脉冲能量与激发声波强度

入射激光脉冲能量/mJ	激光声波强度/V
10	0.058
30	0.15
50	0.17
70	0.22
90	0.23
110	0.24
130	0.28
150	0.31

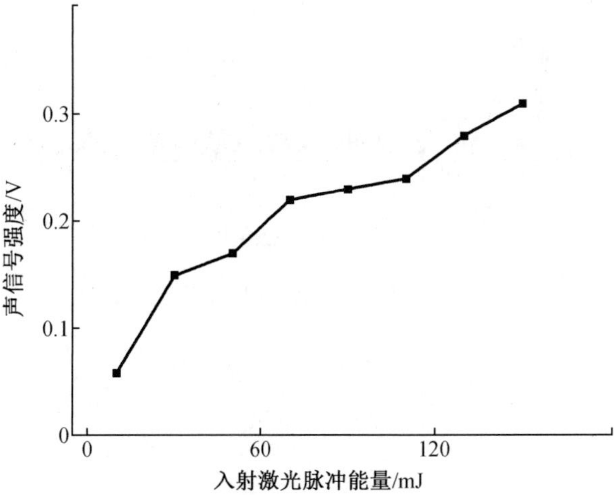

图 4-31　激光脉冲能量与激发声波脉冲强度的关系

2.飞秒脉冲实验结果

飞秒激光脉冲致声实验中,在 1.4~2.4 mJ 范围内调整不同激光脉冲能量进行声波测量,测得的声波波形与频谱分析结果如图 4-32 至图 4-36 所示。分析可知,飞秒激光脉冲激发的声波脉冲宽度为 15~20 μs,频谱范围在 280 kHz 以内,有明显峰值带宽。飞秒激光脉冲激发的脉冲也有少量拖尾与杂波,初步分析为回波及空泡效应所引起。

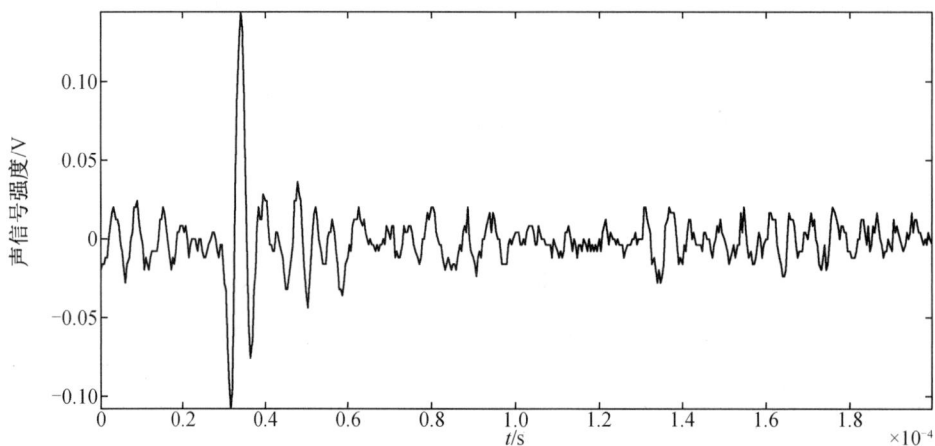

(a) 声波波形

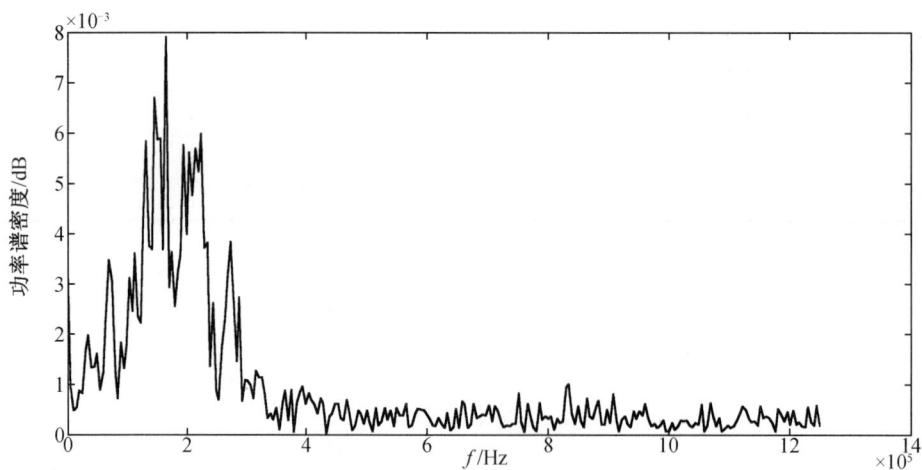

(b) 声波频谱

图 4-32　时域波形与频谱(1.4 mJ)

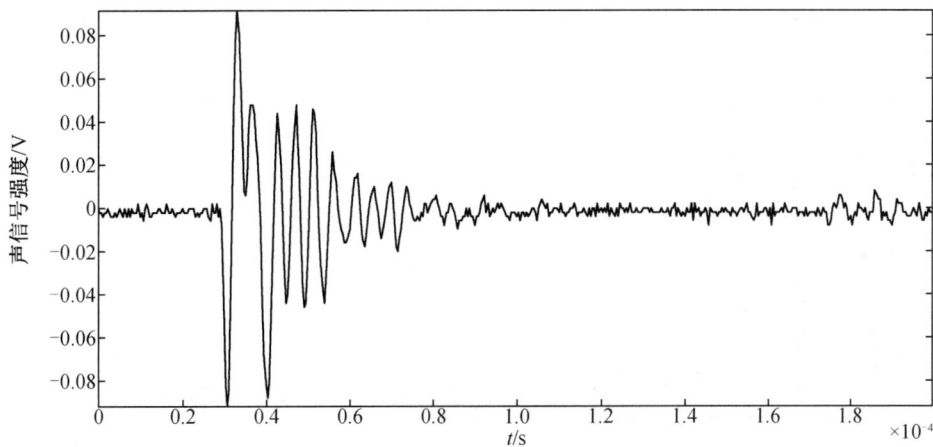

(a) 声波波形

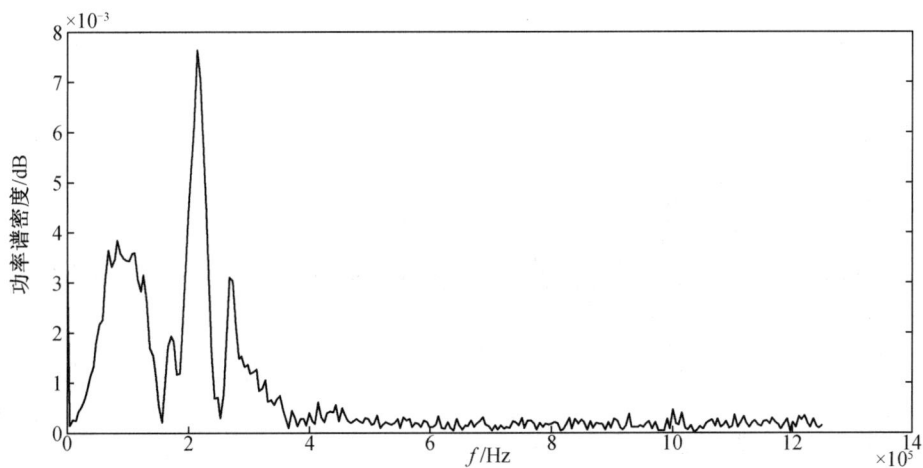

(b) 声波频谱

图 4-33　时域波形与频谱(1.8 mJ)

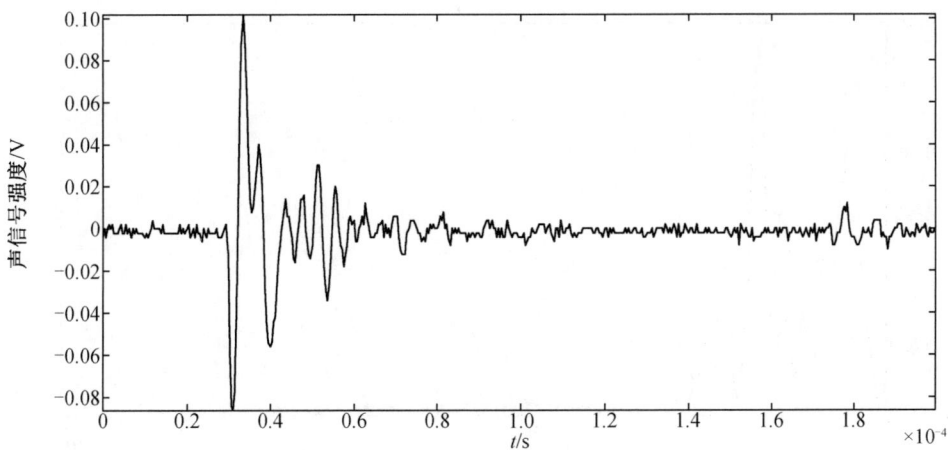

(a) 声波波形

图 4-34　时域波形与频谱(2.0 mJ)

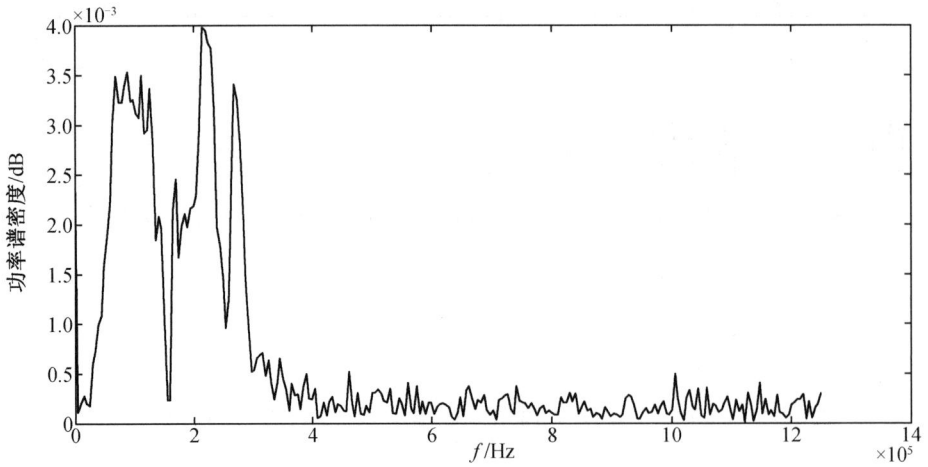

(b) 声波频谱

图 4-34(续)

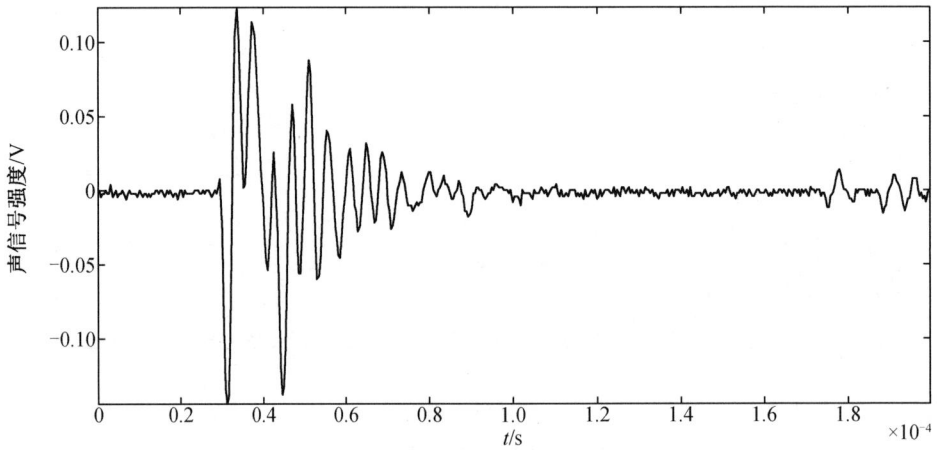

(a) 声波波形

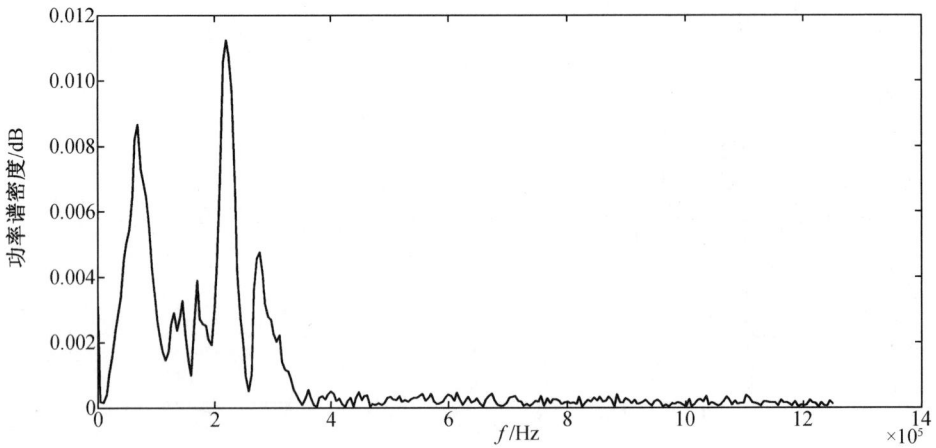

(b) 声波频谱

图 4-35　时域波形与频谱(2.2 mJ)

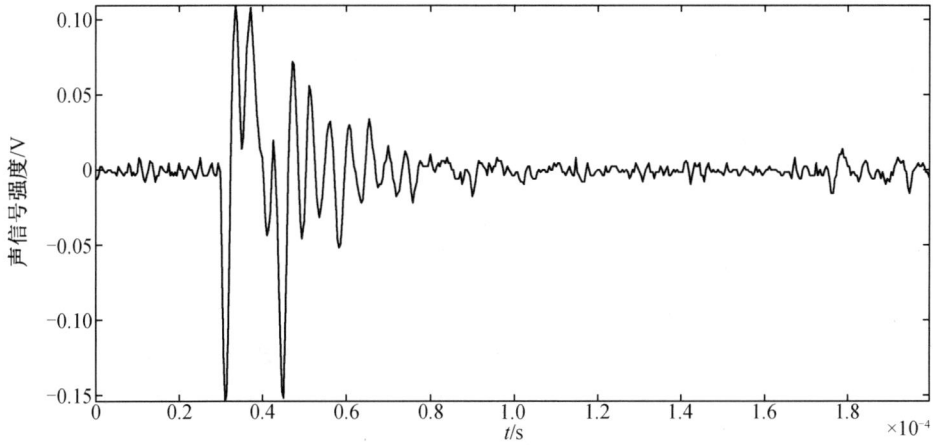

(a) 声波波形

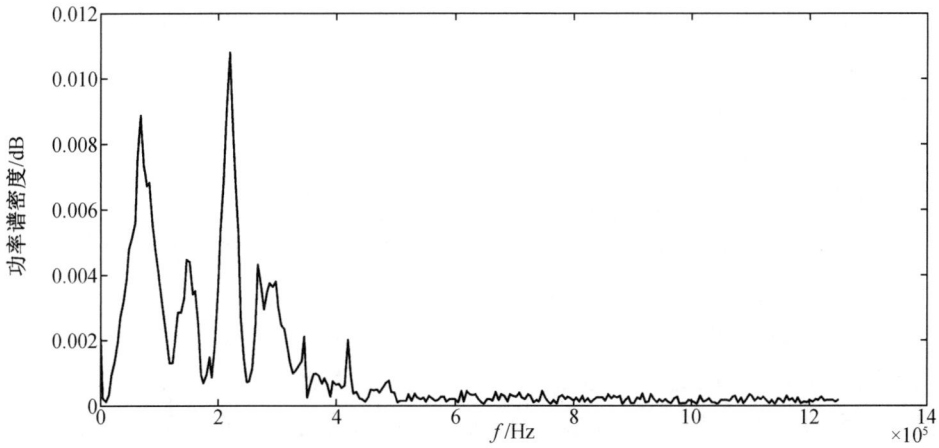

(b) 声波频谱

图 4-36　时域波形与频谱(2.4 mJ)

表 4-6 中列出了入射激光脉冲能量与激发声波强度对应值,可以看出,声波强度随激光脉冲能量增加而增大,接近线性关系,如图 4-37 所示。

表 4-6　入射激光脉冲能量与激发声波强度

入射激光脉冲能量/mJ	声信号强度/V
1.4	0.15
1.8	0.18
2.0	0.19
2.2	0.25
2.4	0.26

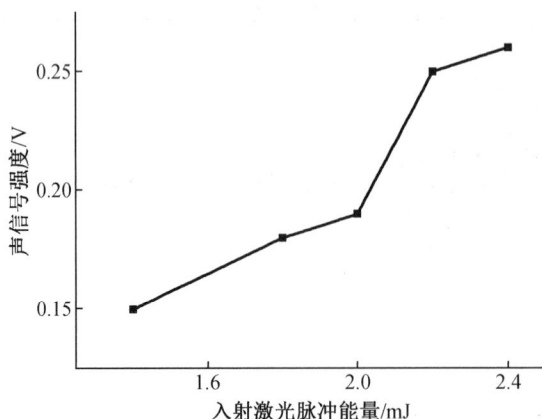

图4-37 激光脉冲能量与激发声波强度的关系

（1）激光致声机理验证

采用脉冲宽度为 ns、ps、fs 量级的激光器进行激光致声机理的初步验证,实验结果证明激光等离子体产生过程、声波特性与理论分析比较吻合,激发的等离子体具有一定的长度和体积,产生的声波为双极性脉冲,但由于空泡与回波原因存在拖尾。

（2）激发声波脉冲时域特性

经实验结果分析,不同激光脉冲宽度激发产生的声波主脉冲宽度均在 10~30 μs 范围内,有微小差别,其中,ns 量级激光器激发的主脉冲宽度最大,fs 量级激光器激发的主脉冲宽度最小,ps 量级激光器激发的主脉冲宽度介于两者中间。

（3）激发声波脉冲频域特性

经实验结果分析,ns 量级激光器激发产生的声波频域覆盖范围在 80 kHz 以下,ps 量级激光器激发产生的声波频域覆盖范围在 100 kHz 以下,fs 量级激光器激发产生的声波频域覆盖范围在 280 kHz 以下,频谱分布上均出现一个或多个主峰。

（4）声波强度与激光脉冲能量的关系

通过对 ns、fs 量级的激光器在一定范围内进行脉冲能量调节,分析激发的声波强度与激光脉冲能量之间的关系。经实验结果分析,声波强度随激光脉冲能量增加近似呈线性增长关系。

4.3.3.3　皮秒激光脉冲调制技术研究

在星潜激光致声通信系统优化设计及载荷与终端方案研究关键技术中,需要根据声源特征进行通信系统体制设计与优化,来实现有效通信。其中,对激光器的调制是实现通信设计的关键问题之一。因此,本项目展开皮秒激光器的调制方法研究与设计。

根据调制与光源的关系,激光脉冲的输出能量调制可以通过内调制和外调制两种方法实现。

1. 激光脉冲内调制法

内调制一般适用于半导体类型光源,如激光二极管(LD)及发光二极管(LED)。这种方法是把要传送的信息转变为电流信号注入发光器件,从而获得相应的光信号,是电源调制方法。内调制法具有简单、经济、容易实现等优点,在光纤通信中经常被采用。

通常,在皮秒激光器中,本振级的激光振荡频率由谐振腔腔长决定,无法自由控制。在皮秒激光器的再生放大器级和行波放大器级,通过控制脉冲开关能够对输出脉冲频率进行控制。如在再生放大级进行脉冲调制,则会具有较高的能量/功率效率。但如在再生放大级后的行波放大器进行控制,则需对放大器的驱动电压进行快速调制,这通常需要较高的驱动电源要求。但对于数千赫兹频率的皮秒激光,其再生放大级可使用连续泵浦结构进行泵浦,因此再生放大级不需要对泵浦进行调制,而只需要对电光开关进行调制,调制原理如图 4-38 所示。

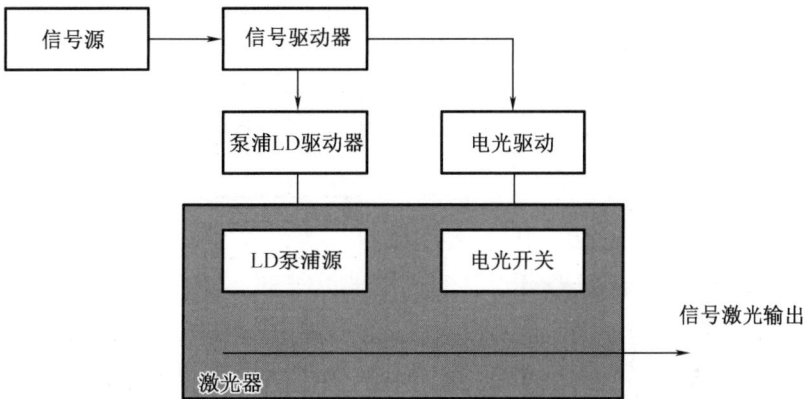

图 4-38　皮秒激光器激光内调制原理图

皮秒激光器再生放大级的信号调制如图 4-39 所示。通过对再生放大级的电光晶体进行调制,能够对放大输出的信号光进行编码调节。

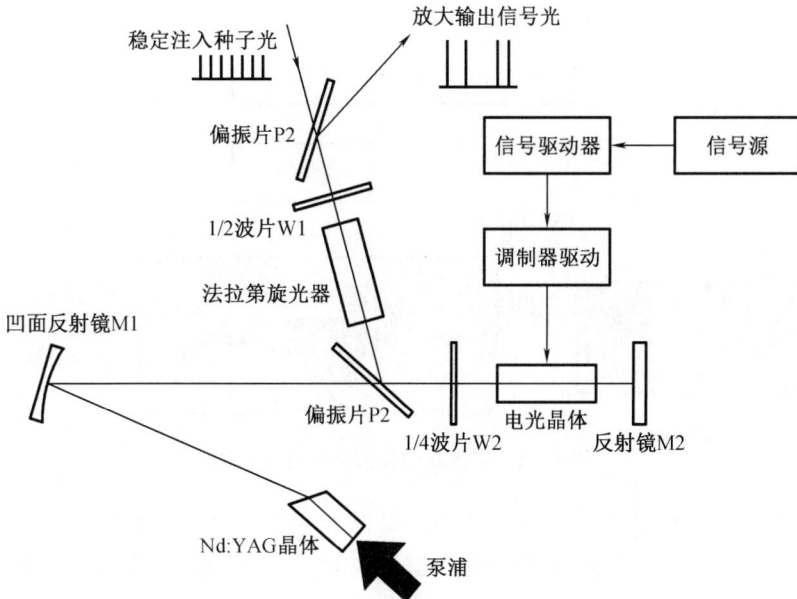

图 4-39　使用内调制的皮秒再生放大器

2. 激光脉冲外调制法

外调制是利用晶体的电光效应、磁光效应、声光效应等性质来实现对激光脉冲的调制。这种调制方式既适用于半导体激光器,也适用于其他类型激光器。具体方法是在激光器以外的光路上放置调制器,在调制器上加载调制电压,使调制器的某些物理特性发生相应的变化。当激光通过调制器时,激光受到相应的调制。

通过使用电光开关、M-Z干涉仪、声光调制器或磁光调制器,能够对输出激光脉冲进行外部控制。这种控制方式通过对已经从激光器输出的光源进行调节,能够使得最终输出的脉冲序列携带指定的信息信号。由于使用的激光器工作在静态直流状态下,因此激光器具有较为稳定的工作状态,激光器驱动相对简单。激光外调制原理如图4-40所示。

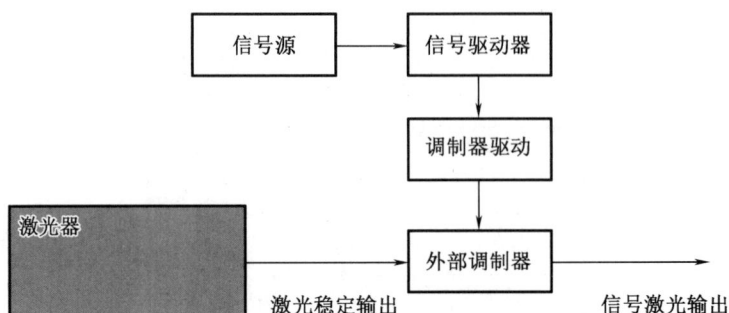

图4-40 激光外调制原理图

外调制结构中,调制器位于激光器之外。由于输出的皮秒激光为偏振光,因此方便使用电光调制器对输出脉冲进行调制,实现二进制启闭键控(OOK)通信方式。当输出激光脉冲具有稳定基频时,使用电光晶体的外部调制光路(图4-41)。

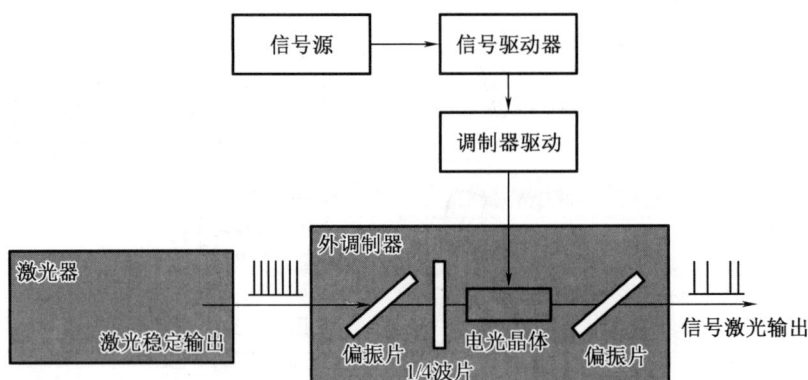

图4-41 电光晶体外部调制光路结构

在内调制发射技术方面,主要的技术难点是发射激光光源要满足高速率、高功率、高质量要求;对于本系统所使用的皮秒激光器,其输出激光性能较好,但输出功率较小,因此,需研制针对皮秒激光的高性高增益放大器。由于所使用的最终输出的皮秒脉冲能量较大,因此如果使用内调制方式,能够降低近一半的功耗,同时使用内调制方式也不会产生大量的无用激光。由于皮秒放大器在再生放大级本身就带有电光晶体,因此可通过此电光晶体,配合放大级泵浦,对输出激光进行调制。

在外调制发射技术方面,主要技术难点是电光调制晶体的偏置电压工作点受温度影响大;调制激光信号时半波电压高。解决这些问题的主要途径是增加外围温控反馈电路,抑制偏置点漂移;采用折叠光路增加光程,降低半波电压;采取多点侧面泵浦,实现大功率输出。使用外调制方式所需的调制方式较为简单,但是通过外调制器电光晶体后的激光,有一部分光为无用光,需要传至外部或使用收集器吸收,这样不仅损失了一部分能量,增加了系统设计难度,同时也增加了信息外泄的可能。

4.4　激光在对潜通信中的应用

潜艇是现代化强国军事力量的重要组成部分,是现代战争的撒手锏武器。由于具有极高的隐蔽性,所以潜艇被认为是战场上的一支奇兵,可起到出其不意的效果,是战争中重要的威慑力量。而潜艇与岸基指挥机构之间的实时通信联系是关系到潜艇能否正常发挥作用的重要问题,由海水物理特性决定,实时通信面临重重困难。因海水是良导体,趋肤效应使得电磁波损耗极大,这将严重影响电磁波在海水中的透射深度。陆地上的常规无线电通信技术和手段在水中几乎无用武之地。

现有的对潜通信手段中,主要采用超低频(超长波)和甚低频(甚长波)电磁波,近距离通信可采用水声手段。采用大功率、低频率的水声通信可以达到数十至数百千米的通信距离,通信范围不受水深限制,适用于装备有通信声呐设备的潜艇编队、舰潜编队的内部通信。但水声通信方式的缺点也很明显,一方面,其传输距离有限,不适用于突破岛链作战及远洋作战的对潜信息传输。另一方面,潜艇因隐蔽性是其威慑性的重要因素,极力保持静默状态,水声通信方式不适用于潜艇对岸基指挥机构通信。超长波和甚长波能够穿透一定深度的海水,是现有对潜通信的主要通信手段。这种通信方式信息传输速率低、潜艇收信深度和航速有一定的要求,需要在与岸基指挥机构约定时间通信,提前释放通信电缆,对潜艇航速、航迹、潜深都有严格要求。同时,岸基发射系统十分庞大,极易成为战时敌方的首要攻击目标,抗毁伤能力弱,战时保障能力偏低。

目前采用的对潜通信方式虽然为潜艇提供了不可或缺的基础通信能力,但同时也存在信息传输速率低、不具备实时性和隐蔽性差等不足。在潜艇通信技术逐步发展的同时,也有利用激光实现反潜的探索。星载高灵敏度红外观察仪,利用潜航潜艇大面积航迹温差,可以发现水下 50 m 之内的潜艇。机载磁力探测仪、激光探测仪可以发现水下 300 m 的潜艇。潜艇潜航越深,被发现的概率也就越小,所以就越隐蔽、越安全,其威慑力量就越强大。

面临目前完善的反潜手段,急需发展安全、高速的星潜通信手段,使得各作战平台通过飞机或卫星与潜艇进行联络、实施控制,还可以借助一颗卫星与另一颗卫星的星际通信,或飞机与飞机、飞机与卫星之间的通信中继,让位置最佳的飞机或卫星实现与指定海域的潜艇可靠通信。通过这种手段,既能增强水下目标的隐蔽性,又能实现任何时间、任何地点的有效通信,为潜艇水下隐蔽通信开辟了一条新的技术途径。

　　激光激发声波对潜通信,以及蓝绿激光对潜通信是新的通信手段,能够实现快速、大范围、机动的对潜通信,可以作为舰潜联合编队内部水声通信的可行代替手段,同时作为远距离无线电通信的补充手段。激光光源搭载在飞机或卫星上,光源方向和功率大小可调。由于海面与飞机、卫星之间无遮挡,因此,可以实现精确的定点激光照射。当采用激光致声激光器时,激光器激发激光,入射至水面激发声波,声源的位置可控,声源级大小可控。当采用蓝绿激光光源时,可以直接利用光通信方式,将信息加载到激光之中,通过照射不同位置的海面,实现对水下目标的实时通信。

思 考 题

　　1. 蓝绿激光通信和激光致声通信在对潜通信中的应用场景是什么?

　　2. 制约蓝绿激光通信安全性和隐蔽性的主要因素是什么?

　　3. 蓝绿激光通信的频段是什么? 应该以什么样的调制方式进行通信?

　　4. 蓝绿激光通信的信源如果放在飞机或者卫星上,如何计算激光到达水下目标的接收信号强度? 从这个角度看,应该如何设置激光的功率和信源码速率?

　　5. 激光致声通信技术可以选用哪些种类的设备作为信源? 制约现代激光致声信源的主要因素是什么?

　　6. 由激光激发的声波,具有何种时频域特性? 该如何检测这种信号?

　　7. 激光激发的声波,传播规律与传统的水声通信声源发出的声波有哪些不同点?

　　8. 如何计算激光激发的声波在向远处传播过程中的传播损失?

第5章　水下无线电通信

5.1　电磁场理论基础

本节主要介绍与水下通信有关的电磁场理论基础知识和基本概念,包括麦克斯韦方程组、波动方程、平面波和球面波的概念、几何光学的概念、电磁波的极化等。这些知识是无线电波传播的理论基础。

5.1.1　麦克斯韦方程组

麦克斯韦总结了法拉第等前人在电磁场方面的广泛研究成果,发展了一套完整的电磁场理论体系,把宏观电磁现象的客观规律高度概括地统一在一个方程组之中。该方程组被后人称为麦克斯韦方程组,它由以下 4 个偏微分方程组成:

$$\nabla \times \boldsymbol{E} = -\frac{\partial \boldsymbol{B}}{\partial t} \tag{5-1}$$

$$\nabla \times \boldsymbol{H} = \frac{\partial \boldsymbol{D}}{\partial t} + \boldsymbol{J} \tag{5-2}$$

$$\nabla \cdot \boldsymbol{D} = \rho \tag{5-3}$$

$$\nabla \cdot \boldsymbol{B} = 0 \tag{5-4}$$

以上公式使用的是有理化的 MKS 单位制。以上各式中,$\boldsymbol{E}$ 是电场强度,单位为 V/m;$\boldsymbol{H}$ 是磁场强度,单位为 A/m;$\boldsymbol{D}$ 是电位移矢量,单位为 C/m^2;$\boldsymbol{B}$ 是磁感应强度,单位为 Wb/m^2;$\boldsymbol{J}$ 是自由电流密度,单位为 A/m^2;ρ 是自由电荷密度,单位为 C/m^3;t 是时间,单位为 s;∇ 是微分算子:

$$\nabla = \frac{\partial}{\partial x}\boldsymbol{i}_1 + \frac{\partial}{\partial y}\boldsymbol{i}_2 + \frac{\partial}{\partial z}\boldsymbol{i}_3 \tag{5-5}$$

式中,$\boldsymbol{i}_1$、$\boldsymbol{i}_2$ 和 $\boldsymbol{i}_3$ 分别为 x、y 和 z 坐标的单位矢量。

麦克斯韦方程组也可以用积分的形式来表达。

麦克斯韦方程组对介质的性质没有限制,适用于均匀的和非均匀的、各向同性的和各向异性的、磁性的和非磁性的、色散的和非色散的介质;关于波与时间的关系也没有限制,对单色和非单色波均适用;$\boldsymbol{J}$ 和 ρ 可以是时间和空间的任意函数,取决于初始条件和边界条件。可以把 $\boldsymbol{J}$ 和 ρ 理解为激发电磁波的源。它们之间由电荷守恒定律(也称连续性方程)联系起来:

$$\frac{\partial \rho}{\partial t} + \nabla \cdot \boldsymbol{J} = 0 \tag{5-6}$$

也就是说,在任何封闭体积内,电荷随时间的变化是由通过该体积表面的电流引起的。

电位移矢量 D 反映了介质的电极化特性;磁感应强度 B 反映了介质的磁感应特性。D 和 E 以及 B 和 H 分别由以下物质方程联系起来:

$$D = \varepsilon E \tag{5-7}$$

$$B = \mu H \tag{5-8}$$

式中,ε 和 μ 分别为传播介质的介电常数和磁导率。对于各向同性介质,ε 和 μ 是标量;对于各向异性介质,ε 和 μ 是张量。对于色散介质,ε 和 μ 与频率有关;对于非色散介质,ε 和 μ 与频率无关。在实用化单位系统中,真空的介电常数 ε_0 和磁导率 μ_0 不等于 1,它们分别为

$$\varepsilon_0 = \frac{1}{36\pi} \times 10^{-9} \quad (\text{F/m}) \tag{5-9}$$

$$\mu_0 = 4\pi \times 10^{-7} \quad (\text{H/m}) \tag{5-10}$$

另外,还有一个补充方程,即欧姆定律,它反映的是自由电流密度 J 和电场强度 E 之间的关系:

$$J = \sigma E \tag{5-11}$$

即电流密度与电场强度的方向一致,它们的幅度之间呈正比关系。这里,σ 是介质的导电率,代表介质导电性能的好坏。$\sigma=0$ 的介质称为理想介质或绝缘体;$\sigma=\infty$ 的介质称为理想导体。

5.1.2 电磁场波动方程

麦克斯韦方程组反映了 4 个电磁场矢量之间的联系。为了求解这些矢量,必须找到每个矢量各自满足的方程。事实上,只要求出 E 和 H 的解,根据物质方程式(5-7)和(5-8),就不难确定 D 和 B。

在导出 E 和 H 的方程之前,先做以下两个假定:

①介质是各向同性的,即 ε 和 μ 都是标量。这个假定适用于无线电波在低层大气中特别是对流层中的传播,不适用于 30 GHz 以下频率的无线电波在电离层中的传播。

②场矢量和源皆为单色的。一般情况下,介质特性 ε 和 μ 与场强无关,即介质的极化强度和磁化强度正比于场强。此时,麦克斯韦方程是线性的,其解的叠加原理成立,即解的和或积仍然是解。因为根据傅里叶积分,任何形式的时间函数都可以表示成对单色波的积分,所以单色波的假定并不影响讨论的一般性。

在这些假定之下,基于麦克斯韦方程组,经过些数学推导,可以得到各向同性、非均匀介质中电场强度 E 和磁场强度 H 各自满足的方程:

$$\nabla^2 E + \omega^2 \varepsilon' \mu E + \nabla[E \cdot \nabla(\ln \varepsilon')] + \nabla(\ln \mu) \times \nabla \times E = 0 \tag{5-12}$$

$$\nabla^2 H + \omega^2 \varepsilon' \mu H + \nabla[H \cdot \nabla(\ln \mu)] + \nabla(\ln \varepsilon') \times \nabla \times H = 0 \tag{5-13}$$

式中 ω——角频率,$\omega = \dfrac{2\pi}{T} = 2\pi f$,其中 T 表示周期,f 表示频率;

ε'——介质的复介电常数,$\varepsilon' = \varepsilon - \text{j}\dfrac{\sigma}{\omega}$。

显然,这是关于电场强度 E 和磁场强度 H 的波动方程。可以把式(5-12)、式(5-13)中由介质的不均匀性引起的第三项和第四项理解为激发电磁波的源。事实上,波源还包括在第二项中,因为 ε' 是复数。

对于磁性特性均匀(μ 为常数)的介质,$\nabla(\ln\mu)=0$,波动方程式(5-12)和(5-13)可改写为

$$\nabla^2 E + \omega^2 \varepsilon' \mu E + \nabla[E \cdot \nabla(\ln\varepsilon')] = 0 \tag{5-14}$$

$$\nabla^2 H + \omega^2 \varepsilon' \mu H + \nabla(\ln\varepsilon') \times \nabla \times H = 0 \tag{5-15}$$

对于电、磁性质都均匀的介质,$\nabla(\ln\varepsilon')=0$,$\nabla(\ln\mu)=0$,电磁场的波动方程可进一步简化为

$$\nabla^2 E + \omega^2 \varepsilon' \mu E = 0 \tag{5-16}$$

$$\nabla^2 H + \omega^2 \varepsilon' \mu H = 0 \tag{5-17}$$

对于非损耗介质,$\sigma=0$,因此 $\varepsilon'=\varepsilon$,所以还可以得到

$$\nabla^2 E + k^2 E = 0 \tag{5-18}$$

$$\nabla^2 H + k^2 H = 0 \tag{5-19}$$

式中,参数 $k = \omega\sqrt{\varepsilon\mu} = 2\pi f\sqrt{\varepsilon\mu}$,称为波数。

5.1.3　波动方程的解

1. 平面波、球面波、等相面

波动方程式(5-16)或(5-17)中的电场强度和磁场强度是以向量的方式出现的,显然,电场强度 E 和磁场强度 H 的任一分量,都应满足亥姆霍兹方程:

$$\nabla^2 E + \omega^2 \varepsilon' \mu E = 0 \tag{5-20}$$

式中,E 可以是电场强度 E 和磁场强度 H 的任一分量。

要严格求解波动方程式(5-16)或(5-17),需要知道传播介质的介电常数、磁导率的空间分布特性以及电磁波传播中所要遭受的边界条件。但是我们知道,波动方程式(5-16)可以有以下形式的特解:

$$E = E_p \exp[j(\omega t - k \cdot r)] \tag{5-21}$$

$$E = \frac{E_R}{r}\exp[j(\omega t - kr)] \tag{5-22}$$

式(5-21)称为平面波,式(5-22)称为球面波。其中,E_p 和 E_R 为常数;r 为由原点到观察点的矢径;k 为波矢量,其方向就是波传播的方向。波矢量 k 的绝对值为

$$|k| = k = \omega\sqrt{\varepsilon\mu} = 2\pi f\sqrt{\varepsilon\mu} \tag{5-23}$$

式中,k 为波数。对于球面波而言,波传播方向与矢径的方向一致,所以有 $k \cdot r = kr$;而对于平面波,$k \cdot r = kl$,其中 l 为矢径 r 在波传播方向(即波矢量 k 的方向)的投影。

如式(5-21)和式(5-22)所示,E_p 为平面波的幅度,平面波的幅度为恒定的常数,E_R/r 则为球面波的幅度,球面波的幅度随距离的增大而降低;$\omega t - kl$ 为平面波的相位,而 $\omega t - kr$ 则为球面波的相位。对于确定的时刻,具有相同相位的曲面称为等相位面,简称等相面,有时也称波阵面。对于平面波和球面波,其等相面方程分别表示为

$$\omega t - kl = C \qquad (5-24)$$

$$\omega t - kr = C \qquad (5-25)$$

式中,C 为常数。C 取不同的值(即 l 或 r 取不同的值),可得到一系列互相平行的等相位面。由此可以看出,平面波的等相面为平面,球面波的等相面为球面,如图 5-1 所示。

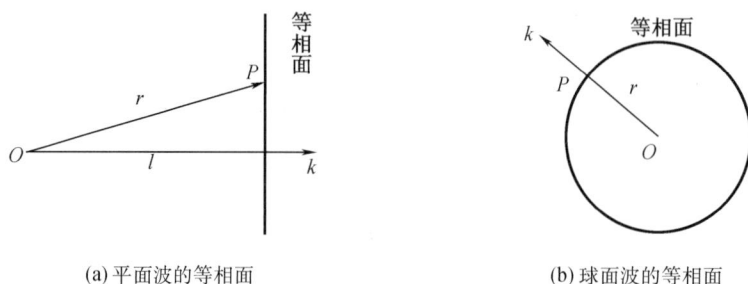

(a)平面波的等相面   (b)球面波的等相面

图 5-1　平面波和球面波的等相面

2.波速、相对介电常数、波长、周期

(1)波速

随着时间的变化,具有确定相位的等相面将在空间中移动,其移动速度可以通过对等相面方程的时间微分来得到

$$\omega - k \times \frac{\mathrm{d}l}{\mathrm{d}t} = 0, \omega - k \times \frac{\mathrm{d}r}{\mathrm{d}t} = 0 \qquad (5-26)$$

式中　$\mathrm{d}l/\mathrm{d}t$——平面波沿波矢量 $\boldsymbol{k}$ 方向的相位传播速度;

　　　$\mathrm{d}r/\mathrm{d}t$——球面波沿波矢量 $\boldsymbol{k}$ 方向(与矢径 $\boldsymbol{r}$ 的方向一致)的相位传播速度,简称相速。

若以 V 表示电磁波在介质中传播的相速,则

$$V = \frac{\omega}{k} = \frac{1}{\sqrt{\varepsilon\mu}} \qquad (5-27)$$

电磁波在真空中传播的速度为

$$V_0 = c = \frac{1}{\sqrt{\varepsilon_0\mu_0}} = 3 \times 10^5 \text{ km/s} \qquad (5-28)$$

式中　c——真空中的光速;

　　　ε_0——真空的介电常数;

　　　μ_0——真空的磁导率。

(2)相对介电常数和相对磁导率

相对于真空的介电常数称为相对介电常数 ε_{r},相对于真空的磁导率称为相对磁导率 μ_{r}:

$$\varepsilon_{\mathrm{r}} = \varepsilon/\varepsilon_0, \mu_{\mathrm{r}} = \mu/\mu_0 \qquad (5-29)$$

真空中的光速 c 与介质中的传播速度 V 之比称为该介质的折射指数:

$$n = \frac{c}{V} = \sqrt{\frac{\varepsilon\mu}{\varepsilon_0\mu_0}} = \sqrt{\varepsilon_r\mu_r} \tag{5-30}$$

（3）波数、波长、周期

根据式（5-26），波数 k 可以表示为

$$k = \omega\sqrt{\varepsilon\mu} = \omega\sqrt{\varepsilon_0\mu_0}\sqrt{\varepsilon_r\mu_r} = \frac{\omega}{c}\sqrt{\varepsilon_r\mu_r} = k_0 n \tag{5-31}$$

式中，$k_0 = \omega/c$ 为真空中的波数。

而波速则可以表示为

$$V = \frac{\omega}{k} = \frac{\omega}{k_0 n} = \frac{c}{n} \tag{5-32}$$

下面将引入波长和周期的概念。在任一确定的时刻，在等相面移动方向（即波矢量 **k** 的方向或电波传播的方向）上，相位差等于 2π 的两个相邻点之间的距离称为波长，用 λ 表示。由式（5-26）和式（5-27）有

$$k\Delta l = \Delta\varphi \tag{5-33}$$

式中，$\Delta\varphi$ 是与距离变化 Δl 相应的相位变化。令 $\Delta\varphi = 2\pi$，则对应于距离差 $\Delta l = \lambda$。因此，

$$\lambda = \frac{2\pi}{k} = \frac{2\pi}{k_0}\cdot\frac{1}{n} = \frac{\lambda_0}{n} \tag{5-34}$$

式中，$\lambda_0 = 2\pi/k_0$，即为真空中的波长。

类似地，可以引入波的周期的概念。在波传播的任一确定空间点上，若在某两个相邻时刻波的相位差等于 2π，那么这两个相邻时刻的时间间隔就被定义为波的周期。反之，每秒钟所经历的振动周期数则是波的频率 f。与导出波长的表达式相类似，可以得到

$$T = 2\pi/\omega = 1/f \tag{5-35}$$

在这一节中，已经定义和讨论了表述单色波特性的相关参数，包括波的频率（角频率）、幅度、相位、等相面、波数（波矢量）、波速、波长和周期等。无线电波的所有属性参数都与传播介质的电磁特性有关，特别指出的是，在有损介质和非均匀介质中，波的幅度不仅与距离有关，也与传播介质的电磁特性和相关的地面及其覆盖物等边界条件有关，例如大气的吸收、大气湍流或雨对电波的散射等均会引起电波幅度的衰减。另外，在上述讨论中，波的频率和周期似乎与介质特性无关，但事实上，发射平台、接收平台或传播介质的快速移动均可以引起所谓的多普勒频移，导致接收信号频率的变化。

对于射频信号被各种信息以各种方式调制的非单色波信号而言，还需要考虑信号的频谱特性、信号带宽、调制特性、数据速率等属性参数。

另一个问题是，无线电波的电场强度和磁场强度均是矢量，无线电波作为横波，其电磁矢量是与波矢量（与波传播方向一致）相互垂直的。无线电波电场强度矢量的方向即为波的极化方向。无线电波的极化问题将在后面讨论。

总而言之，无线电波传播的研究就是探索传播介质和相关边界条件对上述无线电波的各种属性参数的影响，也就是对接收地点、接收信号的各种特性的影响以及对无线电通信质量的影响。

5.2 自由空间传播

5.2.1 自由空间传播特性

5.2.1.1 自由空间

自由空间传播是无线电传播最简单的传播模型。

严格意义上的自由空间,应该是均匀、各向同性、无介质损耗的无限空间。无限大的真空是自由空间的典型例子。在这样的空间中,无线电波的传播不受介质的影响,也没有边界条件限制,除因为空间扩散引起功率通量密度随距离的增加而降低之外,将不会出现任何其他的传播效应。自由空间损耗正是反映了无线电波在这种理想空间传播时引起的扩散损耗。

在工程实践上,当电波传播路径远离地面、地物并且大气对电波传播的影响也可以忽略时,可以近似地认为无线电波的传播是自由空间传播,此时传播预测可以采用自由空间传播模型。在其他复杂传播条件下,自由空间传播模型则仅仅作为一个参考标准。

5.2.1.2 自由空间接收点功率通量密度

如图 5-2 所示,设有用信号在发射机输出口的功率为 p_t,以瓦(W)为单位,然后经由传输线,损耗 l_t 倍(包括插入损耗)后,到达发射天线。最后,由发射天线将信号转变成无线电波发射出去。无线电波在空间中遭受一定的传播损耗之后,到达接收天线的口面。但是,如果我们假定是自由空间,那么无线电波在这样的空间中传播不会有能量的消耗,所以作为球面波的无线电波到达接收天线口面时的功率通量密度为

$$s = \frac{p_t l_{lt} g_t}{4\pi d^2} \quad (\text{W/m}^2) \tag{5-36}$$

式中 p_t——发射功率;

l_{lt}——馈线损耗(包括插入损耗)系数;

g_t——发射天线在接收点方向上的增益系数;

d——由发射站到接收站的传播路径距离。

图 5-2 无线电通信的一般模式

为方便工程实践中的应用,可将式(5-36)变换为以下形式:

$$S = P_t + G_t - L_{lt} - 20\lg d - 71.0 \text{ dB} \quad (\text{W/m}^2) \tag{5-37}$$

式中,距离 d 的单位是 km。另外,

$$S = 10\lg s \quad (\text{dBW}) \tag{5-38}$$

$$P_t = 10\lg p_t \quad (\text{dBW}) \tag{5-39}$$

$$L_{1t} = 10\lg l_{1t} \quad (\text{dBW}) \tag{5-40}$$

$$G_t = 10\lg g_t \quad (\text{dBW}) \tag{5-41}$$

5.2.1.3　自由空间接收场强

功率通量密度 s 通常可以表示为电场强度与磁场强度的乘积:

$$s = EH \tag{5-42}$$

式中　E——电场强度;

　　　H——磁场强度。

而 E 与 H 之间又存在以下关系:

$$H = \sqrt{\frac{\varepsilon}{\mu}}E \tag{5-43}$$

对于自由空间,考虑到式(5-9)和式(5-10),有

$$s = \frac{E^2}{120\pi} \tag{5-44}$$

式中,E 的单位是 V/m;s 的单位是 W/m^2。如果将 dB(μV/m)作为场强的单位,则有

$$E = S + 145.8 \quad [\text{dB}(\mu\text{V/m})] \tag{5-45}$$

式中,S 的单位是 dB(W/m^2)。考虑到式(5-30),自由空间场强可表示为

$$S = P_t + G_t - L_{1t} - 20\lg d + 74.8 \quad [\text{dB}(\mu\text{V/m})] \tag{5-46}$$

式中,功率 P_t 的单位是 dBW;距离 d 的单位是 km。

5.2.1.4　自由空间接收电平

自由空间接收电平即接收机入口处的接收功率,应该等于自由空间功率通量密度乘以接收天线的有效面积,另外,还要考虑接收端馈线对接收信号的衰减(包括插入损耗)。因此,根据式(5-36)可知,自由空间接收电平 p_r 为

$$p_r = sa_e l_{1r} = \frac{p_t l_{1t} g_t}{4\pi d^2} a_e l_{1r} \quad (\text{W}) \tag{5-47}$$

式中　a_e——接收天线的有效面积,m^2;

　　　l_{1r}——接收端馈线对信号的衰减倍数。

考虑到接收天线的有效面积与天线功率方向性系数之间有以下关系:

$$a_e = \frac{\lambda}{4\pi}g_r \quad (\text{m}^2) \tag{5-48}$$

式中　λ——波长,m;

　　　g_r——接收天线的功率方向性系数,或称为功率增益系数。

将式(5-48)代入式(5-47),并取对数,则得到

$$P_r = P_t + G_t + G_r - L_{1t} - L_{1r} - 10\lg\left(\frac{4\pi d}{\lambda}\right)^2 \quad (\text{dBW}) \tag{5-49}$$

式中,接收电平 $P_r = 10\lg p_r$;接收端馈线损耗 $L_{1r} = 10\lg l_{1r}$;而 $10\lg\left(\dfrac{4\pi d}{\lambda}\right)^2$ 定义为自由空间损耗。

5.2.2　电磁波的极化

电磁波的电场强度和磁场强度都是矢量,矢量是有方向性的。这一节将讨论场矢量的方向问题,即电磁波的极化问题。通常,我们把电场强度矢量的方向定义为电磁波的极化方向。

电磁波的极化大体上可以分为线极化、圆极化和椭圆极化三种基本类型。

1. 线极化

线极化又分为垂直极化和水平极化。前者是指电磁波的电场强度矢量的方向垂直于地面;后者是指电场强度矢量的方向平行于地面。

2. 圆极化

圆极化又分为右旋圆极化和左旋圆极化。右旋圆极化是指,顺着波传播的方向看,电场向量的端点随着时间的变化,在垂直于传播方向的平面上沿顺时针方向描画出一个圆形;类似地,左旋圆极化是指,电场矢量的端点沿逆时针方向描画出一个圆形。

3. 椭圆极化

椭圆极化又分为右旋椭圆极化和左旋椭圆极化。椭圆极化是指顺着波传播的方向看,电场向量的端点随着时间的变化,在垂直于传播方向的平面上描画出一个椭圆形。右旋和左旋的定义与上述圆极化的相同,如图 5-3 所示。

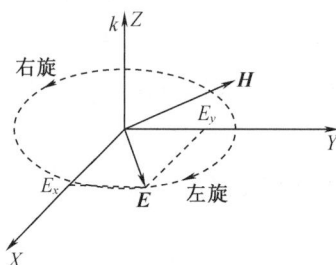

图 5-3　场向量、波矢量与椭圆极化

5.2.2.1　椭圆极化波

可以证明,电磁波是横波,如图 5-3 所示,O 点的电场强度 E 和磁场强度 H 相互垂直,并且假定均在 XY 平面上,代表波传播方向的波矢量 k 则垂直于 E 和 H,所以它与 Z 轴平行。如果电场强度的分量 E_x 和 E_y 之间有一个固定的相位差,那么对于一个单色平面波而言,可以有

$$\begin{cases} E_x = a\cos(\omega t - kz) \\ E_y = b\cos(\omega t - kz + \delta) \end{cases} \tag{5-50}$$

式中　t——时间;

ω——角频率；

k——波数；

a——电场分量 E_x 的幅度；

b——电场分量 E_y 的幅度。

对上式进行简单变换，可以得到

$$\frac{E_x^2}{a^2} + \frac{E_y^2}{b^2} - \frac{2E_xE_y}{ab}\cos\delta = \sin^2\delta \qquad (5-51)$$

这是 XY 平面上的二次曲线。因为该二次曲线的判别式为

$$\begin{vmatrix} 1/a^2 & -\cos\delta/ab \\ -\cos\delta/ab & 1/b^2 \end{vmatrix} = \frac{\sin^2\delta}{a^2b^2} > 0$$

所以，该二次曲线为椭圆。此时，该电磁波便是椭圆极化波。

5.2.2.2　圆极化波

当电场分量 E_x 和 E_y 的幅度相等，即 $a=b$，并且相位差 δ 为 $\pi/2$ 的奇数倍，即

$$\delta = \pm(2m-1)\pi/2, m = 1,2,3,\cdots$$

时，式（5-40）变为

$$E_x^2 + E_y^2 = a^2 \qquad (5-52)$$

这是以 a 为半径的圆方程。在这种情况下的电磁波称为圆极化波。

5.2.2.3　线极化波

当电场分量 E_x 和 E_y 的相位差 δ 为 $\pi/2$ 的偶数倍，即

$$\delta = \pm m\pi, m = 0,1,2,3,\cdots$$

时，式（5-40）变为

$$E_y = \pm\frac{b}{a}E_x \qquad (5-53)$$

式中，负号对应于 m 为奇数，正号对应于 m 为偶数。式（5-53）表明，合成场矢量 $\boldsymbol{E}$ 的端点随时间变化所描出的轨迹为线性方程，此时波的极化称为线极化。

同样可以证明，当 E_x 的相位比 E_y 落后 $\pi/2$ 时，就会出现右旋极化；而当 E_x 的相位比 E_y 超前 $\pi/2$ 时，就会出现左旋极化。

5.3　电磁波在海水中的传播特性

目前对海水的电磁特性已进行过初步的讨论和分析，并且得到了只有低频电磁波才能在海水中传播较深的距离的结论，但电磁波在海水中传播时所呈现出来的特性与在空气中传播时有很大的区别，电磁波在导电媒质与绝缘媒质中传播的差异性引起了广泛的关注。本节以电磁波在不同媒质表面的反射定律和折射定律为出发点，通过求解麦克斯韦方程组讨论了电磁波在海水中的传播特性。

5.3.1 电磁波由空气向海水的入射

当电磁波由空气向海水表面入射时,将发生反射和折射现象,即入射波的一部分能量由海面返回空气,而另一部分能量透入海水中。在甚低频水下通信系统中,处于深潜中的潜艇就是通过透入海水中的这一部分能量进行收信的。

电磁波在两种介质的分界面传播时,满足边值关系,即在无源边界面上 $\boldsymbol{E}$ 和 $\boldsymbol{H}$ 的法向、切向分量连续,由此可以推导出电磁波在边界面处满足的斯涅尔公式、反射定律和折射定律。设入射波、反射波和折射波的传播方向与两种媒质界面的法线方向的夹角分别为 θ_i、θ_r 和 θ_t,即入射角为 θ_i,反射角为 θ_r,折射角为 θ_t,如图 5-4 所示。

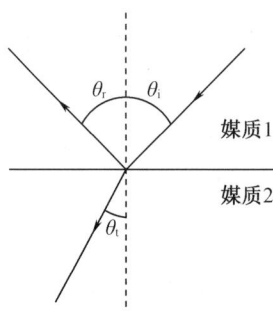

图 5-4　电磁波由海面入射至海水

依据反射定律,可知

$$\theta_i = \theta_r \tag{5-54}$$

依据折射定律,可知

$$k_1 \sin \theta_i = k_2 \sin \theta_t \tag{5-55}$$

式中

$$k_1 = \omega \sqrt{\mu_1 \varepsilon_1} \tag{5-56}$$

$$k_2 = \omega \sqrt{\mu_2 \varepsilon_2} \tag{5-57}$$

考虑到媒质 1 为空气,媒质 2 为海水,由式(5-55)、式(5-56)和式(5-57)可得

$$\sin \theta_i = \left(1 - j\frac{\sigma}{\omega\varepsilon}\right) \sin \theta_t \tag{5-58}$$

由于 $1 - j\sigma/\omega\varepsilon$ 很大,所以必有 $\theta_t \approx 0$,这说明当电磁波入射至导电媒质的界面时,透入导电媒质的电磁波几乎垂直于界面向媒质中传播,而与入射角的大小无关。

将海面处透入海水的折射波电场与入射波电场振幅之比定义为界面处的折射系数 t,则由斯涅尔公式可得

$$t = \frac{2\eta_2 \cos \theta_i}{\eta_1 \cos \theta_i + \eta_2 \cos \theta_t} \tag{5-59}$$

式中,$\eta_1 = 120\pi$ 表示空气中的波阻抗;$\eta_2 = \sqrt{\omega\mu/\sigma} \exp(j\pi/4)$,其中 σ 表示海水的电导率,由于 $\theta_t \approx 0$,所以折射系数可化为

$$t = \frac{2\cos\theta_i}{1+120\pi\cos\theta_i\sqrt{\sigma/\omega\mu}\,\mathrm{e}^{-\mathrm{j}\pi/4}} \tag{5-60}$$

当甚低频电磁波在海面传播时,设垂直电场分量为 E_{1v},水平磁场分量为 H_{1h},由 H_{1h} 在海面上感应的二次场是一个水平电场分量,记为 E_{1h},E_{1h} 就是由大气进入海洋并向深海传播的主要电场分量,而海面上的 E_{1h} 和 H_{1h} 继续在大气中传播。且 E_{1h} 与 E_{1v} 的比值有以下关系:

$$|E_{1h}|/|E_{1v}| \approx 1/(60\lambda_0\sigma)^{1/2} \tag{5-61}$$

由式(5-60)、式(5-61)可以得出这样的结论:由于海水的电导率较高,$\sigma \approx 4$,在甚低频频段折射系数很小,即甚低频从空气入射到海面时大部分能量被反射到空气中,只有很小一部分进入海水中,并且折射系数与频率有关,频率越高折射系数就越大,且频率越高越容易进入导电媒质中;当 $\lambda_0 = 30\ \mathrm{km}$,$\sigma \approx 4$ 时,得到 $|E_{1h}|/|E_{1v}| \approx 0.00037$,即海面上的水平电场分量比垂直电场分量小 68.6 dB,这也说明当电磁波从空气向海水入射时,频率越低进入海水中的能量越少。

当电磁波进入海水后,在海水中的情况与在海面上恰恰相反,这时海水中的垂直电场分量 E_{2v} 与水平电场分量 E_{2h} 之比 $|E_{2v}|/|E_{2h}| \approx 0.00037$,即海水中的水平电场分量比垂直电场分量大得多,并且传播方向基本是向下的,深海水下通信用的就是电磁波的水平分量。

5.3.2　海水中电磁波的相关参数分析

由于海水的电导率 $\sigma \neq 0$,因此海水中的电磁波传播常数成为复数,即在传播过程中不仅有相移而且有衰减;由于海水的电导率与电磁波频率的关系为 $\sigma \ll \omega\varepsilon$,所以海水中的电磁波基本是以传导电流的形式存在的,相比之下位移电流可忽略。传导电流的密度为 $J = \sigma E$,因而有能量损耗。故平面波在导电媒质中的传播与在理想介质中的传播不同。

$\sigma \neq 0$ 时,交变场满足麦克斯韦方程及其辅助方程:

$$\begin{cases} \nabla \times E = -\dfrac{\partial B}{\partial t} \\ \nabla \times H = \dfrac{\partial D}{\partial t} + J, \text{辅助方程} \begin{cases} D = \varepsilon E \\ B = \mu H \\ J = \sigma E \end{cases} \\ \nabla \cdot D = \rho \\ \nabla \cdot B = 0 \end{cases} \tag{5-62}$$

由麦克斯韦方程组可知,H、E 与均匀非损耗媒质中的一样,仍然满足亥姆霍兹方程:

$$\begin{cases} \nabla^2 E + k^2 E = 0 \\ \nabla^2 H + k^2 H = 0 \end{cases} \tag{5-63}$$

得到平面波的解:

$$\begin{cases} E = E_0 \mathrm{e}^{-\mathrm{j}k \cdot r} \\ H = H_0 \mathrm{e}^{-\mathrm{j}k \cdot r} \end{cases} \tag{5-64}$$

式中,E_0、H_0 分别为电场和磁场的振幅;对于均匀平面波,有 $k = (\beta-\mathrm{j}\alpha)r$,这里 r 为平面波的传播方向,β 为相移常数,α 为衰减常数。有电场和磁场垂直于传播方向,得到 α 与 β 表达式:

$$\alpha = \omega \sqrt{\frac{\mu\varepsilon}{2} \left[\sqrt{1+\left(\frac{\sigma}{\omega\varepsilon}\right)^2} -1 \right]^{\frac{1}{2}}} \tag{5-65}$$

$$\beta = \omega \sqrt{\frac{\mu\varepsilon}{2} \left[\sqrt{1+\left(\frac{\sigma}{\omega\varepsilon}\right)^2} +1 \right]^{\frac{1}{2}}} \tag{5-66}$$

导电媒质中波的相速为

$$v_p = \frac{\omega}{\beta} = \frac{1}{\sqrt{\mu\varepsilon}} \left[\frac{2}{\sqrt{1+(\sigma/\omega\varepsilon)^2}+1} \right]^{\frac{1}{2}} \tag{5-67}$$

而波长为

$$\lambda = \frac{2\pi}{\beta} = \frac{v_p}{f} \tag{5-68}$$

由上式得到 $v_p < 1/\sqrt{\mu\varepsilon} = v_p |_{\sigma=0}$，$\lambda < \lambda |_{\sigma=0}$。当 $\sigma \neq 0$ 时，$\alpha > 0$，说明沿传播方向衰减；另一方面，相速和波长变小，而且相速与频率有关，不同频率的波相速不同，这种现象称为色散现象，此时的传播媒质为色散媒质，即海水为色散媒质。

由于海水是良导体，满足 $\sigma \ll \omega\varepsilon$，此时有 $\alpha = \beta = \sqrt{\omega R\sigma/2} = \sqrt{\pi f\mu_0\sigma}$。可见在海水中，电磁波按 $\sqrt{f}$ 规律衰减，频率越高海水对电磁波的衰减越大，因此在对潜通信中一般采用较低的工作频率。波阻抗变成了复数 $\eta_2 = \sqrt{\omega\mu/\sigma} \exp(j\pi/4)$，电场和磁场分量不再同相位，电场超前于磁场 $\pi/4$，磁场能量大于电场能量。

设 z 为海水深度，$z=0$ 为海面，由大气进入海面的电场水平分量可以表示为 $E_h(0)$，其近似于垂直向下传播过程的水平分量可以表示为

$$E_h(z) = E_h(0)e^{-\alpha z}e^{-j\beta z} \tag{5-69}$$

当 $|E_h(z)|$ 衰减到 $|E_h(0)|$ 的 $1/e$ 时，称此深度为穿透深度，用 δ 表示，$\delta = 1/\alpha$，以 m 为单位。可以看出，频率越高，衰减越大，穿透深度越小。所以如果希望将电磁波信号送到海面下较大深度时，就需要适当降低频率。

在选择对潜通信无线电波的工作频率时，存在这一对矛盾，为了使电磁波在海水中的传播衰减较小，应该选择较低的工作频率，但是工作频率越低，电磁波越难透入海水中。

5.4 电磁波传播距离

为了实现远距离、大深度的超低频通信，必须装备功率巨大的发信机及极长的发信天线。这些设备不可能装在海面目标或海面下目标上，而只能安装在岸上。因此超低频远距离通信只能是岸上发信的单向通信。从电波传播角度来说，岸对海面下目标通信的电波传播分成两段——地面段和水下段。下面首先介绍电磁波在地面段的传播。

5.4.1 地面段场强

在地面上，电磁波是在地面和电离层形成的波导内传播的。地面上的超低频水平磁流源在球形地上电离层波导中辐射的场，可用以下公式计算：

水平磁场为

$$|H_\varphi| \approx \frac{I \cdot \mathrm{d}l \cdot f}{240\pi}\left(\frac{2\pi\mu_0}{c}\right)^{1/2}\frac{\cos\varphi}{h_\mathrm{i}\left[\sigma_\mathrm{e}(c/v)\right]^{1/2}}\frac{\mathrm{e}^{-\alpha p}}{\left[a_\mathrm{e}\sin(p/a_\mathrm{e})\right]^{1/2}} \quad (\mathrm{A/m}) \qquad (5\text{-}70)$$

垂直电场为

$$|E_\mathrm{r}| \approx \left(\frac{2\pi\mu_0}{c}\right)^{1/2}\frac{I \cdot \mathrm{d}l \cdot f}{2h_\mathrm{i}(\sigma_\mathrm{e})^{1/2}}\left[\frac{p/a_\mathrm{e}}{\sin(p/a_\mathrm{e})}\right]^{1/2}\frac{\mathrm{e}^{-\alpha p}}{p}\cos\varphi \quad (\mathrm{V/m}) \qquad (5\text{-}71)$$

式中　$\mathrm{d}l$——水平天线的有效长度,m;

I——大线电流,A;

f——工作频率,Hz;

h_i——电离层有效反射高度,m;

σ_e——天线场地有效电导率,S/m;

p——测试点与发射点之间的距离,m;

α——波导衰减因子,Np/m;

a_e——地球半径,6.37×10^6 m;

c——自由空间的光速,m/s;

v——波导中的电波速度,m/s;

φ——相对于水平天线电缆轴线的方位角,(°);

μ_0——自由空间的磁导率,此处将海水的磁导率近似为自由空间的磁导率。

下面讨论电磁波从海面至海面下接收点的传播情况。

5.4.2　海水段场强

5.4.2.1　平面电磁波从大气层进入海面

在海面上的垂直极化平面电磁波,其垂直电场分量为 E_z,水平磁场分量为 H_x,由 H_x 在海面上感应的二次场是一个径向水平电场分量,记为 E_x,E_x 就是由大气层进入海洋并向深处传播的主要电场分量,而海面上的 E_z 和 H_x 继续在大气层中传播。

E_z 与 E_x 的比值有以下关系:

$$E_x/E_z \approx 1/(60\lambda_0\sigma)^{1/2} \qquad (5\text{-}72)$$

式中　λ_0——电磁波在自由空间的波长,m;

σ——海水中的电导率,S/m。

5.4.2.2　电磁波在海水中的传播

远距离电磁波从海面向海面下渗透基本上是垂直向下传播的,这是因为在海面下垂直电场远小于水平电场。在 $k_1\rho\ll1$ 的条件下,海面附近偶极子的电磁场在海水中都是垂直传播的。所以,超低频以下频率的电磁波从海面向海水中传播遵循以下规律:

$$E_{1\rho}(z) = E_{0\rho}\mathrm{e}^{-jk_1 z} \qquad (5\text{-}73)$$

式中　$E_{0\rho}$——海面上的水平电场;

z——海面下的垂直距离,m;

$E_{1\rho}(z)$——海面下 z 处的水平电场;

k_1——海水的波数，即

$$k_1 = \sqrt{(\omega^2\varepsilon_1 - j\omega\sigma_1)\mu_0} \approx \sqrt{-j\omega\sigma_1\mu_0} = \alpha - j\beta \qquad (5-74)$$

其中 μ_0——自由空间磁导率，$\mu_0 = 4\pi\times10^{-7}$；

α——相位系数，rad/m；

β——衰减率，N/m。

它们的表达式为

$$\alpha = \beta = \sqrt{\pi f\sigma\mu_0} \qquad (5-75)$$

水平磁场的公式相同。如果将衰减率 β 的单位改为 dB/m，因为 1 Np/m = 8.685 8(dB/m)，所以有

$$\beta' = 8.685\,8\beta = 8.685\,8\sqrt{\pi f\sigma\mu_0} \qquad (5-76)$$

则在 z 处水平电场的绝对值为

$$|E_{1p}(z)| = |E_{0p}|\times10^{-\beta'z/20} = |E_{0p}|\times10^{-0.434\,3\beta z} \qquad (5-77)$$

利用式(5-65)计算的这几个频率电磁波在海水中的衰减率(海水的电导率取 $\sigma = 4$ S/m)，以及透过 100 m 海水层后电磁波的衰减倍数都列在表 5-1 内。

表 5-1 衰减率(dB/m)及 100 m 海水层的衰减倍数

频率/Hz	0.1	1	10	100	300
海水的衰减率/dB/m	0.010 915	0.034 516	0.109 15	0.345 16	0.597 83
电磁波透过 100 m 海水层的衰减倍数	1.133 9	1.487 9	3.513 5	53.186	975.37

从表 5-1 中的数值看出，海水中的衰减随频率降低而急剧减小；超低频以下电磁波在海水中的衰减率很低。上面已经指出，在地—电离层波导中，超低频以下电波的衰减也是随频率的降低而减小的，而且是很小的。所以从 20 世纪五六十年代开始，为了解决对海面下目标通信的深度问题，人们开始研究超低频通信问题，目前外军已经采用这种通信方式。这种通信方式的主要缺点是通信速度太低。

5.4.2.3 传播距离与入水深度的关系

以美国的超低频发信台为例，天线长 22.5 km，载电流为 300 A，工作频率为 76 Hz，电离层有效反射高度：白天为 70 km，夜间为 90 km。发信天线场地有效电导率为 2×10^{-4} S/m，查得波导衰减因子分别为 0.147 Np/Mm，海水电导率 $\sigma = 4$ S/m，其中 $\mu_0 = 4\pi\times10^{-7}$ H/m，$c = 3\times10^8$ m/s，$a_e = 6.37\times10^6$ m。略去收信点对于天线轴线的方位角的影响，假设水下收信点最小可接收场强为 1×10^{-11} V/m，代入公式计算超低频入水深度 z 与传播距离 p 的关系，结果列入表 5-2 中。

从表 5-2 中可以看出，超低频在 2 000 km 入水深度可达 124 m，在 8 000 km 入水深度可达 82 m，它穿透海水的能力比甚低频高一个数量级。白天电离层有效波导高度为 70 km，夜间电离层有效波导高度为 90 km，在同一通信距离上，白天通信入水深度比夜间深 5~8 m，白天通信效果要比晚上好。

表 5-2　不同距离上的入水深度($f=76\ \text{Hz}$)

p/km		2 000	3 000	5 000	8 000
z/m	白天	124	114	99	82
	夜间	116	107	92	75

基于超低频传播的特点,本书对超低频入水深度与传播距离的关系进行了分析,由结果看出,超低频可以穿透 100 m 的海水,在水下 100 m 处,场强虽然很微弱,但是只要天线有足够的长度,天线和前置放大器的内部噪声足够,仍然有可能接收到信号。从这点来说,超低频通信对潜艇深水隐蔽收信具有重大意义,使用超低频对潜通信可满足潜艇远距离、大深度隐蔽通信的要求,也就是说,潜艇不必像接收甚低频那样将天线浮到海面附近,可以保持在工作深度接收信号,有利于最大限度地发挥其技战术性能。

电磁波在海水中传播时出现的上述现象,与电磁波在自由空间的传播特征有很大差别。通过以上分析,可以得到如下结论:

①电磁波从空气中不论以何种入射角入射到海面,进入海水中的电磁波都近似地垂直于界面传播。

②电磁波频率越高,透入海水中的能量就越多。

③电磁波在海水中传播时发生色散现象,且磁场能量大于电场,并且电场与磁场不再同相位,电场超前于磁场约 $\pi/4$ 相位。

④电磁波频率越低,在海水中的穿透深度就越大。

⑤高频电磁波虽然能够透入海水中较多的能量,但是在海水中的穿透深度非常有限;而低频电磁波的穿透深度较大,能够满足水下通信的需求。

⑥超低频可以穿透 100 m 的海水,在水下 100 m 处,场强虽然很微弱,只要天线有足够的长度,天线和前置放大器的内部噪声足够,仍然有可能接收到信号。从这点来说,超低频通信对潜艇深水隐蔽收信具有重大意义,使用超低频对潜通信可满足潜艇远距离、大深度隐蔽通信的要求,也就是说,潜艇不必像接收甚低频那样将天线浮到海面附近,可以保持在工作深度接收信号,有利于最大限度发挥其技战术性能。

5.5　典型水下无线电通信调制技术

采用无线电实现水下通信,当收信平台位于水下时,则仅能通过极低频(3~30 Hz)、超低频(30~300 Hz)、特低频(300 Hz~3 kHz)、甚低频(3~30 kHz)实现大深度的通信。从信号传播路径来看,采用无线电实现对水下平台的通信属于跨域通信,信号从空中传输跨越到水下传输。

无论采用上述哪种频段,其传输频率都非常低,整体带宽从 27 Hz 到 27 kHz。显然,必须采用适合传输带宽有限特点的调制技术。为了满足这一基本要求,仅能依靠数字通信调制方式。水下无线电通信的应用背景多为对潜通信,各国的长波通信台通常采用 CW、FSK、

MSK 调制方式。

5.5.1 CW 调制

CW 调制即连续波调制,采用一个单一频率的载波,通过通断键控实现对载波的控制,进而传输数字码元消息。可以采用固定码元间隔的 ASK 调制方式,也可以通过电键生成莫尔斯码,产生短信号"点"和长信号"划",通过"点"和"划"的组合来表示不同的字符。

如图 5-5 所示,ASK 信号的产生方法(调制方法)有两种:图(a)为一般的模拟幅度调制方法;图(b)为一种键控方法,这里的开关电路受 $s(t)$ 控制;图(c)即为 $s(t)$ 及 $e_0(t)$ 的波形示例。

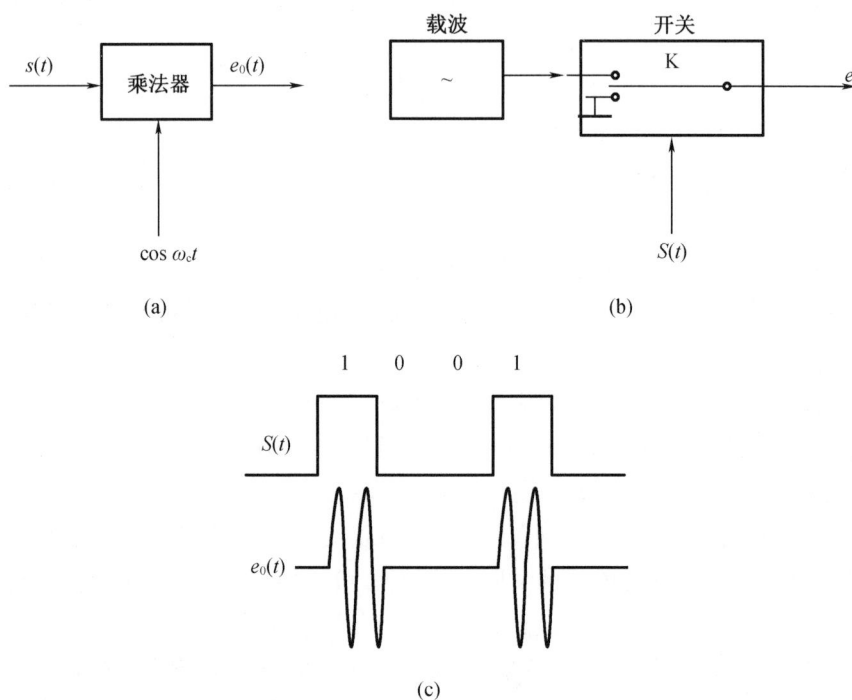

(a)

(b)

(c)

图 5-5 二进制振幅键控(2ASK)信号的产生及波形示例

2ASK 信号也有两种基本的解调方法:非相干解调(包络检波法)及相干解调(同步检测法)。相应的接收系统组成如图 5-6 所示。

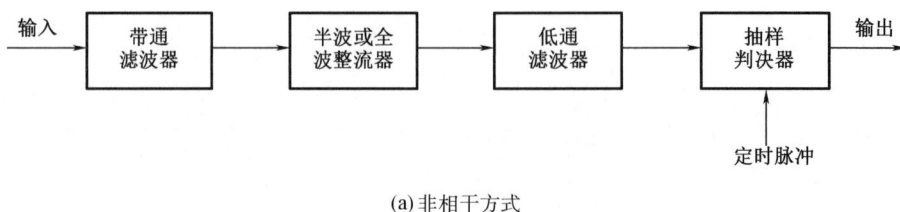

(a)非相干方式

图 5-6 二进制振幅键控信号接收系统组成框图

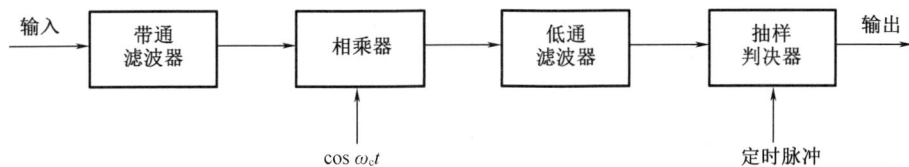

(b) 相干方式

图 5-6(续)

5.5.2　FSK 调制

2FSK 信号可利用一个矩形脉冲序列对一个载波进行调频来获得。这正是频率键控通信方式早期的实现方法,也是利用模拟调频法实现数字调频的方法。2FSK 信号的另一种产生方法便是键控法,即利用受矩形脉冲序列控制的开关电路对两个不同的独立频率源进行选通。以上两种产生方法及波形示例如图 5-7 所示,$s(t)$ 代表信息的二进制矩形脉冲序列,$e_0(t)$ 即是 2FSK 信号。

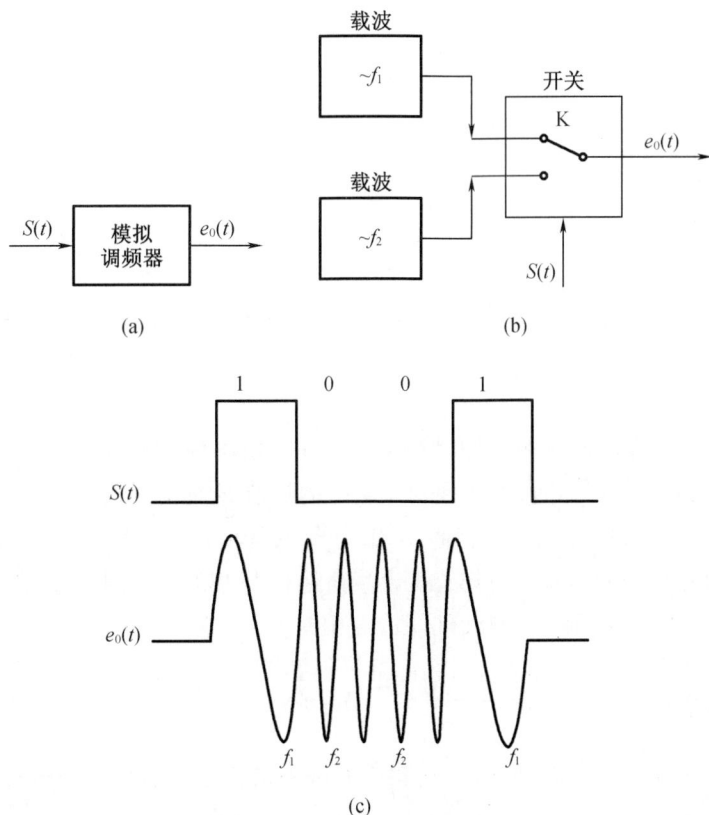

图 5-7　二进制移频键控(2FSK)信号的产生及波形示例

二进制 FSK 信号的常用解调方法是图 5-8 所示的非相干检测法和相干检测法。这里的抽样判决器是判定哪一个输入样值大,此时可以不专门设置门限电平。

(a)非相干方式

(b)相干方式

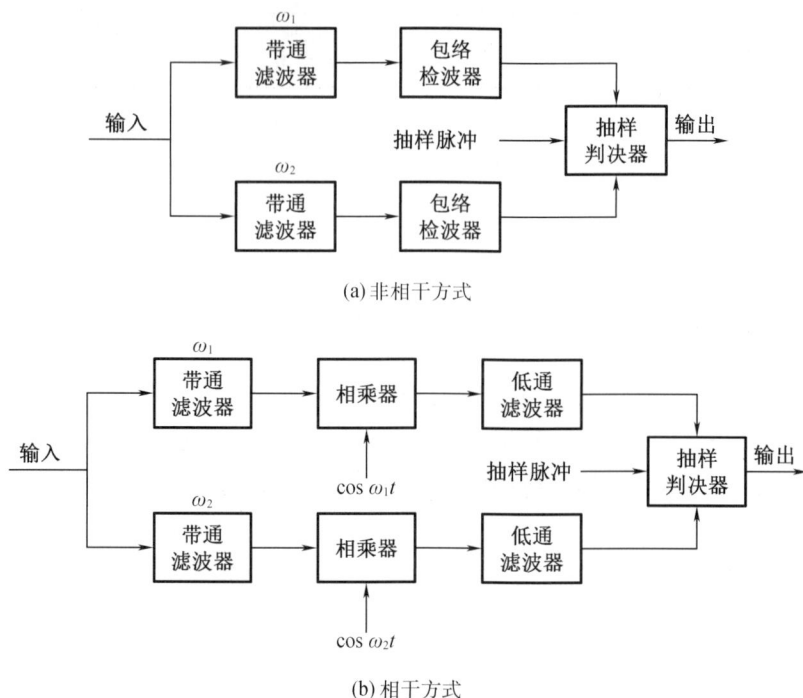

图 5-8　二进制频移键控信号常用接收系统

5.5.3　MSK 调制

最小频移键控(MSK)是频移键控(FSK)的一种改进型。在 FSK 方式中,相邻码元的频率不变或者跳变一个固定值。在两个相邻的频率跳变的码元之间,其相位通常是不连续的。MSK 是对 FSK 信号做某种改进,使其相位始终保持连续变化的一种调制。

最小频移键控信号是能够保持信号正交且具有最小频移(频移指数 $h=0.5$)的相位连续的频移键控信号。MSK 信号在码元转换点上相位连续,彻底地解决了相位突变问题。

最小频移键控又称快速移频键控(FFSK)。这里"最小"指的是能够以最小的调制指数(即 0.5)获得正交信号;而"快速"指的是对于给定的频带,它能传送比 PSK 更高的比特速率。

如图 5-9(a)所示,MSK 信号与普通 2FSK 信号的差别在于:选择两个传信频率 f_1 与 f_2,使两个频率的信号在一个码元期间相位积累严格地相差 180°。由图 5-9(b)所示波形可以看出,"+"信号与"-"信号在一个码元期间恰好相差 1/2 个周期。

MSK 信号具有如下特点:

①已调信号的振幅是恒定的;

②信号的频率偏移严格地等于 $\pm\dfrac{1}{4T_s}$,相应的调制指数 $h=(f_2-f_1)T_s=\dfrac{1}{2}$;

③以载波相位为基准的信号相位在一个码元期间,准确地线性变化 $\pm\dfrac{\pi}{2}$;

④在一个码元期间,信号应包括 1/4 载波周期的整数倍;

⑤在码元转换时刻信号的相位是连续的,或者说,信号的波形没有突变。

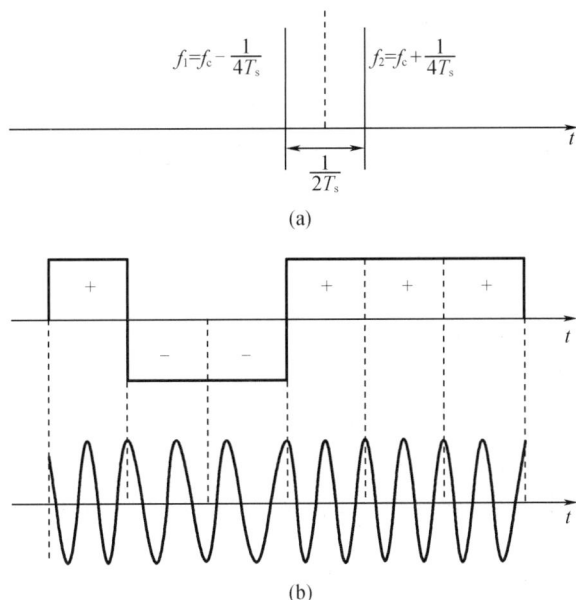

$f_1=f_c-\dfrac{1}{4T_s}$ $f_2=f_c+\dfrac{1}{4T_s}$

$\dfrac{1}{2T_s}$

(a)

(b)

图 5-9　MSK 信号的频率间隔与波形

另外从功率谱上看,MSK 信号功率谱的主瓣所占的频带宽度比 2PSK 信号的窄;在主瓣带宽之外,功率谱旁瓣的下降也更为迅速。这说明 MSK 信号的功率主要包含在主瓣之内。因此,MSK 信号比较适合在窄带信道中传输,对邻道的干扰也较小。另外,由于占用带宽窄,故 MSK 抗干扰性能要优于 2PSK。这就是目前广泛采用 MSK 信号调制的原因。

5.6　外军超/甚低频对潜通信

在两次世界大战中,常规潜艇在攻击敌方运输船及水面作战舰艇中发挥了重要作用。核动力潜艇的出现与发展进一步扩展了潜艇的战斗功能,核攻击潜艇成为与敌方潜艇作战的重要兵力,弹道导弹核潜艇作为生命力强的可移动水下导弹发射基地,形成了海上战略兵力。攻击、反潜及战略威慑成为现代潜艇的三大使命,为完成上述使命,在潜艇的各种战斗性能中,最重要的是活动的隐蔽性。各国海军战术发展的一个重要趋势是不断提高潜艇的隐蔽性和增强反潜兵力对潜搜索的能力。为使潜艇能顺利完成战斗任务,必须加强对它的指挥控制。保证这种指挥控制能力的主要手段是无线电通信。但潜艇的隐蔽性给无线电通信带来极大的不便。

反潜兵力利用无线电侦测设备测量敌方潜艇的无线电波辐射,能够凭借信号特性判断出潜艇的级别、类型、位置与航向。此外,雷达还可在一定距离上发现水面状态潜艇或潜望镜之类的物体。所以潜艇在无线电通信时,要尽量避免艇体和电波的暴露。

为此,在对潜通信中,主要采用对潜单向指挥通信。由于超长波或甚长波可以穿透海水一定深度,因此潜艇接收超长波或甚长波指令不必浮出水面。但潜艇发射电波时其天线必须露出水面,所以它只有在十分必要时才对外发信,并且在短波频段必须实行瞬间发射方式,以使电波在空中暴露的时间小于敌方无线电侦察定位所需要的时间。

在保证潜艇隐蔽性的同时,还要求通信系统生命力强,在敌方核攻击条件下通信保持畅通,不被破坏和干扰,以达到可靠无误的指挥控制目的。

为解决对战略潜艇大深度通信问题,美国海军做了大量的研究,并于1995年4月通过了《潜艇通信计划概要》,后将其修改为《潜艇通信发展总体规划》。规划是面向21世纪的,体现了潜艇通信系统应向大容量、网络化、开放结构、与作战系统高度融合的方向发展。该规划中的大部分内容已经完成。

纵观美军潜艇通信,其特点表现为:

①通信覆盖面广:覆盖全球;

②通信手段多:全频段电磁波、声、光;

③可联网使用(包括与北约海军);

④基本解决了现阶段海战中对潜不间断指挥的问题;

⑤有较强的抗毁能力。

由于长波能穿透海水、传播稳定、对日暴、极光和高空核爆炸不敏感,所以目前各国对潜远程指挥通信都采用长波发射设备,常用单向通播方式。主要设施是岸基甚长波和超长波发射平台,以及机载甚长波发射平台。

5.6.1 岸基长波台

美国在二战前后以及20世纪五六十年代,在其本土及巴拿马、日本、意大利和澳大利亚等国建造了可以覆盖全球的甚低频(3~30 kHz)对潜通信台站网:2个在太平洋,1个在澳大利亚,1个在中美洲,2个在欧洲,4个在美国本土与夏威夷岛。在1994年基地重新调整中,美国于1996年和1997年先后关闭了位于马里兰州的安纳波利斯甚低频、低频发射平台和位于阿拉斯加州的阿达克低频发射平台。

此外,美国在20世纪50年代末开始研制北极星战略导弹核潜艇时,就考虑了其深水通信问题。提出了"桑格文"(Sanguine)计划,计划设想天线占地13 750 km²,投资10亿美元以上,建立一个能经受核打击、完全深埋在地下工事内的100部发射机、采用全方向辐射、可达全球海域、向弹道导弹核潜艇发送紧急行动电文的对潜通信系统。1968年美国选定具有花岗岩低导电率地质结构的威斯康星州克拉姆湖地区开始建站,1969年建成十字形天线各长22.5 km、发射机功率2 MW的试验台。在1972年的试验中,美国海军成功地与4 600 km外,天线在水下102 m深、航速16 kn的潜艇进行通信联络。从1985年5月起,美国先后在太平洋舰队、地中海、西太平洋及北极冰盖条件下对潜超低频通信试验成功。1986年底,威斯康星州克拉姆湖地区和密歇根州半岛的两个超长波发信台同时完工,交付给海军投入使用。随后,美国在所有的核潜艇上逐步安装上甚/超低频接收机。

英国和法国也是有核潜艇的国家,尽管他们可以利用美国的甚/超低频对潜通信系统,但他们还是在研究自己的甚/超低频对潜通信技术。1984年12月,美国官方首次公开证实了英国和法国在建立自己的甚/超低频对潜通信系统。1985年8月,美国派出一个专家小组去帮助英国在苏格兰地区考察发射平台站址。1986年,在英国苏格兰地区选站架设一副22 km长的发射天线进行技术论证。法国也是从1984年开始进行有关研究工作,汤姆逊无线电公司和 CGE 公司从事的就是这方面的研究工作。

1967 年,苏联开始研究潜艇的深水通信问题。他们首先在克里米亚建立一个 50～100 kW 的超低频试验台,租用了一段 22 km 长的输电线路,将其两端接地作为天线进行试验,选用 30～400 Hz 频段,论证了在几百千米外的深航潜艇可以接收到超低频信号。1975—1980 年,他们在北部的科拉半岛设台,租用长达 180 km 的输电线作为试验天线,利用闸流管研制功率为 500～1 000 kW 的超低频发射机,工作频率选用 30～300 Hz,每天试验6～8 h,论证了其通信距离可达 5 000～8 000 km。在此期间,他们对超低频的发射原理、发信机结构、发射天线、电波传播、接收机、超低频信号对周围环境和人身安全的影响等问题进行了大量研究。

1981—1991 年,他们正式在科拉半岛建造永久性的发射平台,选用 30～200 Hz 频段工作,发射天线 2 根平行,各长 60 km,两端接地,彼此相距 10.5 km,各有一部发射机,由一个总控制台控制。发射机功率为兆瓦级。据报道,该台在 1983 年就开始了发信,当工作频率选用 81±3.13 Hz 时,可对 6 000 km 外 100 m 深的潜艇进行通信,其最大通信距离可达10 000 km。由于科拉台的天线是东西平行走向,它对大西洋和西太平洋的覆盖较好,对地中海和东太平洋、印度洋则方向性较差。他们从 1993 年起,还利用该台进行了更低工作频率(30 Hz 以下)的试验,认为如果工作频率选用 10 Hz,则有可能对水下 270 m 深的潜艇进行通信。苏联解体后,俄罗斯仍在继续研究甚/超低频技术。

截至目前,俄罗斯建立了 9 个大型长波台:4 个在西伯利亚,3 个在前苏联欧洲地区,2 个在黑海。其中设在高尔基城附近的功率为 1 MW 的发射台是二战后将德国哥利阿斯台的设备拆迁建成的。此外,英国在其本土拉戈比和克里吉昂也建了两座主要的长波台。需要注意的是,俄军有世界上最大发射功率的甚长波发射平台(5 MW);科拉半岛的超低频发射平台,所辐射的场强比美军的高十几分贝。

纵观各国长波台,其通信频率范围为 14～30 kHz,能够对水下 15～30 m 深度的潜艇进行通信,主要工作方式是向潜艇发送 50 Baud FSK、MSK 或更高速率的 FSK、MSK 信号,并辅以人工等幅报,还可发送包含密码的保密通播。美国海军要求长波发射设备可靠性达99.9%,符号错误率小于 10^{-3},所以设备组件都有备份件。

为达到必要的电波覆盖范围,要求发射机功率达兆瓦级,为保证必要的天线效率,需要建造高达几百米、顶帽面积达几百英亩①的庞大天线阵。典型甚低频发射平台铁塔天线如图 5-10 所示。如美国 1960 年建成的卡特勒长波台,它担负与活动在大西洋北部、北冰洋和地中海等水域潜艇的通信任务,发射机额定输出功率 2 MW,由占地 3 000 英亩的两副六角形天线阵组成,整个天线系统固定在 26 个天线塔上,中心塔、中间塔和外塔高度分别为294 m(2 根)、262 m(12 根)和 240 m(12 根)。天线有效高度为 145～150 m,天线效率在50% 以上。天线阵之所以如此庞大,是因为有理论证明,在波长和其他条件固定时,天线辐射功率与有效高度的平方成正比,而天线有效高度主要取决于天线垂直支撑高度和顶帽面积。天线阵大致有矩阵式、悬链式、六角星形式以及气球支撑式几种。其中四分之一波长

———————————
① 1 英亩约为 4 046.86 平方米。

气球天线一般用于应急天线或中小功率台天线。

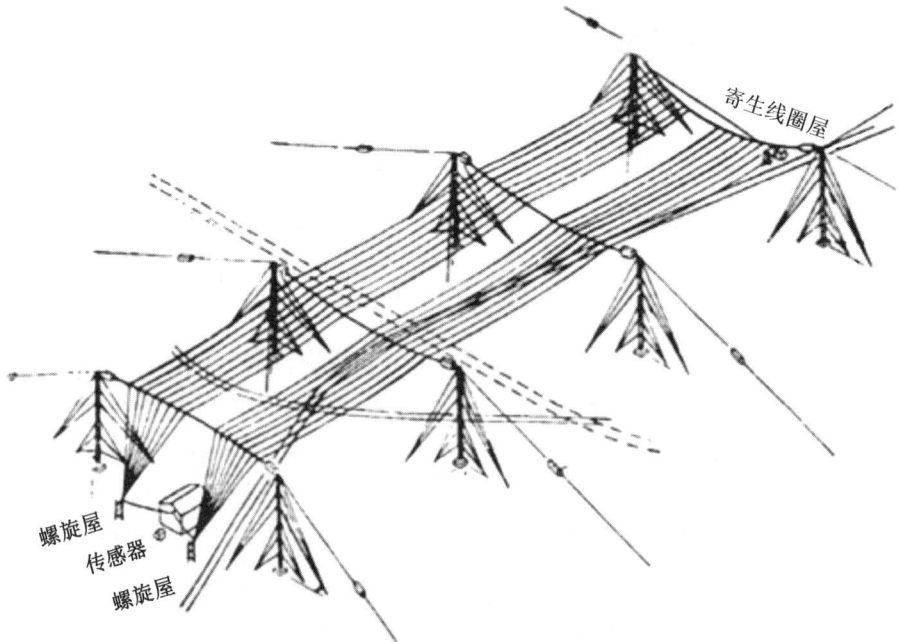

图 5-10　典型甚低频发射平台铁塔天线示意图

多年来,在长波设备的使用中,各国海军针对天线阵庞大、发射效率低下、天线回路高 Q 值(品质系数)导致的带宽窄等问题,仍在不断研究和改进,在减小天线尺寸、提高发射系统效率和增加带宽等方面不断进行改进。

为适应机动性要求,出现了高效率、高可靠性和结构紧凑体积小的全固态发射机,具有无须预先加热等特点。20 世纪 60 年代美国研制的全固态发射机在 10 ~ 30 kHz 频率范围内,输出功率达 150 kW,发射机体积是 100 ft³,是同等功率电子管发射机体积的十分之一。

5.6.2　机动甚低频中继系统

岸基固定长波台的最大弱点是在核打击条件下生命力差,所以美国从 20 世纪 60 年代开始研制和装备了可移动的中继机载长波设备,即"塔卡木"(TACAMO)系统。这种系统因装在飞机上,所以具有灵活、不易被发现和不易受攻击等优点,可作为应急通信手段。目前,美、俄、英、法四个核大国都已装备了机载对潜甚低频通信系统,使其核潜艇能够真正执行第二次核打击的使命任务。但是,能够独立研制、生产机载甚低频发信系统的国家只有美国和俄罗斯。其中,美国在机动对潜通信技术领域的研究起步最早,发展水平也最高。"塔卡木"系统是美国海军现役主要的抗毁战略通信系统,也是国家战略 C⁴I 系统的重要组成部分。美国提出"塔卡木"的背景是海基核威慑概念的问世。人们认识到,敌军虽然无法摧毁深海中的潜艇,但可以设法摧毁大型固定岸基发信台,从而切断岸基指挥机构对潜艇的指挥控制线路。

"塔卡木"系统于 1962 年开始研制,并于 1968 年研制成功。1973 年,两个 EC-130Q 对潜通信中继机中队(VQ-3 与 VQ-4)列装完毕,至此,"塔卡木"系统全部启用。EC-130Q 为 C-130 运输机的改进型,装备数量为 18 架。机上装有一部 25 kW 甚低频发射机,1 根发射天线,以后又改为功率更大的 2 根天线(图 5-11)的发射体制,发射机功率亦增加至 200 kW。

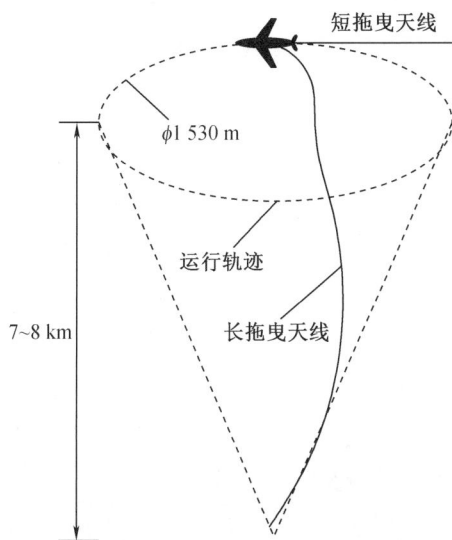

图 5-11　美军 TACAMO 系统中的甚长波发射天线示意图

1987 年,美国将波音 707 客机改装成的"E-6A 水星"飞机用作对潜通信中继机,飞机全长 47 m,空中起飞质量 154 t,最大速度 960 km/h,最大升限 14 000 m,最大航程 11 852 km,巡航时间 6 h,机上有 18 名机组人员,装有 200 kW 的 VLF 发射机和长达 7 925 m 的拖曳天线,发射 VLF 电波。1989 年两个"塔卡木"中队,即 VQ-3 和 VQ-4 中队,全面换装了 15 架 E-6A,上述 E-6A 保留了 E-3A 的抗电磁辐射结构,通信中继设备基本照搬了原有的 EC-130 设备。E-6A 由于具有空中加油能力,而使航程远、续航时间长、速度快、升限大,执行任务的能力和质量比 EC-130 有明显的提高。E-6A 采用波音 707 客机,机体庞大,载重大,便于进一步加装设备和改进性能。

E-6A 上安装了双线拖曳天线,一长一短。其中一根由机尾伸出,另一根由机身后腹部伸出,如图 5-12 所示,在不发报时天线可以收入机体内。天线末端有 41 kg 的稳定喇叭罩,天线与稳定喇叭罩总重 495 kg,全部放出后阻力为 8.9 kN(907 kg)。稳定喇叭罩在气动力下可控制天线呈现合理的角度。在通信时拖曳天线由后机舱地板上的开口放出。飞机绕小圈轨道盘旋,天线接近于垂直。由拖曳天线发出的信号能被潜艇的拖曳天线接收。

核潜艇可在最佳深度通过潜艇尾部的拖曳天线接收"塔卡木"系统传来的信号,不需上浮,从而大大降低了被敌方发现的概率。核潜艇也可以放出一个通信浮标,将甚低频天线浮到水面,改进通信效果。

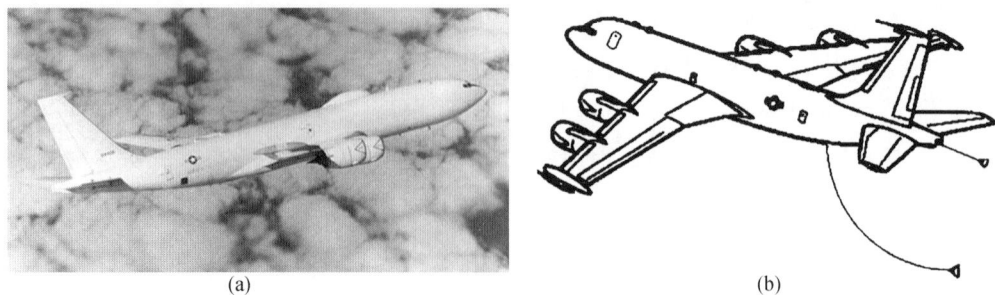

(a)　　　　　　　　　　　　　　　　(b)

图 5-12　美军 TACAMO 系统中继飞机

　　美国海军认为"塔卡木"系统是目前现有的最能抗核打击、最具灵活性的潜艇通信中继手段。由 E-6A 衍生出的 E-6B 双重任务飞机,如图 5-13 所示。B 型飞机于 1997 年服役,1998 年形成战斗力,所有 E-6A 飞机目前均已改进为 B 型。B 型飞机具有 A 型飞机所有的作战能力。在 B 型飞机上加装了空中发射控制系统(airborne launch control system, ALCS),能够控制陆基洲际弹道导弹发射的指令和通信,从而起到了美国核力量空中指挥所的作用。B 型飞机机组人员增至 23 人,在飞机的脊背增加了一个天线罩。美国海军还计划在该机上再增加蓝绿激光对潜通信系统。

图 5-13　美军 E-6B 中继飞机

　　俄罗斯用于对潜甚低频通信中继的平台是 Tu-142MR 型,北约称其为"熊 J",它是大名鼎鼎的 Tu-95 轰炸机众多变型机中的一种。该机于 1977 年首次试飞,1984 年服役,俄罗斯的机载甚低频发信机功率为 50 kW 等级。在机载对潜通信中继技术上,俄罗斯比美国晚了11 年。

　　由于机载甚低频通信系统需要数量少且技术复杂,自主开发性能较低,因此英国、法国直接从美国购买不那么昂贵、复杂的 EC-130Q 改型。

　　除了机载甚低频通信系统外,对潜通信还有一种车载机动甚低频发信系统。车载机动甚低频发信技术的研究与应用,在国外已有 30 多年的历史。目前世界各潜艇大国(如俄、美、英、法等)都使用配备气球天线的机动发信系统,其中俄罗斯和美国均能自行研制这种装备,甚低频机动发信系统由甚低频发信机、气球天线、短波/超短波/卫星电台等设备组成,可分装于若干辆车中进行机动,其中关键设备是气球系留天线。

思 考 题

1. 水下电磁波传播的理论基础是什么?

2. 自由空间对电磁波的传输有哪些影响? 如何计算自由空间对电磁波的作用?

3. 电磁波的极化该如何计算? 对于超低频、甚低频等电磁波,所用天线的极化特点是什么?

4. 电磁波在海水中的传播方向是什么?

5. 海水对电磁波有哪些影响?

6. 如何计算电磁波自发射端发射至被水下设备接收全流程的信号能量损失?

第6章 其他水下通信手段

6.1 概　　述

短波、超短波、卫星、数据链通信装备是潜艇或无人潜航器在水面状态航行或潜望状态航行时常用的通信手段。本章主要介绍短波通信、超短波通信、卫星通信和数据链通信的基本概念和原理。

短波通信的传播途径与水面舰艇短波通信设备一样，都是利用电离层反射的天波和沿地(海)面直接传播的地波实现远程及中近距离通信。所不同的是，由于短波通信是双向收发通信方式，在潜艇上属于暴露性通信设备，为了降低暴露率，提高短波通信的隐蔽性，通常采用"猝发"方式以尽量缩短电磁波在空间的暴露时间。

超短波通信主要通过空间波和地面反射波传播，传播过程稳定，通信距离一般在视距范围内。潜艇在水面或潜望状态下实现与岸上观通站双向通信，以及与水面舰船、友邻潜艇和航空兵之间的双向协同通信。

战术卫星通信是潜艇信息传输技术发展的一种重要手段，潜艇在水面或潜望状态下利用卫星作为中继站转发无线电信号。潜艇作为卫星通信系统的终端站，可与岸基、舰船等各终端站通过卫星实现单向/双向通信。

潜艇在水面或潜望状态下利用短波/超短波/微波信道通过数据链设备自动接收岸基站、水面舰艇和飞机发送的战术数据，可为潜艇提供战场态势以及为武器使用提供目标指示。

6.2 短 波 通 信

6.2.1 短波通信基本原理

利用波长 100 m~10 m(频率 3~30 MHz)的电磁波,借助电离层天波反射达成的远距离通信或地波传播达成的近距离通信,称为短波通信,又称高频(HF)通信。在实际应用中,短波频率范围为 1.5~30 MHz。一般情况下,频率低端 1.5~5 MHz 以地波传播为主,通信距离一般为 20~70 km,频率高端 5~30 MHz 以天波电离层反射传播为主,通信距离一般为几百千米至几千千米,这是电磁波经电离层一次反射回地(海)面的情况,称为单跳模式。在天波传播中,还存在多跳模式,即电磁波从发射天线以一定角度出发,到达电离层折射回地

(海)面,又经地(海)面反射到电离层,再次折射回地(海)面,形成两跳模式,以此类推,可以有三跳、四跳模式,所以利用短波可以达成远程乃至环球通信。在短波传播中,存在地波和天波均不能到达的区域,这个区域通常称为静区(有人称之为死区)。

目前,短波通信是我海军舰艇实施中远距离通信的主用手段,也是潜艇在水面或潜望状态航行时常用的通信手段。无论舰艇大小,都配备一定数量、发射功率从上百瓦到数千瓦不等的短波收发信机或电台,以及相应的短波通信终端设备,构成规模相对庞大的短波通信分系统。

短波通信主要是利用电离层这个天然中继器中继信号达成远距离通信。而电离层主要是由近地表面大气层受太阳辐射能的作用,分子或原子中的一个或若干电子游离出来成为自由电子而发生电离,使高空形成一个厚度为几百千米的电离现象显著的区域,参见图6-1。电离层的特性变化十分复杂,包括日夜、季节、太阳黑子周期和地理位置等规则变化,还包括突发 E 层、电离层暴、电离层突然干扰等不规则变化,往往造成通信不稳定甚至中断。

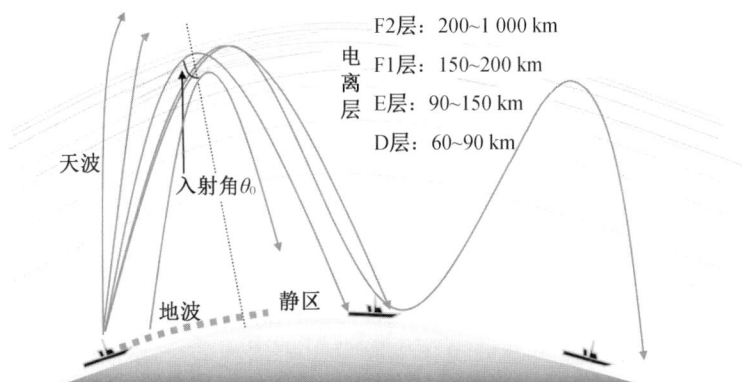

图 6-1　短波通信示意图

短波到达电离层,可能发生三种情况:被电离层完全吸收、折射回地球或穿过电离层进入外层空间,这些情况的发生与所用频率密切相关。低频端的吸收程度较大,并且随着电离层电离密度的增大而增大。实际使用中,都要选用较高的工作频率以减小电离层吸收,但又不能穿出电离层。短波能返回地(海)面和穿出电离层的临界频率称为最高可用频率(maximum usable frequency, MUF),如果频率高于此临界值,则短波穿过电离层,不再返回地面。MUF 还与反射层的电离密度有关,所以凡是影响电离密度的因素,都将影响 MUF值。当通信线路选用 MUF 为工作频率时,由于只有一条传播路径,有可能获得最佳接收。考虑到电离层的结构变化,为保证获得相对稳定的信号接收,在确定线路的工作频率时,不是取预报的 MUF 值,而是取低于 MUF 的频率,称为最佳工作频率(optimum working frequency, OWF)。一般情况下,OWF = 0.85MUF,选用 OWF 之后,能保证通信线路有 90%的可通率。

短波进入电离层的入射角对通信距离有很大的影响。对于较远距离的通信,应用较大的入射角,反之应用较小的入射角。但是,如果入射角太小,电波会穿过电离层而不会折射回地面;如果入射角太大,短波在到达电离密度大的较高电离层前会被吸收。因此,入射角应选择在保证电波能返回地面而不被吸收的范围。这在装备定向天线(波束角可变)的情况下需考虑,但目前舰艇配备较多的是鞭状全向天线,无法改变发射的波束角。

利用电离层这个天然中继器实现短波通信,具有通信距离远、机动性能好、系统设备成本低、易于实现、顽存性强和多种通信能力等优点。但短波通信也有其严重缺点,如电离层是时变色散信道,传输特性随季节和昼夜更替随机变化,衰落严重;通频带比超短波和微波窄得多,不能传输电视信号或高速数据;易受电离层骚扰及高空核爆炸的影响;传输方向性弱而易被窃听、截获和干扰等。

6.2.2 短波单边带通信

要从一地到另一地进行远程无线电信息传递,在发送方必须有能把信源发出的信息转换为适合于在短波信道传输的发信设备,其中最基本的设备是把基带信号转换为频带信号的调制器;在接收方则应具有相应的收信设备,其中最基本的设备是把频带信号转换回基带信号的解调器。调制方式最能体现通信系统的基本性能,而单边带调制是目前舰艇短波发信设备普遍采用的调制方式,有时甚至把单边带通信和短波通信作为同一词来使用。

6.2.2.1 单边带通信及特点

1. 单边带传递消息的机理

单边带调制(single side band, SSB)是由调幅双边带发展而来的,假定需要传递的消息是话音信号,其频谱如图6-2(a)所示。对载波进行调幅后,所得调幅波的频谱如图6-2(b)所示。它由载频、上边带和下边带三部分组成,包含有完整的被传递的消息。因此,为了不失真地传递消息,只要发送其中一个边带(如上边带)即可,载波和另一个边带(如下边带)都可以抑制掉。可以设想,用一个高频带通滤波器把所需要的边带滤出来,而抑制载波和另一个边带,在滤波器输出端就得到了含有完整消息的单边带信号,如图6-2(c)所示。由此可见,从理论上讲,利用单边带信号可以无失真地传递消息。当然,收信机必须采用相干解调方法,才能把消息从单边带信号中解调出来。这种利用单边带信号传递消息的通信方式称为单边带通信,而这种调制方式则称为单边带调制。

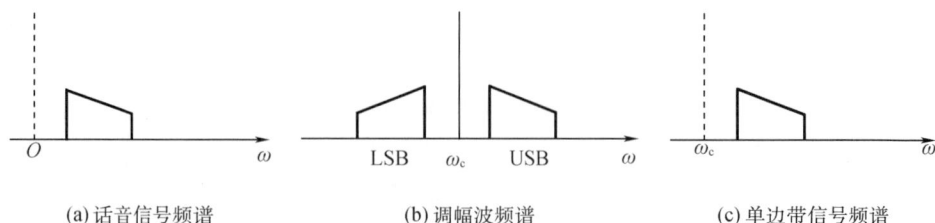

| (a)话音信号频谱 | (b)调幅波频谱 | (c)单边带信号频谱 |

图6-2 用滤波产生单边带信号

利用单边带信号传递消息,可以用上边带,也可用下边带,这种只用一个边带的传输方式称为原型单边带制。在短波单边带通信中最常用的是独立单边带制。所谓独立单边带,是指发信机仍然发射两个边带,但与调幅双边带不同,两个边带中含有两种不同的消息。图6-3中画出了原型单边带制和独立单边带制的频谱,无论是原型单边带制,还是独立单边带制,在目前大部分单边带通信装备中,载频通常是被完全抑制的。但也有些单边带通信设备,载频并没有被完全抑制,而是发送一个低电平的载波,这样就可以发送兼容式调幅信号。

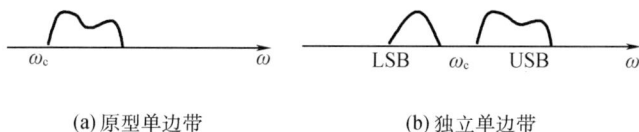

(a)原型单边带　　　　　　　(b)独立单边带

图 6-3　单边带信号的频谱

2. 单边带通信的特点

与普通调幅制相比,单边带通信具有以下优点:

①节省载波功率,可以不发射载波和另一边带信号的功率;

②频带利用率高,节省了至少一半的传输频带,这使得日益拥挤的短波频段可容纳电台的数目增加一倍;

③用独立边带方式,一部发信机可同时进行多路信号的传输,如发送四路电传信号。

其缺点是边带滤波器制作技术相对复杂。

与调频体制相比,单边带通信的优点是频带利用率高,缺点是抗干扰能力差。

6.2.2.2　单边带通信系统

1. 系统组成框图

单边带通信系统通常由以下几部分组成:

①单边带发信机;

②单边带收信机;

③终端设备;

④电源设备;

⑤天线及馈线设备等。

图 6-4 给出了单向工作的单边带通信系统组成框图。

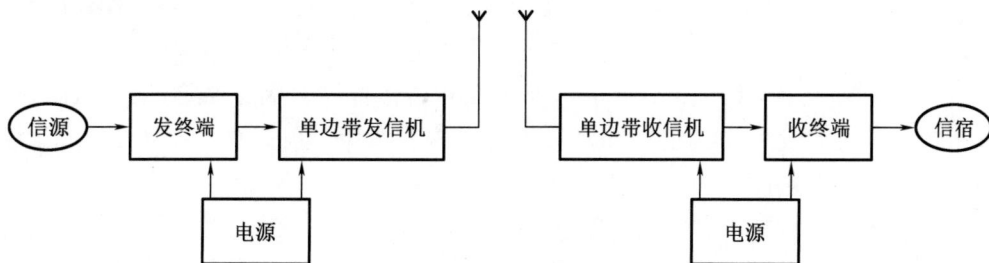

图 6-4　单边带通信系统组成框图

2. 单边带发信机

典型的单边带发信机由单边带信号产生器、线性功率放大器和频率合成器等部分组成,如图 6-5 所示。

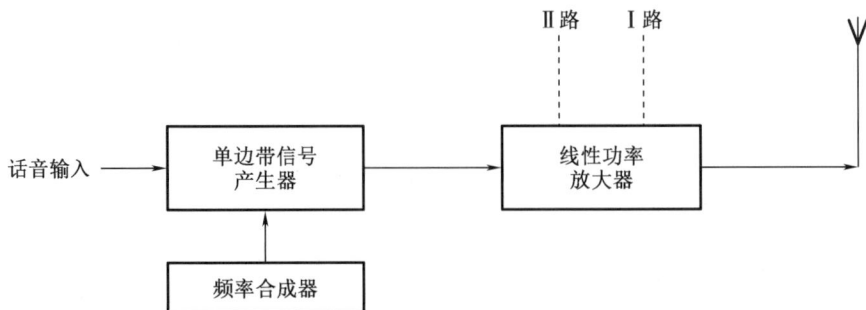

图 6-5 典型单边带发信机组成原理框图

(1)单边带信号的产生

舰艇短波发信机大多采用滤波法产生单边带信号。从频域看,单边带信号仅仅是调制信号频谱的搬移,因此只要设法将调制信号的频谱搬到工作频率范围内,就得到了可以从天线上辐射出去的高频单边带信号。当然在送到天线上之前,尚需进行功率放大,以求得额定的天线辐射功率。

利用滤波法实现调制信号频谱的搬移,通常需要分三步完成:第一步,用环形调制器在低载频上形成载波被抑制的双边带信号;第二步,用带通滤波器取出有用边带信号,抑制无用边带;第三步,实施频率搬移,把单边带信号往短波工作频率上搬移。

(2)单边带信号的线性功率放大

为了减小单边带信号在频率搬移中寄生频率分量的幅度,通常单边带信号频率搬移用的相乘器都工作在低电平,其输出单边带信号功率在 0.1~10 W 范围内。因此单边带信号必须进行放大,以使送到天线上去的功率达到规定指标。必须指出,要放大的单边带信号,其幅度是在 $0 \sim U_{imax}$ 范围内变化的,因此就要求高频功率放大器除能输出规定的功率之外,还必须使输入信号的幅度限制在放大器振幅特性的线性范围内,这样才能保证放大后的单边带信号不会发生包络失真。为达到以上要求,单边带功率放大器就不能工作在丙类,只能工作在甲类或甲乙类。一般由单边带信号产生器送出的功率很小,通常小于 1 W,甚至小于 0.1 W。这样,要在天线上得到规定的功率,单边带信号放大器就需要由若干级组成,如图 6-6 所示。通常,它可分为前置放大级、推动级和强放级。前置放大级也可能由几级组成,一般情况下,其是甲类工作的宽频带放大器。推动级可能是工作在甲类也可能是工作在甲乙类的调谐放大器,其任务是把单边带信号产生器送出的低电平单边带信号放大到激励强放级所需要的电压值。强放级是工作在甲乙类的功率放大器,能够把信号放大到规定的输出电平。

(3)频率合成器(频率源)

对单边带发信机和收信机的频率稳定度和准确度的要求较高。一般要求发信机的频率稳定度在 10^{-6} 以上。为了在整个短波波段内获得稳定度高的载波频率,频率源都采用频率合成技术,所以频率源通常也称为频率合成器。短波单边带通信设备的频率合成器是指利用一块晶体或少量晶体来产生收/发信机所需要的具有很高频率稳定度和准确度的各种插入频率(如 f_{lc}、f_{ic} 和 f_{hc} 等)的频率源,频率合成器在单边带发信机内占有极重要的地位。

图 6-6　单边带信号功率放大器组成框图

图 6-7 为某单边带发信机原理框图,低载频为 100 kHz,边带滤波器采用晶体滤波器。代表两路消息的边带信号在相加器中形成独立边带信号后被送入频率搬移电路。

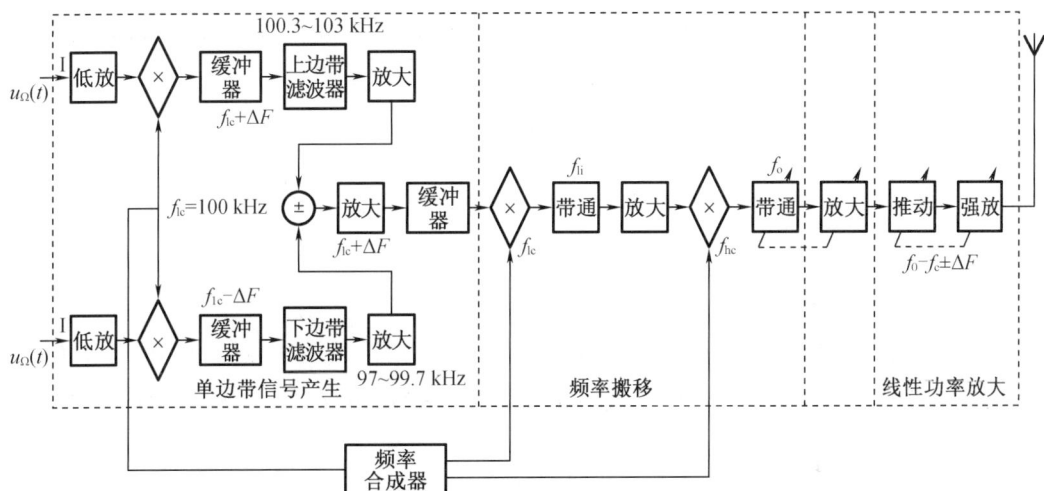

图 6-7　某单边带发信机原理框图(单边带部分)

从图 6-7 中可以看出,该方案采用了两次搬移。

第一次搬移,使单边带信号由低载频范围($f_{lc}±\Delta F$)搬移到中载频范围,即

$$f_{li} = f_{ic} - (f_{lc}±\Delta F) = f_{ic} - f_{lc} \mp \Delta F$$

式中　f_{ic}——第一次搬移时的插入中载频;

　　　ΔF——某一路话音的频率范围。

再进行第二次搬移,使单边带信号由中载频范围搬移到工作频段上,即

$$f_{o} = f_{hc} - f_{li} = f_{hc} - (f_{ic} - f_{lc} \mp \Delta F) = f_{hc} - f_{ic} + f_{lc} ± \Delta F = f_{c} ± \Delta F$$

式中　f_{hc}——第二次搬移时的插入高载频;

　　　f_{c}——发信机输出单边带信号的载频,它等于低、中、高载频的代数和,在本方案中

$$f_{c} = f_{hc} - f_{ic} + f_{lc}$$

6.2.2.3　单边带收信机

单边带信号解调的具体实现方法与单边带信号的产生类似,其解调过程就是单边带信号产生的逆过程,也就是将单边带信号的频谱由高往低搬移,最后搬回到调制信号的基带频谱内。单边带收信机频谱搬移原理如图 6-8 所示。图中反映了单边带收信机的一般特

点。该收信机可用来接收两路独立边带信号。

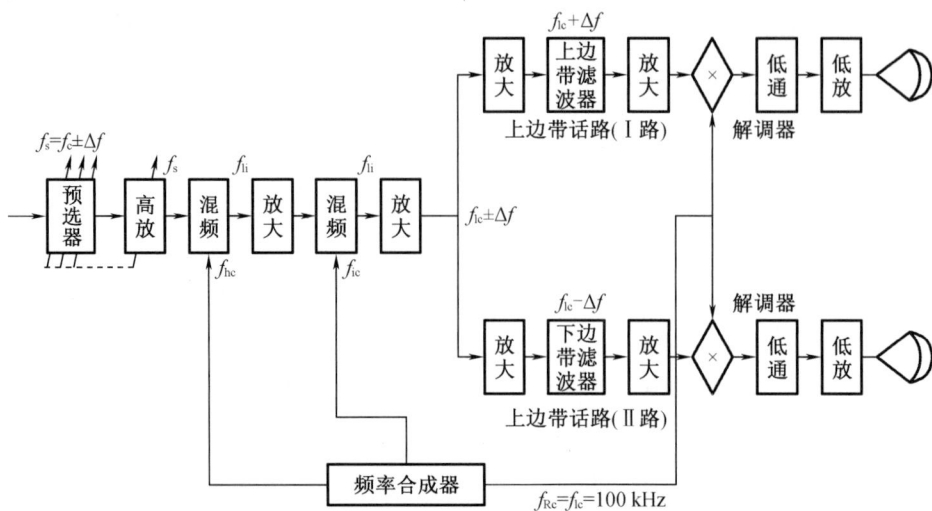

图 6-8　某单边带收信机频谱搬移原理框图(单边带部分)

单边带收信机由以下三部分组成：

1. 收信机的线性部分

收信机的线性部分除了预选器和高频放大器外,实际上相当于发信机中的频率搬移部分,通过两次变频,将高频单边带信号的频谱 $f_s = f_c \pm \Delta F$ 搬移到低载频范围内,并加以放大。即

$$f_{1i} = f_{hc} - (f_c \pm \Delta F)$$
$$f_{2i} = f_{ic} - f_{1i} = f_{ic} - [f_{hc} - (f_c \pm \Delta F)]$$

将已知的

$$f_c = f_{hc} - f_{ic} + f_{lc}$$

代入上式即可看出,此时单边带信号频谱已搬移到低载频范围内：

$$f_{2i} = f_{ic} - f_{hc} + (f_{hc} - f_{ic} + f_{lc}) \pm \Delta F = f_{lc} \pm \Delta F$$

收信机中各插入频率 f_{hc}、f_{ic} 和 f_{lc} 的数值与图 6-7 所示发信机的完全相同。

2. 收信机的解调部分

收信机解调部分的作用实际上还是进行频谱搬移,将单边带信号由 $f_{lc} + \Delta F$ 搬移到话音频谱(ΔF)范围内。实际上是发信机单边带信号产生和频率搬移的逆过程,所以电路形式有类同之处,但为了保证单边带信号无失真地解调,要求收信机频率合成器产生的本地载频与发信机中被抑制的载频完全相同,才能提高相干解调的效果。

因为要接收两路独立边带制的单边带信号,所以解调部分实际上由两套完全相同的解调器组成。为了区分两路信号,在解调器前设有两个通带频率范围不同的边带滤波器。上边带滤波器的通带为 100.3~103 kHz,只让上边带信号通过,下边带滤波器的通带为 97~99.7 kHz,只让下边带信号通过。上下边带信号经分路后,再经各自的解调器解调,恢复成原调制信号,经放大后,把话音信号传递给用户。

3. 频率合成器

频率合成器的作用与发信机的相同。但其一般要利用锁相环对发信机发来的"导频"信号实施锁相,并进行频率合成,供给收信机频率搬移和解调之用。

6.3　超短波通信

超短波通信适用于近距离通信,可被用于水下平台位于水面时与其他空中、水面平台的通信。目前,在超短波电台中普遍采用调频技术,所以下面以调频收/发信机为例,分别介绍其基本性能和基本结构。

6.3.1　超短波发信机

6.3.1.1　主要性能

1. 载波额定功率

载波额定功率是指发信机在未调制情况下,传递到标准输出负载(如天线或等效电阻)上的平均功率。对于常用的调频(或调相)方式,其载波功率随有无调制而变化。载波功率是决定通信距离与质量的重要因素之一,舰艇超短波电台在研制中已作为重要因素加以考虑。不适当地增大发信功率不仅会造成浪费,还会增加系统间的干扰,不利于频谱的有效利用。一般规定,超短波电台的功率等级有 0.5 W、2 W、3.5 W、10 W、15 W、25 W、50 W。

2. 调制频偏及其限制

调制频偏是指已调信号瞬时频率与载频的差值。它是衡量发信机调制特性的性能指标,具体有以下几项:

(1)最大允许频偏

最大允许频偏是根据信道间隔规定的已调信号瞬时频率与标称载频的最大允许差值。不同信道间隔下最大允许频偏见表 6-1。

表 6-1　最大允许频偏　　　　　　　　　　　　　　　　单位:kHz

信道间隔	25	20	12.5
最大允许频偏	±5	±4	±2.5

(2)调制灵敏度(或额定频偏)

调制灵敏度是指发信机输出端获得额定频偏时,其音频输入端所需音频调制信号(一般为 1 kHz)电压的大小。所谓"额定频偏"通常规定为最大允许频偏的60%。例如,若信道间隔25 kHz 时的最大频偏为±5 kHz,那么其额定频偏就为±3 kHz。

需要说明的是,该项指标并非要求其音频信号幅度越小(越灵敏)越好。在实际使用中,音频信号的大小取决于送话器的灵敏度。当送话器的灵敏度较高时,为减轻环境噪声的影响,应人为地降低调制灵敏度。一般调制灵敏度为 mV 数量级。

（3）高音频调制特性

高音频调制特性是指当音频调制频率超过 3 kHz 时，调频信号频偏下降的情况。通常用 1 kHz 时额定频偏的相对值来表示。

按技术要求，在 3~6 kHz 处的频偏不得超过额定值；在 6 kHz 处的频偏至少比 1 kHz 时的值低 6 dB；在 6~20 kHz 处的频偏至少以每倍频程 14 dB 递减。

（4）剩余频偏

剩余频偏是指在没有外加调制信号的情况下，由噪声和电源纹波引起的射频寄生调频频偏。剩余频偏相对于额定频偏应不大于−35 dB。若最大允许频偏为 5 kHz，则额定频偏为 3 kHz。剩余频偏比它低 35 dB，约为 54 Hz。

（5）呼叫音频偏

当音频输入端加呼叫装置时（调频电台通常都有这一装置），已调信号的调频频偏称为呼叫音频偏，其额定值应为最大允许频偏的 70%~90%。

3. 音频响应

发信机音频响应是指调制音频在 300~3 000 Hz 范围内变化时，射频频偏与预加重特性的要求（通常认为每倍频程提升 6 dB）之间的一致程度。

4. 音频非线性失真系数

音频非线性失真是指音频输入端加入标准测试音（调制频率为 1 kHz，失真系数小于 1%，幅值使已调信号频偏达到额定频偏）调制时，发信机输出调频信号经解调后测得的音频各谐波成分的总有效值与整个信号的有效值之比，通常超短波电台不大于 10%。

5. 寄生调幅

寄生调幅是指调频发信机已调射频信号呈现的寄生调幅。它是在发信机用标准音调制下测得的，通常用输出调频信号幅度变化对载波幅度的百分数表示，一般不大于 3%。

6. 邻道辐射功率

邻道辐射功率是指发信机在额定调制状态下，总输出功率中落在邻道频率接收带宽内的那部分功率。邻道辐射功率是调频频谱的边带扩展、噪声和哼声所产生的平均功率的总和。

邻道辐射功率对邻道收信机形成邻道干扰，它应比载波功率低 70 dB 以上。

7. 杂散辐射

杂散辐射是指除载波和由调制信号所决定的边带之外离散频率的辐射。杂散辐射可以在很宽的频率范围内干扰其他收信机，因此必须对其加以严格限制。例如，当载波功率小于或等于 25 W 时，任一离散频率的辐射功率应比载波功率低 70 dB。

此外，还有启动时间、功耗、互调衰减等多项指标。

综上所述，发信机的主要电性能指标一并列入表 6-2 中，表中额定值主要取自国际无线电咨询委员会（CCIR）规定的技术性能标准。在实际应用时，超短波电台还必须参照我国颁布的国标、军标的技术性能标准。

表 6-2　发信机主要电性能指标一览表(频道间隔为 25 kHz)

电性能名称		技术要求
载波功率		5~25 W
载额容差		100~300 MHz　($\pm10\times10^{-6}$) 300~500 MHz　($\pm5\times10^{-6}$)
调制特性	调制灵敏度	由产品技术条件规定
	最大允许频偏	±5 kHz
	高音频调制特性	6 kHz 时,频偏比额定频偏低 6 dB 6~20 kHz,以 14 dB/oct 递减
	剩余频偏	<-35 dB(54 Hz)
	呼叫音频偏	±3.5~5 kHz
寄生调幅		≤3%
音频响应		相对于 6 dB/oct 的加电特性的偏离≤13 dB
音频非线性失真		≤10%
发信机辐射带宽		在允许带宽的 50%~100% 范围内,各离散成分≤-25 dB 在允许带宽的 100% 以外,各离散成分≤-35 dB
邻道辐射功率		比载频功率低 70 dB 以上
发信机杂散辐射		当载波功率>25 W 时,任一离散频率的杂散辐射功率应低于载波功率 70 dB; 当载波功率≤25 W 时,任一离散频率的杂散辐射功率应不超过 2.5 μW
互调衰耗		>60 dB
发信机启动时间		≤100 ms

6.3.1.2　基本组成

发信机的功能是将要传送的基带信号调制,倍频或混频将频谱搬移到发信工作频率,再通过放大达到额定功率,然后馈送到天线。基带信号可以是简单的话音信号,频谱范围为 30~3 400 Hz;也可以是数字信号,一般都以中、低速传送。

目前,超短波电台用得最多的是调频或调相制,由于调频(调相)制比调幅制具有更高的传输质量和抗干扰能力,且调频制对衰落现象造成的幅度变化不甚敏感,调相制能较好地解决调制度与载频稳定度之间的矛盾,因此在超短波电台中得到了广泛应用。

1. 放大-倍频式

放大-倍频式方案如图 6-9(a)(b)所示。这种方案的特点是在较低的频率下进行调制,调制频偏(或相偏)可以小些,调制线性也易于保证。尤其在应用压控晶体振荡器时易于解决调制频偏与载频稳定度之间的矛盾。已调信号经倍频之后,其载波频率和调制频偏可达到所要求的值。虽然倍频过程中会使振荡器频率不稳所引起的频差也成倍加大,但相对于频率稳定度并未发生变化。

放大-倍频式方案是以放大倍频链来保证发信机各项性能的,在各级之间均插入带通滤波器,否则会产生较大的寄生辐射。由于这种方式需用多级的倍频和相应的滤波器,故目前只适用于小型通信系统。

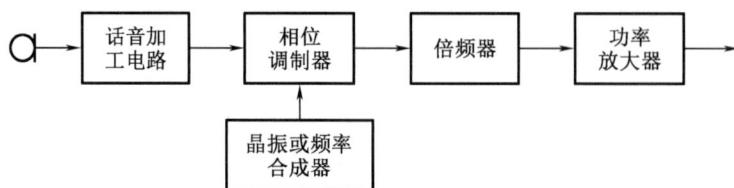

(a) 放大倍频方案(间接调频制)

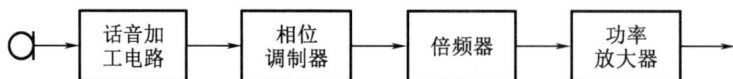

(b) 放大倍频方案(直接调频制)

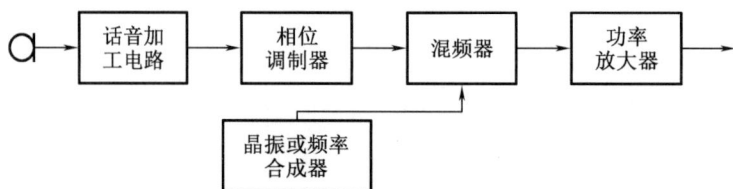

(c) 混频放大方案

图 6-9　发信机组成方案

2. 混频-放大式

混频-放大式方案如图 6-9(c)所示。其载波频率及其稳定度由晶振或频率合成器来保证,而调制性能则由一个频率较低的调频振荡来保证,两者分开,互不影响。改变工作频率只需调整合成器的输出频率,而不会影响调制性能。调制器的工作频率很低,其频率稳定度对发射载波频率的影响甚微。因此,混频-放大式方案目前在通信系统中被广泛采用。

作为一部完整的发信机,除图 6-9 所示的基本结构以外,还有若干附属电路。其中最常见的有:功率放大器控制电路,即一种是自成闭环的自动功率控制电路(APC),可以保持输出功率恒定并保护输出功率管;另一种是为了限制辐射场强,以减少电台的互相干扰,这种控制方式是根据收到信号的强度来控制功率放大器输出功率的。例如,当电台收到的信号较强时,说明距离较近,可自动地降低发信机的输出功率。这样,既保证了通信质量,又可减少对邻近电台的干扰。

6.3.1.3　电路组成

一般把从话筒到调制器输入端的整个低频电路,或者从解调器输出到耳机的整个低频电路,都称为话音处理电路,它也是直接面对用户的电路。由定义可知,话音处理电路既存在于发信机中,也存在于收信机中,后者只是发信话音处理的反过程。

在常用的窄带调频中,话音处理电路一般包括预加重、放大、限幅和滤波等功能。另外,在要求较高的通信设备中,还增设压缩(或扩展)电路,以提高其话音的传输性能。其组成如图 6-10 所示。

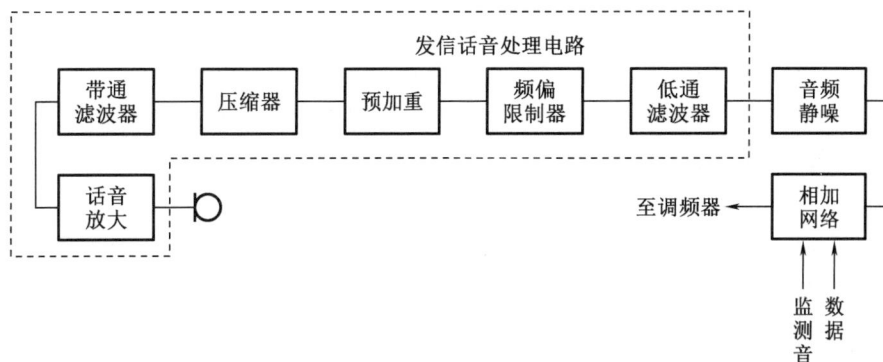

图 6-10　话音处理电路组成框图

6.3.2　超短波收信机

6.3.2.1　主要性能

1. 灵敏度

灵敏度是衡量收信机接收微弱信号能力的指标。在调频信号输入的情况下,收信机正常工作时输出应具有足够的功率和信噪比。故实际的信号测量必须包括信号(S)、噪声(N)和失真(D)的分量,测得的是 $S+N+D$。因此收信机输出端只能测得所谓信纳比 $\dfrac{S+N+D}{N+D}$。

按定义和测试方法的不同,灵敏度可分为以下两种:

(1)可用灵敏度

为使收信机输出端达到 12 dB 的信纳比,且输出功率大于额定输出功率 50% 以上,所需标准测试信号的大小称为可用灵敏度。标准测试信号是调制音频为 1 kHz、频偏为额定频偏、载波等于收信机工作频率的调频信号。灵敏度用 μV 或 dB·μV(相对于 1 μV 的 dB 数)来表示。性能良好的电台收信机的可用灵敏度都在 1 μV(或 0 dB·μV)以下。

(2)静噪门限开启灵敏度

静噪门限开启灵敏度是指静噪控制置于门限位置时,收信机静噪电路不工作时输入标准测试信号的最低电平,通常静噪开启灵敏度比可用灵敏度低 6 dB 以上。

2. 噪声系数

近年来,越来越多的设备采用噪声系数(NF)来衡量收信机接收微弱信号的能力,它与灵敏度是可以互相转换的。收信机内部噪声的存在,必然使其输出端的信噪比低于输入端的信噪比,两者之比即定义为噪声系数。如果收信机没有内部噪声,则 NF = 1,这是理想情况。

3. 音频输出功率和谐波失真

音频输出功率是指收信机输入端加标准测试信号时,收信机输出端能提供的最大不失真(符合规定指标)音频功率。谐波失真是指输出音频功率为额定功率时的输出音频信号失真系数。音频输出功率一般大于 0.5 W,电台的失真系数一般不大于 10%。

4. 音频响应

音频响应是指输入信号的频偏保持不变,调制音频在 300~3 000 Hz 范围内变化时,收信机音频输出电平的频率特性与 -6 dB/倍频程的去加重特性之间的重合程度。电台的偏差值应在 ±3 dB 之间。

5. 调制接收带宽

为了真实反映收信机带宽对接收调制信号频谱的影响,给出"调制接收带宽"指标。它是指当收信机接收一个比实测可用灵敏度高 6 dB 的输入射频信号时,加大信号频偏使输出信纳比降回 12 dB 时,这个频偏的 2 倍就称为调制接收带宽。对于信道间隔为 25 kHz 的收信机,调制接收带宽应不小于 ±6.5 kHz。

6. 杂散辐射

收信机杂散辐射是指任何由收信机引起的辐射,其中主要是接收天线的反向辐射及机箱辐射。杂散辐射应在宽频范围内测定(如 100 kHz~2 GHz),任何杂散辐射功率均不应超过 2×10^{-9} W。

7. 邻道选择性

邻道选择性是指在相邻信道上存在已调无用信号时,收信机接收已调有用信号的能力,用无用信号(V_2)与可用灵敏度(V_1)的相对电平(dB 数)表示,即

$$S_A = 20\lg \frac{V_2}{V_1}$$

对于 25 kHz 电台信道间隔的邻道选择性应大于 70 dB。

8. 杂散响应抑制(S_S)

杂散响应抑制是指收信机对无用信号所引起的输出端不良响应的抑制能力,用无用信号与可用灵敏度的相对电平(dB 数)来表示。收信机的杂散响应主要来自中频与镜像,杂散响应抑制应大于 70 dB。

9. 阻塞(S_B)

收信机的阻塞是指在有用信号频率附近的一定范围内(±1~±10 MHz)存在一个未调制的干扰信号,从而使收信机输出信纳比降低或者使音频输出功率减小的现象。它用干扰信号与可用灵敏度的相对电平(dB 数)表示。在规定的频率范围内,任何频率成分的阻塞指标应不低于 90 dB。

10. 抗互调干扰(S_I)

收信机抗互调干扰的性能是指收信机对与有用信号有互调关系的两个或更多个无用信号的抑制能力。它用干扰信号与可用灵敏度的相对电平(dB 数)来表示。收信机抗互调干扰指标应不低于 70 dB。此外,收信机的性能指标还包括收信机启动时间、静噪关闭时间、接收及守候状态功耗等。

综上所述,收信机的主要电性能指标一并归纳于表 6-3 中。

表 6-3　收信机主要电性能指标一览表(频道间隔为 25 kHz)

电性能名称			技术要求
灵敏度 (12 dB 信纳比)	单工	27~167 MHz	<2.0 μV(e·m·f)
		403~470 MHz	≤2.0 μV(e·m·f)
	静噪	27~167 MHz	比单工灵敏度低 6 dB 以上
		403~470 MHz	
	双工	27~167 MHz	同单工灵敏度相比,变化不大于 3 dB
		403~470 MHz	
大信号信噪比			V_{RF} = 26~30 dB·μV 时,S/N = 40 dB~50 dB
音频输出功率			≥0.5 W
音频谐波失真			<10%
音频响应			当负载为耳机时,相对 6 dB/oct 的去加重特性,偏离≤±3 dB
限幅特性			射频电平变化自灵敏度值增加 94 dB 时,音频输出电平变化≤3 dB
调制接收带宽			≥±6.5 kHz
杂散辐射			≤2×10⁻⁹ W
邻道选择性			≥70 dB
杂散响应抑制			≥70 dB
阻塞			≥90 dB
互调干扰抑制			≥70 dB
接收机启动时间			≤150 ms
静噪关闭时间			≤250 ms
音频灵敏度			不超过额定频偏的 40%

6.3.2.2　基本组成方式

电台对收信机的灵敏度、选择性尤其是抗干扰性能的要求都比较严格,因此组成上差不多都采用二次混频的外差式方案。一般第一中频采用 10.7 MHz,第二中频采用 455 kHz。收信机组成方案如图 6-11 所示。

随着现代通信技术的发展,超短波收信机电路技术有如下发展趋势:

1. 前端电路无高放

高频放大器的作用是提高收信机的灵敏度。现代通信是在密集干扰的环境中进行的,通信质量不再取决于收信机灵敏度,而取决于它的抗干扰性能,如高的互调抑制比。取消高放,采用动态范围大、三阶互调小的第一混频器更有利于提高互调抑制比。

2. 大量采用集成电路

随着大规模集成电路技术的发展,中放与解调电路都已集成化,目前已有高放、中放与

水下通信技术

解调一体集成的产品问世。集成化电路只需外接少量元件就能达到良好的性能。这是提高可靠性、减小体积、降低成本的有效途径。

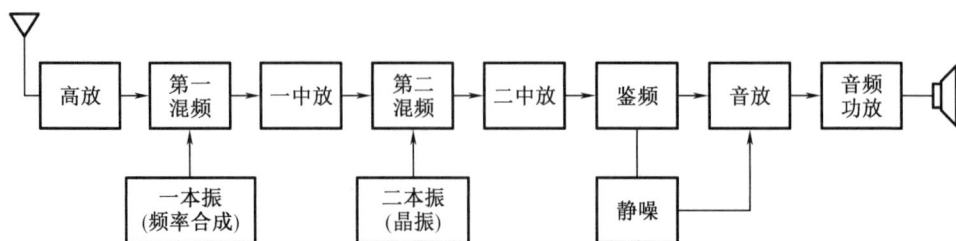

图 6-11　收信机组成方案

此外，随着技术的发展，已可能运用高 Q 值的晶体滤波器作一次混频的中频滤波器，以获得良好的邻道选择性，从而实现高性能的一次混频方案。

为了抑制无输入信号时调频解调输出的噪声，调频收信机都有静噪电路。当输入信号达到一定电平后，静噪电路才释放而允许解调信号输出。

6.4　卫　星　通　信

6.4.1　卫星通信的基本概念

6.4.1.1　卫星通信的定义

卫星通信是利用人造卫星作为中继站转发无线电波而进行的两个或多个地球站之间的通信。通信卫星按其结构可分为无源卫星和有源卫星；按其运转轨道可分为运动卫星（非同步卫星）和静止卫星（同步卫星）。目前，无源卫星已被淘汰，主要发展有源卫星。

图 6-12 为一个静止卫星通信系统示意图。在一颗通信卫星天线的波束所覆盖区域内的地球站，都可以通过这颗卫星的中继来进行通信。例如 A 站要与 B 站通信，首先把信号发射给卫星，卫星把收到的信号再转发给 B 站，这样 B 站就能收到 A 站发来的信号。可见，卫星通信是地面微波中继通信的发展，是微波通信的一种特殊方式。

与其他通信手段相比，卫星通信的主要优点是：
①通信距离远，且费用与通信距离无关；
②工作频段宽，通信容量大，适用于多种业务传输；
③通信线路稳定可靠，通信质量高；
④以广播方式工作，具有大面积覆盖能力，可以实现多址通信和信道的按需分配，因而通信灵活机动。

6.4.1.2　静止卫星通信

有源静止卫星应用最为广泛。所谓静止卫星，就是指轨道在赤道平面上，距地球 35 860 km，运行方向与地球自转的方向相同，且绕地球运行一周的时间与地球的自转周期相等，从地球上看去,如同静止一般。所以静止卫星并不是说卫星绝对静止不动,而是与地球同步运行。由静止卫星作中继站组成的通信系统称为静止卫星通信系统或同步卫星通信系统。

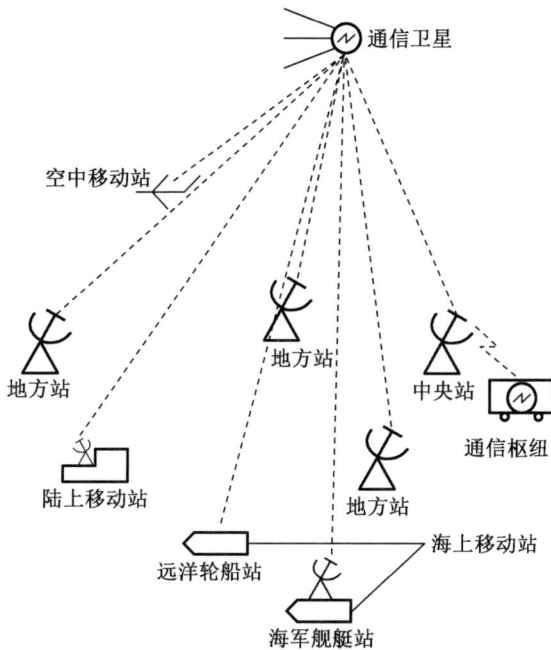

图 6-12 卫星通信系统示意图

静止卫星通信拥有卫星通信的所有特点,但也存在一些不足之处:

①两极地区为通信盲区,高纬度地区通信效果不好;

②卫星发射和控制技术比较复杂;

③存在日凌中断现象;

④有较大的信号延迟和回波干扰。

6.4.1.3 军用卫星通信

卫星通信在现代战争中起着重要的作用,承担着大量的通信业务。例如,海湾战争期间,美国利用卫星通信处理了美军战区内约90%的通信业务。海湾战争防空系统依靠的主要是卫星通信。美、英、俄等军事强国,都非常重视军事卫星的发展和应用,大区域、运动中的军事行动大都采用战略和战术卫星通信手段来实现指挥与控制。他们的通信卫星已经具备多功能、多频段、扩频、可控点波束、信息处理、收发天线与转发器不同组合等抗干扰、抗摧毁能力,灵活机动,适应性强。目前,美军远程通信的70%依靠卫星通信。俄军卫星通信系统有几十颗卫星同时工作,系统抗毁能力强。我军现有的卫星通信系统也已成为国防通信网长途通信的一种重要传输方式,与通信电缆互为主备。由于卫星通信是面覆盖,克服了现有通信电缆线覆盖造成的一些问题,缓解了长途通信电缆达不到地区的通信困难。

目前,世界上已有多个国家拥有自己的军事卫星通信系统,其中美国发展最为迅速,其技术水平处于世界领先地位。现在国外典型的军事卫星通信系统和典型的军用卫星通信地球终端见表6-4和表6-5。

表 6-4　国外典型的军用卫星通信系统

国家及组织	型号	频段/GHz	转发器输出	每转器输出	质量/kg	天线
美国	DSCS-2	8/7	4	20~40 W	600	全球喇叭,点波束(2.5°/6.5°)
	DSCS-3	8/7 0.4/0.25	6	10~70 W	1 170	多波束透镜(1°),点波束(3°) 全球喇叭
	FLTSAT	0.5/0.25	23	25~43W	912	UHF:螺旋,抛物面 X:喇叭
	Leasat	0.4/0.25	13	16~28 dBW	1 400	UHF:螺旋 X:喇叭
	MILSTAR	44/20			2 300 /3 600	零位控制天线
北约	NATO-3	8/7	3	29~35 dBW		欧洲波束,大西洋波束
英国	Skynet-4	8/7 0.3/0.25	7	40 W	685	X:全球喇叭,地区抛物面 UHF:螺旋;EHF:全球喇叭
法国	Telecom-1 军用转发器	8/7	2	20 W	650	全球波束

表 6-5　国外典型的军用卫星通信地球终端

国家	型号	频段	发	收	天线/m	说明
美国	AN/FSC-9	X	133 dBW	38 dB/K	18.2	固定,FM 话(4 路)/数据(4.8 kbit/s),DSCS
	AN/FSC-78	X	97 dBW	39 dB/K	18.2	半固定,DSCS
	AN/TSC-54	X	5 kW		3	可搬,DSCS
	AN/TSC-85(V)	X	500 W	300 K	2.4/6	战术终端(节点,非节点),车载,话(6/12/24/96 路),DSCS
	AN/TSC-94	X	500 W	300 K	2.4	空军战术终端,话(6/12 路),DSCS
	AN/WSC-6	X	8 kW	11 dB/K	1.2	舰指挥终端,653 kg
	AN/ARC-143B	UHF	100 W	2 μV	50 Ω	卫星/视距,地面/机载,FLTSAT DPSK/FSK/FM
	AN/PSC-3	UHF	35 W	4 dB	6 dB	人背,数据(300 bit/s)/话(16 kbit/s)
	AN/ASC-30	X/EHF	1 kW			机载/地面指挥所,DSCS

表 6-5(续)

国家	型号	频段	发	收	天线/m	说明
英国	SCOT-1	X	65.4 dBW	11 dB/K	1.22	舰载,FDM/FDMA,报,Skynet,DSCS,NATO
	SCOT-2	X	70 dBW	16 dB/K	1.84	舰载,FDM/FDMA,话/报,Skynet,DSCS,NATO
法国	固定站	X	80 dBW	31 dB/K	8	节点用,Telecom-1
	战术站	X	58 dBW	15 dB/K	1.3	车载/空运,Telecom-1
	舰载站	X	67 dBW	17 dB/K	1.5	舰载,Telecom-1

6.4.2　卫星通信系统

在整个卫星通信系统中,需要设立跟踪遥测及指令系统对卫星进行跟踪测量,控制其准确进入静止轨道的指定位置,并对卫星的轨道、位置及姿态进行监视和校正。同时,为了保证通信卫星的正常运行和工作,还要有监控管理系统对在轨卫星的通信性能及参数进行业务开通前的监测和业务开通后的例行监测和控制。因此,一个完整的卫星通信系统应该由空间分系统、地球站、跟踪遥测及指令分系统和监控管理分系统四大部分构成。但限于篇幅,本书只对直接用来通信的部分进行讨论,而对用来保障通信的内容不做深入介绍。

6.4.2.1　卫星通信线路的组成

卫星通信线路是指由发端地球站、上行线传播路径、卫星转发器、下行线传播路径和收端地球站所组成的整个线路。其组成如图 6-13 所示。为进行双向通信,每个地球站均应包括发送和接收设备。由于收、发设备一般共用一副天线,故要用双工器将收、发信号分开。下面以频分多路电话为例介绍系统的工作过程:由通信线路送来的电话信号,在地球站 A 的终端设备内经复用后输出合路基带信号,然后对中频(一般为 70 MHz)进行调制,并经发射机的上变频器变频为微波信号 f_1,经功率放大到足够高的电平,再经双工器送到天线辐射出去。电波在上行线路空间传播,受到大气层和自由空间的衰减,并引入一定噪声,到达卫星转发器。转发器将收到的微弱信号加以放大、变频或解调后再调制,把频率为 f_1 的上行信号变成频率为 f_2 的下行信号,然后由发射机功率放大器放大到足够电平再经天线发回地面。下行信号同样经过自由空间和大气层的衰减,并引入一定噪声,最后到达地球站 B。B 站收到极微弱的下行信号经天线、双工器、接收机的低噪声放大器和下变频器转换成中频信号,而后经解调恢复基带信号。最后利用多路分解设备进行分路,并通过通信线路分别送到各个用户。

这样就完成了单向通信过程。反之,由 B 站向 A 站传送电话信号时,与上述过程类似,不同的是上行线路用的载频为 f_3,下行线路用的载频为 f_4,以避免通信过程中的相互干扰。卫星通信中使用的频率通常写成 1.6 GHz/1.5 GHz、6 GHz/4 GHz、8 GHz/7 GHz、14 GHz/

11 GHz 和 30 GHz/20 GHz 等,每组频率前面的数为上行频率,后面的数为下行频率。

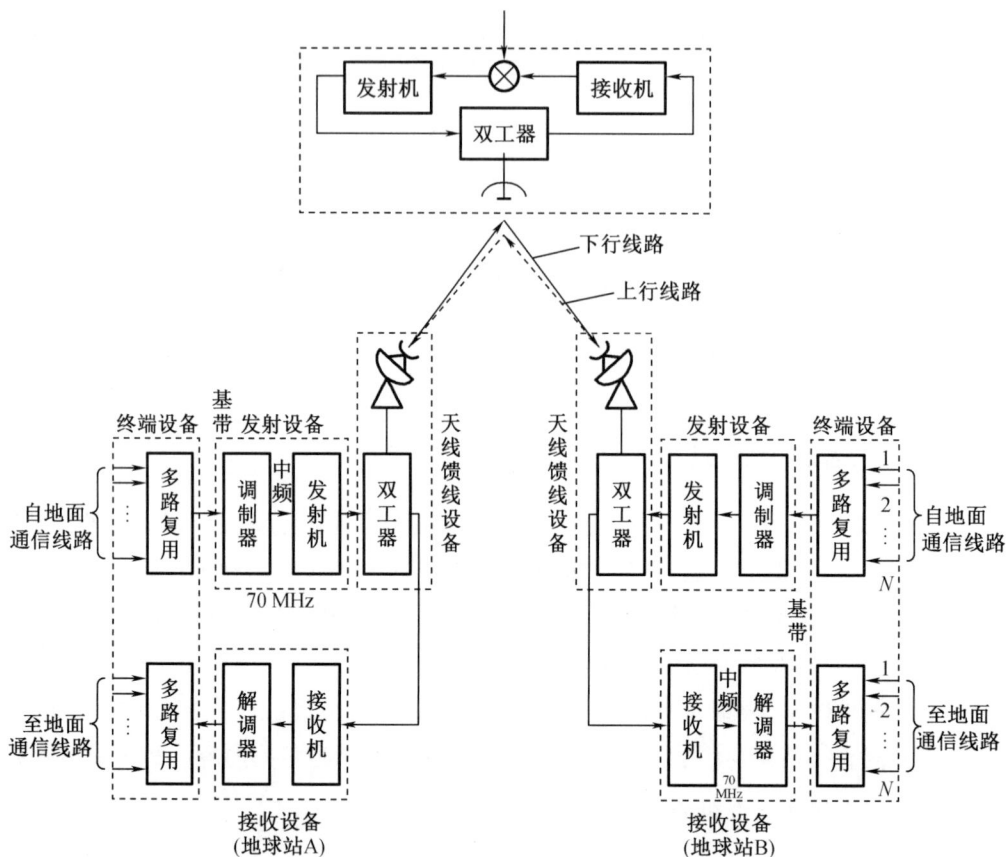

图 6-13　卫星通信线路组成框图

6.4.2.2　通信卫星的组成和功能

通信卫星是卫星通信系统中重要的组成部分。其基本功能是为各个有关的地球站转发无线电信号,以实现多地址的中继通信,同时通信卫星还应具有一些必要的辅助功能,以保证通信任务可靠地进行。

一般来说,通信卫星由天线分系统、通信分系统、遥测与指令分系统、控制分系统和电源分系统五大部分组成,如图 6-14 所示。

1. 天线分系统

卫星天线有以下两种类型:

一是遥测、遥控和信标用高频或甚高频天线。它们一般是全向天线,以便可靠地接收指令和向地面发射遥测数据。常用的形式有鞭状、螺旋形、绕杆式和套筒偶极子天线等。如我国"东方红"-Ⅰ号卫星就装有 4 根鞭状短波天线。如果遥测、遥控信号也与通信采用同一频段,就不需另设遥测、遥控天线。

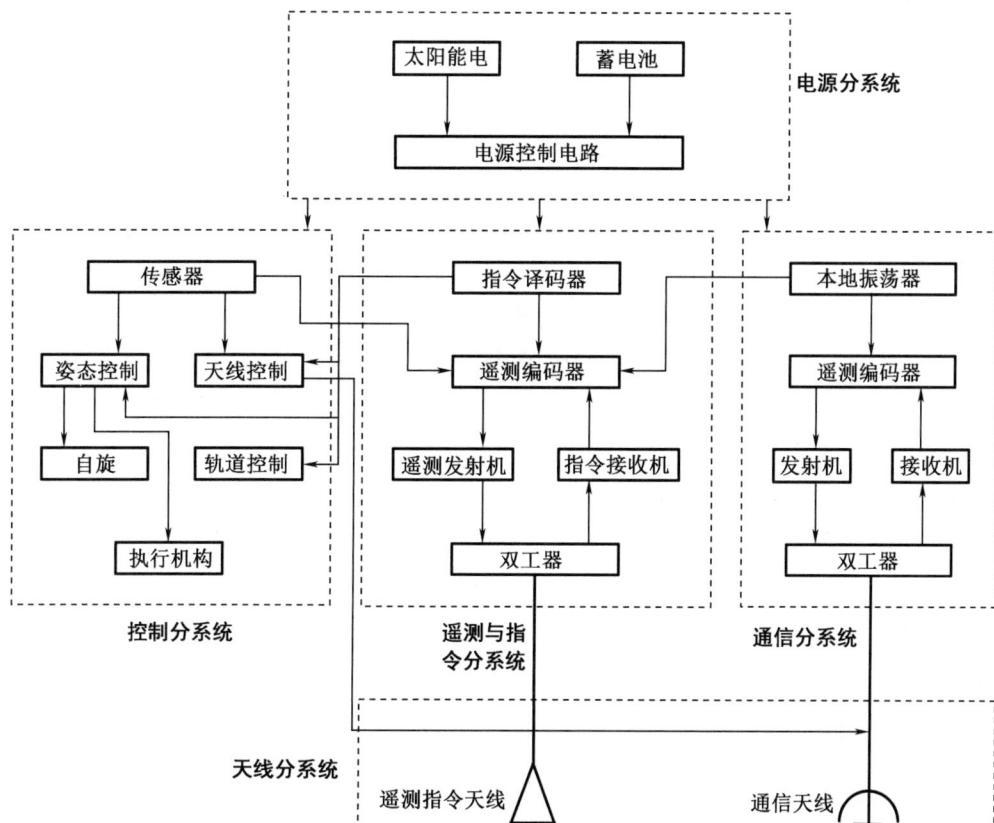

图 6-14　通信卫星的组成

二是通信用微波天线。按其波束覆盖区的大小,可分为全球波束、区域波束、点波束等。对静止卫星而言,全球波束的半功率点波束宽度约为 17.34°,恰好覆盖卫星对地球的整个视区,常采用喇叭形天线。点波束一般采用抛物面天线,其波束宽度只有几度甚至更小。如 IS-Ⅳ号卫星为 4.5°,美国应用技术卫星 ATS-6 只有 1°。当需要波束覆盖区形状与某地理图形相吻合时,可采用波束成形技术(赋形波束天线)。这可通过修改反射器形状来实现,但更多的是利用多个馈电喇叭从不同方向经反射器产生多波束的合成来实现。这对于国内卫星通信系统特别有意义。IS-Ⅳ号卫星就是按半个地球大片陆地形状对其半球/区域波束进行整形的。通信天线波束应该对准地球上的通信区域。有时,由于卫星本身是旋转的(如采用自旋稳定方式以保持卫星的姿态稳定),故要采用机械或电子消旋天线,使波束始终对准要通信的区域,IS-Ⅴ号卫星采用三轴稳定方式,星体本身不旋转,故无须采用消旋天线。

2. 通信分系统

卫星上的通信系统又叫作转发器或中继器,它实质上是一部宽频带的收/发信机。

转发器是通信卫星的核心,通常分为透明转发器和处理转发器两种类型。

(1)透明转发器

所谓透明转发器,是指它接收地面发来的信号后,在进行放大、变频、再放大后发回地面,对信号不进行任何加工和处理,只是单纯地完成转发任务。按其变频次数区分,有一次变频和二次变频两种方案,如图 6-15 所示。

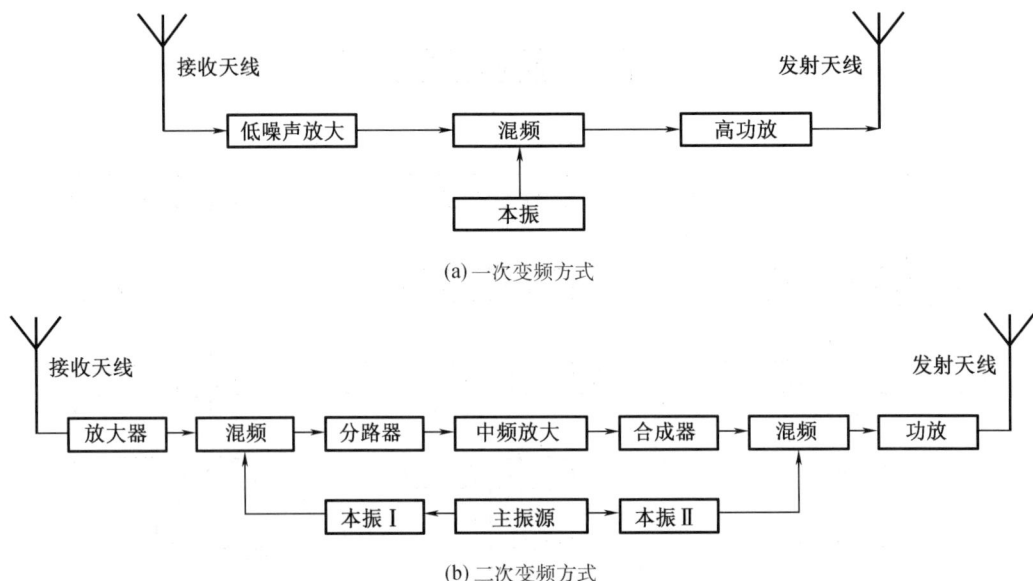

(a)一次变频方式

(b)二次变频方式

图 6-15　透明转发器的组成

一次变频方案适用于载波数量多、通信容量大的系统。它是一种微波式转发器,射频带宽可达 500 MHz。由于转发器的输入、输出特性是线性的,所以允许多载波工作,适于多址连接。目前,大多采用此种转发器。例如,IS-Ⅲ、IS-Ⅳ、IS-Ⅴ和我国"东方红"-Ⅱ号通信卫星采用的都是一次变频方案。

容量不大、所需带宽较窄的系统以二次变频为宜。二次变频方案的优点是中频增益高,转发器增益达 80~100 dB;电路工作稳定。缺点是中频带宽窄,不适于多载波工作。IS-Ⅰ、IS-Ⅱ、英国"天网"卫星以及我国第一期卫星系统采用的就是二次变频方案。

（2）处理转发器

在数字卫星通信系统中,常采用处理式转发器。其组成如图 6-16 所示。接收到的信号首先经微波放大和下变频变成中频信号,再进行解调和数据处理,从而得到基带数字信号,然后再经调制、上变频、放大后发回地面。

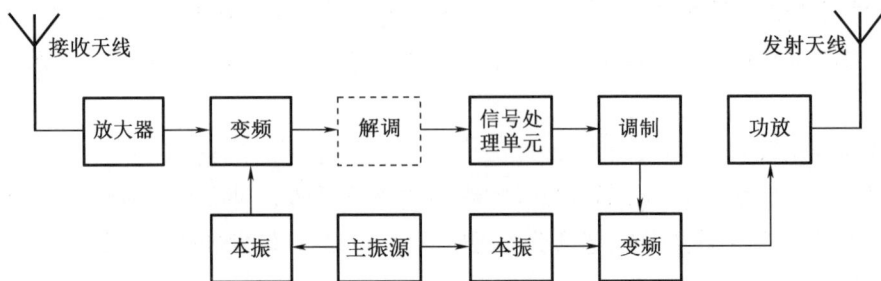

图 6-16　处理转发器的组成

卫星上的处理有多种形式,目前可实现的有两类:一类是信息处理转发器,它首先将接收到的信号变成基带信号,进行再生、变码识别、帧结构重新排列等处理,再用下行频率发射出去。另一类是空间交换(或路由)转发器,信号处理单元是切换开关网络,起到空间交换台的作用。它根据地面指令把转发器的不同输入信道切换到适当的下行信道,也可以使用预先编制的切换程序提供切换。

信息处理式转发器可以消除噪声的积累,因此在保证同样通信质量的情况下,可以减少转发器的发射功率。空间交换(或路由)转发器的上行线路和下行线路可以选用不同的调制方式,从而得到最佳传输。另外,还可以在处理器中对基带信号进行其他各种处理,以满足不同的需要。当然,处理转发器相对于前两种方案而言要复杂一些。

3. 遥测与指令分系统

为了保证通信卫星正常运行,需要了解其内部各种设备的工作情况,必要时通过遥控指令调整某些设备的工作状态。为使地球站天线能跟踪卫星,卫星要发射一个信标信号。此信号可由卫星内产生;也可由一个地球站产生,再经卫星转发。常用的方法是将遥测信号调制到信标信号上,使遥测信号与信标信号结合在一起。

遥测信号包括表示工作状态(如电流、电压、温度、控制用气体压力等)的信号、来自传感器的信号以及指令证实信号等。这些信号经多路复用、放大和编码后调制到副载波或信标信号上,然后与通信的信号一起发向地面。

为了对卫星进行位置和姿态控制,需要用喷射推进装置。这些装置的点火、行波管高压电源的开关以及部件的切换,都是根据遥测指令信号进行的。指令信号来自地面的跟踪遥测指令站(TTC),在转发器上被分离出来,经检测、译码后送到控制机构。

4. 控制分系统

它包括两种控制设备:一是姿态控制;二是位置控制。

姿态控制用于使卫星对地球或其他基准物保持正确的姿态。对同步卫星来说,主要用来保证天线波束始终对准地球以及使太阳能电池帆板对准太阳。姿态控制方法有很多,如角度惯性、质量喷射等。早期的同步卫星大都采用自旋稳定法进行姿态控制。随着窄波束天线的应用以及卫星技术的发展,在一些新的卫星上采用三轴稳定法进行姿态控制。

位置控制用于消除摄动的影响,以便使卫星与地球的相对位置固定。位置控制是利用装在星体上的气体喷射装置,由跟踪遥测指令站发出指令进行工作的。

5. 电源分系统

对通信卫星的电源要求是体积小、质量轻和寿命长。常用的电源有太阳能电池和化学能电池,一般使用太阳能电池;当卫星进入地球的阴影区时,则使用化学能电池。

6.4.2.3　卫星通信用的频段

目前,大部分国际、国内卫星使用6 GHz/4 GHz 频段,其上行线为5.925~6.425 GHz,下行线为3.7~4.2 GHz,转发器带宽可达500 MHz。许多国家的政府和军事卫星使用8 GHz/7 GHz 频段,其上行线为7.9~8.4 GHz,下行线为7.25~7.75 GHz。目前已开发和使用14 GHz/11 GHz 频段,其上行线为14~14.5 GHz,下行线为11.7~12.2 GHz,或10.95~11.2 GHz,或11.45~11.5 GHz,并已用于民用卫星通信和广播卫星业务。卫星通信用的频段正在向更高频段发展,30 GHz/20 GHz 频段也已开始使用,其上行频率为27.5~31 GHz,

下行频率为 17.7~21.2 GHz。该频段可用带宽达 3.5 GHz。

6.5　数据链通信

6.5.1　数据链通信概述

未来战争是联合作战下的体系对抗,联合作战的本质是战场资源的有效共享。指挥、控制、通信、计算机、情报、监视与侦察系统(C⁴ISR)发展的最终目标是使作战单元之间的信息无缝交换,高度互操作,为战略、战役、战术各个层次的指挥员快速、准确地决策提供保障。信息优势是现代战争制胜的先决条件,夺取信息优势使得战场态势感知、决策和交战的每一个环节对作战信息和数据交换的需求都有了前所未有的增长。作战信息包括敌、我、友等各方的目标信息、部队运动与部署情况、装备状况、补给水平、资源分配和环境信息等,作战信息必须适时地提供给联合作战指挥员及其作战平台,信息流贯穿战役和战术各个层面。

数据链作为 C⁴ISR 系统框架的基本组成部分,在传感器、指控单元和武器平台之间实时传输战术信息,是满足作战信息交换需求的有效手段。数据链是现代信息技术与战术理念相结合的产物,是为了适应机动条件下作战单元共享战场态势和实时指控的需要,采用标准化的消息格式、高效的组网协议、保密抗干扰的数字信道而构成的一种战术信息系统。数据链紧紧围绕提高作战效能,实现共同作战目的,将各种作战单元链接起来形成一个有机整体,数据链装备是数据链功能和技术特征的物化载体。数据链组网服从战术共同体的需要,以实现同一战术目的为前提,以专用的数字信道为链接手段,以标准化的消息格式为沟通语言,将不同地理位置的作战单元链接构成一体化的战术群,能够在要求的时间内,以适当的方式,把准确的信息提供给相应指挥人员和作战单元,形成"先敌发现、先敌攻击"的决策优势和作战优势,从而协同、有序、高效地完成作战任务。数据链链接了 C⁴ISR 系统与武器平台,是 C⁴ISR 系统功能的延伸和决策优势的体现,是将信息优势转化为战斗力的关键装备和有效手段。

6.5.2　数据链定义

目前,国内对数据链尚未形成统一的定义,下面我们给出国内外几种典型的定义。

美军参联会主席令对战术数字信息链的定义为通过单网或多网结构和通信介质,将两个或两个以上的指控系统和/或武器系统链接在一起,是一种适合于传送标准化数字信息的通信链路。TADIL 是美国国防部对战术数据链的简称,Link 是北约组织和美国海军对战术数字信息链的简称,二者通常是同义的。国内通常将战术数据信息链简称为数据链。外军典型的战术数字信息链有 4 号数据链(TADIL-C/Link-4)、11 号数据链(TADIL-A/Link-11)、16 号数据链(TADIL-J/Link-16)和 22 号数据链(TADIL-FJ/Link-22),以及可变消息格式(VMF)数据链等。

在国内,比较典型的数据链定义为以无线传输为主,按照统一的消息标准和通信协议,链接传感器平台、指挥控制平台和武器平台,实时处理和分发战场态势、指挥引导、战术协同、武器控制等格式化信息的系统。其本质是一种高效、实时分发格式化消息的信息链路。

本书对数据链的定义为战场上主要传输格式化战术数据(包)的无线电通信系统。其本质是特殊的无线电通信系统,特殊性主要体现在所传输信息的格式化上。

6.5.3 数据链特征

数据链一般由消息格式、链路协议和传输通道构成,完成传感器、指控系统与武器系统之间实时信息的交换,并处理战场态势、指挥控制以及火力控制等战术信息。数据链是传感器、指控系统与主战武器无缝链接的重要纽带,是实现信息系统与武器系统一体化的重要手段和有效途径,已成为提高武器系统信息化水平和整体作战能力的关键。数据链的应用可以形成传感器–指控–射手(武器)的一体化。数据链与相关作战单元的关系可以用图6-17 来表示。

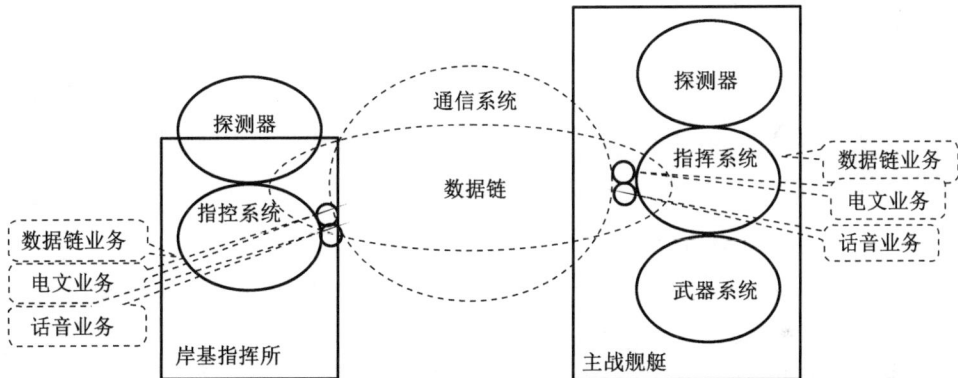

图 6-17 数据链及其与相关作战单元的关系示意图

数据链依托通信信道,在规定的周期内,按规定的通信组网协议和消息格式指定的链接对象传输必要的战术数据信息。数据链的基本特征主要体现在以下几个方面。

6.5.3.1 信息交换实时化

信息的实时传输是数据链的重要特征,由于战场状态瞬息万变,比如飞机、导弹等武器的飞行航迹的坐标方位之类的信息具有很强的时效性,如果信息传输达不到一定的实时性,时过境迁,信息也就失去了意义。为了达到战术信息的实时传输性能,通常采用多种技术措施来设计数据链:一是采用面向比特的方法来定义消息标准,其目的是尽可能地压缩信息传输量,提高信息的表达效率;二是选用高效、实用的交换协议,将有限的无线信道资源优先传输重要等级高的信息;三是数据链系统设计始终把握"传输可靠性服从于实时性"的原则,在满足实时性的前提下,才考虑如何提高信息传输的可靠性,比如,一般不采用交织技术和反馈重发等协议来提高抗误码性能;四是与常规的通信系统相比,采用相对固定的网络结构和直达的信息传输路径,而不采用复杂的路由选择方法;五是综合考虑实际信道的传输特性,将信号波形、通信控制协议、组网方式和消息标准等环节作为一个整体进行优化设计。

6.5.3.2 战术信息格式化

数据链具有一套相对完备的消息标准,标准中规定的参数包括作战指挥、控制、侦察监视、作战管理、武器协调、联合行动等静态和动态信息的描述。信息内容格式化是指数据链采用面向比特定义的固定长度或可变长度的信息编码,数据链网络中的成员对编码的语义具有相同的理解和解释,保证了信息共享无二义性。这样不仅提高了信息表达的准确性和效率,为战术信息的传输和处理节约时间;为各作战单元的紧密链接提供标准化的手段;还可以为在不同数据链之间信息的转接处理提供标准,为信息系统的互操作奠定基础。

6.5.3.3 传输组网综合化

由于飞机、舰船等武器平台具有高机动性的特点,数据链使用的传输信道一般是无线信道,采用综合数字化技术进行处理,具备跳频、扩频、猝发等通信方式以及加密手段,具有抗干扰、高效率和保密功能。数据链作用于有限的战斗空间,受地球曲率半径的限制,在地空或空空传输时,无线视距传输作用距离为 $300 \sim 500$ km。随着卫星等远距离通信手段的引入或通过中继,这个距离是可以扩展的。传输资源按需共享是数据链组网的一个重要特征。传输按需共享是指数据链网络的各节点,既能接收和共享网络其他成员节点发出的信息,也能按照轻重缓急程度的需要分配总的信息发送时间及总的发送信道带宽。采用合理的发送机制或广播式的发送方式,可以保证数据链的链接对象及时了解由数据链构成的信息"池"内的相关信息。

6.5.3.4 链接对象智能化

在战术信息快速流动的基础上,链接对象之间通过数据链形成了紧密的战术关系。链接对象担负着战术信息的采集、加工、传递和应用等重要功能,要完成这些功能,链接对象必须具有较强的数字化能力和智能化水平,可以实现信息的自动化流转和处理,这样才能保证完成赋予作战单元的战术作战任务。数据链的紧密链接关系主要体现在两个层面:一是数据链的各个链接对象之间形成了信息资源共享关系;二是数据链的各个链接对象内部功能单元信息的综合,例如飞机上可以将通信、导航、识别、平台状态等信息综合为一体。将指控系统与武器平台在战术层面紧密交链是数据链的重要功能,链接关系紧密化便于形成战术共同体,大大延伸单个作战平台的作用范围,增强作战威力。因此,数据链是信息化战争条件下的"兵力倍增器"。

6.5.3.5 传输介质多样化

为适应各种作战平台的不同信息交换需求,保证信息快速、可靠地传输,数据链可以采用多种传输介质和方式,既有点到点的单链路传输,也有点到点和多点到多点的网络传输,而且网络结构和网络通信协议具有多种形式。根据应用需求和具体作战环境的不同,数据链可采用短波信道、超短波信道、微波信道、卫星信道及有线信道,或者这些信道的组合。

6.5.4 数据链基本构成原理

数据链系统包含三个基本要素:传输通道、通信协议和标准的格式化消息。其系统组成通常包括战术数据系统(TDS)、接口控制处理器、数据链端机和无线收发设备等,如

图 6-18 所示。

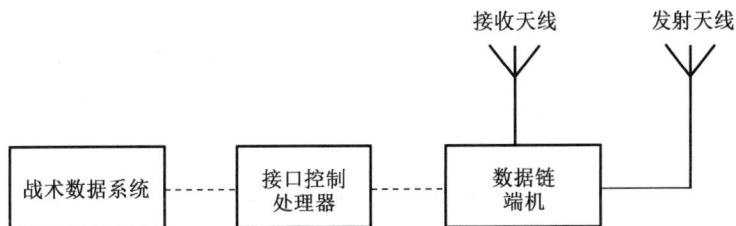

图 6-18　数据链系统组成框图

战术数据系统一般与数据链所在作战单元的主任务计算机相连,完成格式化消息处理。其硬件通常是一台计算机,它接收各种传感器(如雷达、导航、CCD 成像系统)和操作员发出的各种数据,并将其编排成标准的信息格式;计算机内的输入/输出缓存器用于数据的存储分发,同时接收处理链路中其他战术数据系统发来的各种数据。

接口控制处理器用于完成不同数据链的接口和协议转换,实现战场态势的共享和指挥控制命令、状态信息的及时传递。为了保证对信息的一致理解及传输的实时性,数据链交换的消息是按格式化设计的。根据战场实时态势生成、分发以及传达指控命令的需要,按所交换信息内容、顺序、位数及代表的计量单元编排成一系列面向比特的消息代码,便于在指控系统和武器平台中的战术数据系统及主任务计算机中对这些消息进行自动识别、处理、存储,并使格式转换的时延和精度损失减至最小。

传输通道通常由端机和无线信道构成,端机在通信协议的控制下进行数据收发和处理。端机即数据终端设备,一般由收/发信机和链路处理器组成,是数据链网络的核心部分和最基本单元,主要由调制解调器、网络控制器和密码设备等组成。密码设备是数据链系统中的一种重要设备,用来确保网络中数据传输的安全。通信规程、消息协议一般都在端机内实现,它控制着整个数据链路的工作并负责与指挥控制或武器平台进行信息交换。一般要求端机具有较高的传输速率、抗干扰能力、保密性、鲁棒性和反截获能力。数据链各端机之间需要构成网络以便于交换信息,通信协议用于维持网络有序和高效地运行。

数据链的工作过程一般是:首先由作战单元的主任务计算机将本单元欲发送的战术信息,通过战术数据系统按照数据链消息标准转换为格式化消息,经过接口处理及转换,由端机按照组网通信协议处理后,再通过传输设备(通常为无线设备)发送。接收方(可以为一个或多个)由其端机接收到信号后,由端机按组网通信协议进行接收处理,再经过接口处理及转换,由战术数据系统进行格式化消息的解读,最后送交到主任务计算机进行进一步处理和应用,并以图形符号的形式显示在作战单元的屏幕上(自动标图)。

数据链一般工作在 HF、VHF、UHF、L、S、C、K 频段。具体的工作频段选择取决于其被赋予的使命任务和技术体制,如短波(HF)一般传输速率较低,但具有超视距工作能力;超短波(V/UHF)常用于视距传输且传输速率较高的作战指挥数据链系统;L 波段常用于视距传输、大容量信息分发的战术数据链系统;S/C/K 波段常用于宽带高速传输的武器协同数据链和大跨距的卫星数据链等。

6.5.5 数据链与数据(电文)通信的关系

数据链与数据通信系统具有天然的渊源,可以说数据通信技术是数据链的重要技术基础,但并不等于说数据链就是数据通信。一般来说,数据通信的主要功能是按一定的质量要求将数据从发端到收端的透明传输,即完成所谓的"承载"任务,通常不关心所传输数据表征的信息,数据需要由所在的应用系统做进一步处理后形成信息。而数据链则不然,除了要完成数据传送的功能外,数据链终端还要对战术数据进行处理,提取出信息,用以指导进一步的战术行动。另外,数据链的组网方式也与战术应用密切相关,应用系统可以根据情况的变化,适时地调整网络配置和模式与之匹配。数据链消息标准中蕴含了很多战术理论、实践经验数据和信息处理规则,将数据通信的功能从数据传输层面拓展到了信息共享范畴。

数据链是紧密结合战术应用,在无线数据通信技术和数据处理技术基础上发展起来的一项综合技术,将传输组网、时空统一、导航和数据融合处理等技术进行综合,形成一体化的装备体系。在今后相当长的一段时期内,无线数据通信技术仍然是数据链装备发展的主要技术基础之一。

数据链系统与数据通信系统的区别和联系主要体现如下几个方面:

6.5.5.1 使用目的不同

数据链用于提高指挥控制、态势感知及武器协同能力,实现对武器的实时控制和提高武器平台作战的主动性;而数据通信系统则用于提高数据传输能力,主要实现传输目的,但数据通信技术是数据链的基础。

6.5.5.2 使用方式不同

数据链直接与指控系统、传感器、武器系统链接,可以"机-机"方式交换信息,实现从传感器到武器的无缝链接;而数据通信系统一般不直接与指控系统、传感器、武器系统链接,通常以"人-机-人"方式传送信息。数据链设备的使用针对性很强,在每次参加战术行动前都要根据作战的任务需求,进行比较复杂的数据网络规划,使数据链网络结构和资源与该次作战任务最佳匹配;而数据通信终端通常即插即用,在通信网络一次性配置好后一般不做变动,不与作战任务发生直接的耦合。

6.5.5.3 信息传输要求不同

数据链传输的是作战单元所需要的实时信息,要对数据进行必要的整合、处理,提取出有用的信息;而数据通信一般是透明传输,采取的所有措施都是为了保证数据传输质量,对数据所包含的信息内容不做识别和处理。另外,为实现运动平台的时空定位信息与其他用户共享,各数据链终端需要统一时间基准和位置参考基准;而通信系统一般不考虑用户的绝对时间基准(通信系统的相对时钟同步是解决传输的准确性问题)与空间位置的关系。

6.5.5.4 与作战需求关联度不同

数据链网络设计是根据特定的作战任务,决定每个具体终端可以访问什么数据,传输什么样的消息,什么数据被中继。数据链的网络设计方案是受作战任务驱动的,从预先规划的网络库中挑选一种网络设计配置,在初始化时加载到终端上。数据链的组网配置直接取决于当前面临的作战任务、参战单元和作战区域。数据链的应用直接受作战样式、指挥控制关系、武器系统控制要求、情报提供方式等因素的牵引和制约,与作战需求高度关联;而数据通信系统的配置和应用与这些因素的关联度相对较低。

总体来说,数据链是有针对性地完成部队作战时的实时信息交换任务,而数据通信是解决各种用户和信息传输的普遍性问题。数据链所传送的信息和对象,要实现的目标十分明确,一般无交换、路由等环节,并简化了通信系统中为了保证差错控制和可靠传输的冗余开销,它的传输规程、链路协议和格式化消息的设计都针对满足作战的实时需求。由数据链网络链接各种平台,包括指挥所和无指控能力的传感器与武器系统等,其平台任务计算机需要专门配置相应的软件,以接收和处理数据链端机传来的信息或向其他平台发送信息。数据链与平台任务计算机之间必须紧密集成,以支持机器与人之间的相互操作。

6.5.6　数据链模型

为了加深对数据链系统概念的理解和工程应用的需要,本节尝试采用层次结构表示方法,对数据链模型进行讨论,通过数据链系统建模,对数据链物理设备进行逻辑抽象,定义其参考模型。

可以从功能、应用和技术三个方面建立数据链的参考模型,其目的是提供一种公共的概念框架,规定数据链各功能层次所包含的主要内容、提供的功能服务和接口、指标分类。以功能模型功能层次和接口为对象,标识出标准轮廓和指南,以满足特定数据链范畴的技术要求。对各数据链系统的功能进行分类,将具有共同技术特征的环节称为功能层。其目的是使各方面的人员在理解数据链系统的组成关系、概念内涵、功能指标、接口规范、标准体系及设备分类等方面有共同的基础,便于达成共识,为数据链需求分析、功能综合、系统设计及设备开发奠定技术基础。建立参考模型也为各种数据链的应用之间实现互操作提供方便,为不同数据链设备的通用性、可重复性、可移植性,以及为通过采用公共"部件"降低成本奠定基础。

6.5.6.1　功能模型

在陆、海、空、天、电(磁)多维战场空间,数据链通过抗干扰实时传播、链路组网、格式化消息处理、武器平台应用集成等方面技术的应用,实现态势共享、精确指挥控制和一体化武器协同等方面的作战能力。数据链是未来 C^4ISR 系统的重要组成部分,是 C^4ISR 系统向作战平台的延伸,与传感器和武器系统形成一体化的纽带,是实现战场信息感知、快捷指挥和精确打击的关键手段。其功能模型如图 6-19 所示。

6.5.6.2　应用模型

数据链系统的应用模型如图 6-20 所示。

传感器网络包括分布在陆、海、空、天的各类传感器,对战场环境进行不间断的侦察和监视,是部队作战的主要信息源,通过数据链将获取的信息实时、可靠地分发给各级指挥所和有关作战平台,形成实时、完整、统一的战场态势图,以提高战场感知能力,辅助指挥决策,并为武器平台实施有效打击提供情报支援。

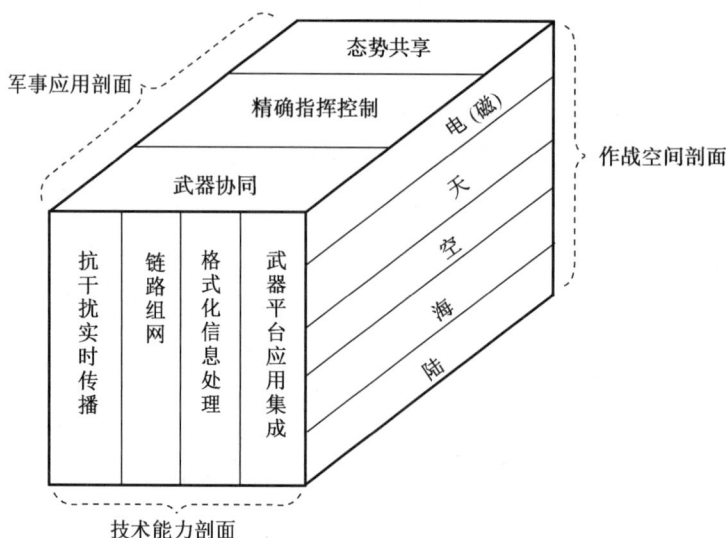

图 6-19　数据链的功能模型

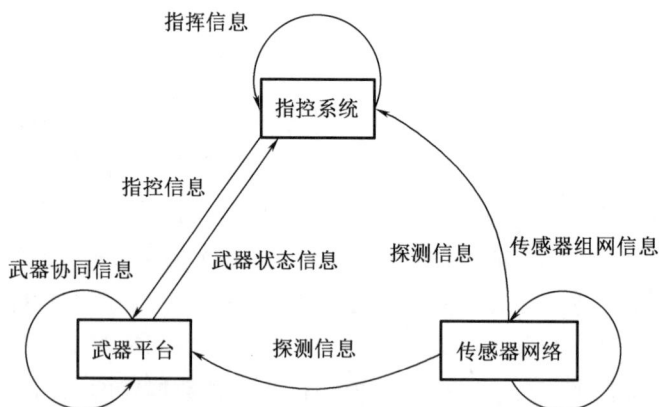

图 6-20　数据链的应用模型

指控系统包括各级各类指挥所,是部队实施作战指挥的核心,需要在全面掌握战场态势的基础上,将指挥控制命令和情报支援信息实时可靠地传输至各类作战平台,实现协同作战或联合作战。

武器平台包括各类陆基武器平台、海上武器平台、空中武器平台和天基武器平台。一方面要根据指挥控制命令和目标指示信息实施对敌攻击,同时遂行协同作战任务的武器平台之间需要直接传输协同信息,以提高武器平台的协同作战能力和整体作战效能。

数据链系统将大范围内的敌我分布态势信息实时分发到各参战平台,并指示、引导各作战单元做好准备,包括使各传感器做好准备,对准敌方目标可能出现的方向,一旦敌方目标出现便及时捕获;然后捕捉战机,在武器平台之间分发目标信息和武器协同命令,根据各武器平台的特点有效地运用火力,先于敌方下手,对敌目标发动攻击。这样将战场资源整体优化应用,形成一体化的作战能力,大大提高作战部队体系对抗的能力,实现 1+1>2 的效果。

6.5.6.3 技术模型

数据链技术模型可以划分为 3 个层次,包括处理层、建链层和物理层,如图 6-21 所示。

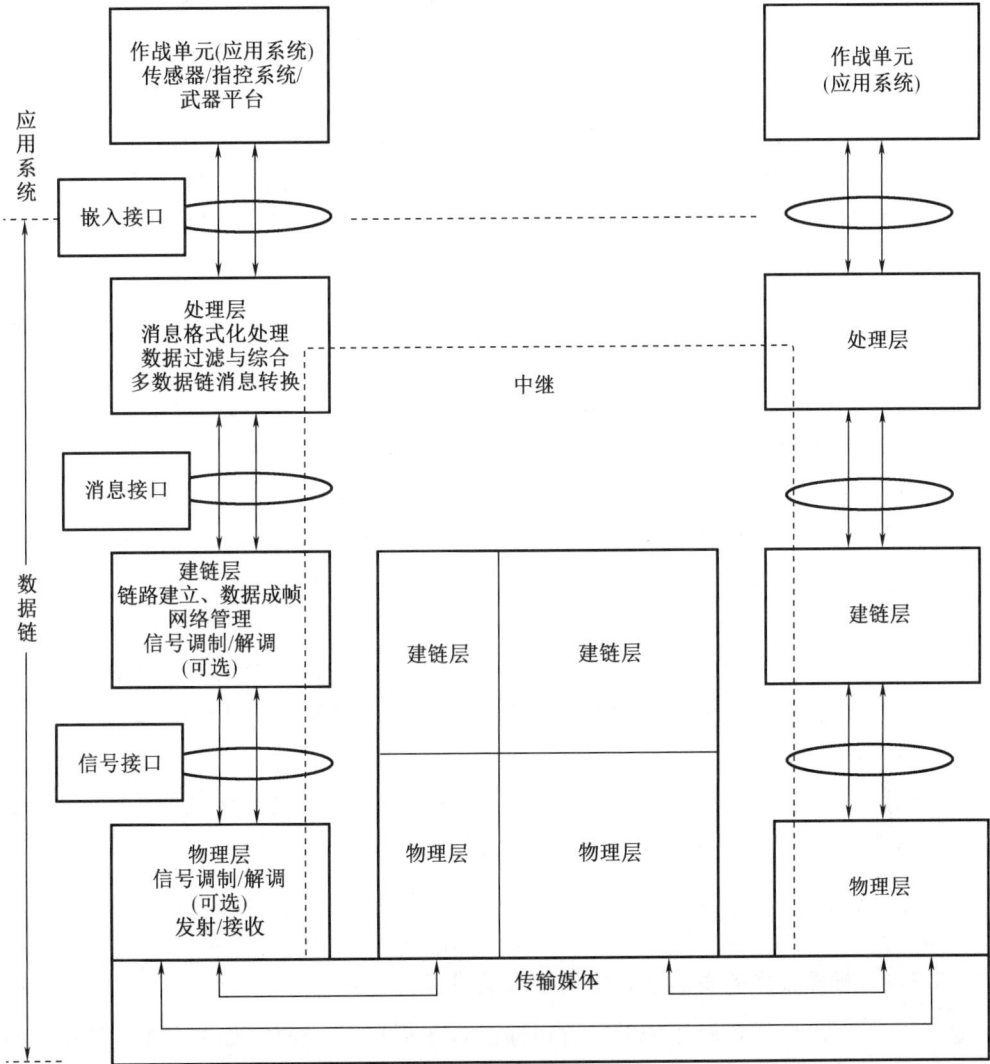

图 6-21 数据链技术模型

1. 处理层

处理层主要完成战术数据系统的有关功能,把传感器、导航设备和作战指挥等平台产生的战术信息格式化为标准的消息,通过由建链层和物理层组成的数据链端机发送给其他相关的入网单元;恢复和处理接收到的格式化消息,转换为战术信息,送到本平台武器系统的控制器或自动控制装置、指控系统的显示装置或人机接口。

本层的主要功能包括数据过滤、综合、加/解密、航迹信息管理、时间/空间信息基准统一、报告职责分配、显示控制、消息格式形成等。多数据链组网时,本层还要实现多链互操作,包括时空基准统一、各类消息转换、地址映射、消息转发等功能。

2. 建链层

建链层将处理层送来的格式化消息进行成帧处理后,送到物理层;同时接收物理层上传的数字流,经过分帧后,恢复为格式化消息送到处理层进行处理。本层主要由数字处理模块、组网协议处理器、通信控制器等组成。其功能包括形成传输帧结构,实现网络同步、差错控制、接口控制、信道状态监测和管理、传输保密、多址组网、地址管理等。

3. 物理层

物理层主要完成数字信号传输功能,不对数字流的内涵做处理。它将建链层送来的数字信号进行变频放大后,向其他网内单元发送;同时接收其他网内单元传来的信号,并将其还原成数字信号,送到建链层做进一步处理。本层由无线收/发信机及天线等部分组成信道设备,包括传输媒体。调制/解调器也可以在本层实现。

各功能层次之间有三类接口,包括:

1. 嵌入接口

嵌入接口是数据链与应用系统之间的界面。通过此接口明确数据链的边界条件及信息类型,涉及的主要应用系统包括传感器、武器控制系统、导航设备、自动驾驶仪、电子战系统、综合显示设备等。这些设备是产生信息的源头,或是实用信息的终点。本接口形式取决于具体的应用系统,如 LAN 接口、1553B 接口等,其应用功能也可以直接嵌入平台的主机。

2. 消息接口

消息接口是处理层与建链层之间的界面。逻辑接口要求遵从消息格式交换标准,物理接口有串行及并行形式,如 EIA-232 接口、EIA-422 接口、LAN 接口、1553B 接口等。

3. 信号接口

信号接口是建链层与物理层之间的界面。此类接口一般传送基带调制模拟信号;如果调制解调器功能在物理层实现,则透明传送二进制数据流。

6.5.7 数据链发展趋势

6.5.7.1 根据技术的发展适时更新物理层设备

随着技术的发展,数据链采用的信道传输设备在不断更新换代,如 Link-11 数据链中的短波电台已发展为具有频率自适应能力的电台;支持的传输信道也在不断增加,如 Link-11 的数据链中增加了卫星和散射,采用卫星信道实现 JTIDS 距离扩展计划目前正在实施;同时,使用的传输技术也在不断更新,如 Link-11 的短波 MODEM 也由早期的 16 个单音并行体制发展为单音串行体制。但是建链层的通信协议和信号格式则基本保持不变。

6.5.7.2 实现地空数据链的互操作

为了满足不同的使用要求,外军已发展了多种战术数据链,这些数据链工作在不同的频段(如 L 频段、UFF 频段或 HF 频段),通信协议和信号格式也各不相同。为了使战术数据链系统联合工作,必须使不同类型系统之间能兼容工作。

6.5.7.3 以 J 系列数据链为基础实现多数据链的综合

JTIDS 系统已经投入使用多年,但对 JTIDS 的改进和升级一直没有停止。Link-4 和

Link-11 等都是为特定军兵种的需求而研制开发的,因此没有过多考虑互通问题,彼此之间的操作性也较差。为使这些数据链实现信息共享,通常采用转换器来实现信息格式的转化和信息的共享。但这样做并不能完全解决问题,效率也不高。Link-16/JTIDS 的目标是为美国各军种和北约国家提供通用的数据分发系统。由于 JTIDS 功能上的限制,它无法完全替代原有数据链,仍然需要解决与原有数据链的互通问题。因此,以 JTIDS 为基础,实现多战术数据链综合使用,目前正得到完善。JTIDS 将逐渐取代 Link-4A/4C 数据链,但 Link-11 数据链和卫星数据链路还将存在,以实现超视距通信。Link-11 数据链将向 Link-22 发展,以融入统一的数据链体系之中。这种综合不仅是在硬件设备上的改进,更重要的是在消息标准和操作规程上的融合。VMF 是以陆军为主要应用对象的数据链。Link-16、Link-22 和 VMF 将构成一体化的 J 系列数据链,成为战术数据链的主体。数据链向一体化演进趋势如图 6-22 所示。

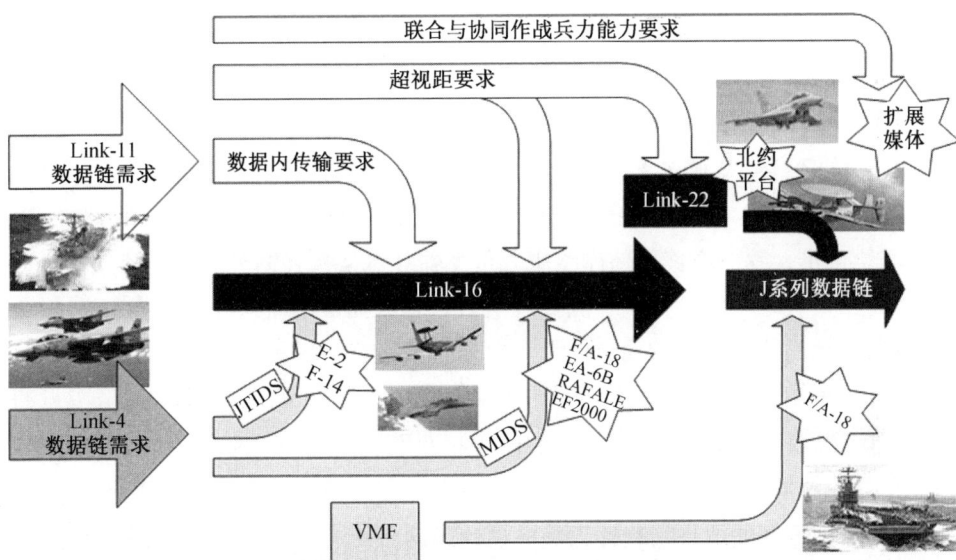

图 6-22 数据链向一体化演进趋势图

随着美军全球战略的推进,网络中心战的概念正在逐步实施,现有的数据链已经无法满足远距离、高动态、大容量、低延时的信息传输要求,作战平台也难以具有所要求的"即插即用"网络特性。为此,美军正在研究和发展各种新型数据链技术,如 JTIDS 距离扩展(JRE)和卫星数据链、战术瞄准网络技术(TTNT)、联合战术无线电系统(JTRS)等。

6.5.7.4 数据链的作战空间更加广阔

JTIDS 在有限数量的时隙上使用时分多址(TDMA)体制进行话音和数据的发送与接收,当需要进行中继和非视距单元通信时,时隙的数量将翻倍。当更多使用 JTIDS 的系统开始运行并要求向联合数据网络传送监视信息时,问题将更为严重。为了解决这一问题,美空军决定实施 JRE 计划。

该计划主要研究利用卫星网关将远距离的 TADIL-J 网络连接起来的方法。JRE 计划的第一阶段和第二阶段只是演示通过卫星发送 TADIL-J 消息,验证是否能通过卫星转发

TADIL-J 格式的消息,并且检验是否能满足战区导弹防御的时延要求;第三阶段通过卫星距离扩展把一些实际的远距离 JTIDS 网络连接起来,使用了 JTIDS Ⅰ 类端机和来自扩展防空的仿真航迹数据,并且建立了三个场地用以试验将航迹消息从本地的 TADIL-J 网络传送到远距离的 TADIL-J 网络。

JRE 的应用包括战区内两个或多个子战区 JTIDS 网络的连接。

①从一个战区前方的 JTIDS 网络中提取出消息,并将其通过卫星链路发送到 JTIDS 网络视线之外的指挥中心。

②在子战区 JTIDS 网络之间或视线之外的区域之间传送空中监视和弹道导弹轨迹。

6.5.7.5　数据链的快速反应能力进一步增强

目前,由于军队对地面活动目标的跟踪、定位、打击还存在较大的困难,因此美军在打击地面活动目标时还存在实时性差、精度不高、易造成附带损伤、已方人员易受攻击、作战费用高等问题。近几年的高技术局部战争表明,现有的武器装备技术已基本具备精确打击地面固定目标的能力,但是打击地面活动目标(时间敏感性目标,简称时敏目标)的能力还不够充分。因此,美军在总结历次高技术局部战争的经验教训之后,将打击地面活动目标作为提高作战能力的关键技术领域之一,并积极发展战术瞄准网络技术(TTNT)。

TTNT 是用于解决"从传感器到射手"的数据链问题的一种传输量大、反应时间短的方案。它以互联网络协议(IP)为基础,可使武器迅速瞄准移动目标及时敏目标,实现快速的目标瞄准与再瞄准。这一方案可使网络中心传感器技术实现在多种平台间建立信息联系。

TTNT 是下一代数据链的代表。测试表明,TTNT 数据链的空中作战平台具有相互间快速传输数据,对地面快速移动的动目标具有快速且精确定位的能力,每个用户在 224 km 的距离内,传输速率为 2.25 Mbit/s,传输的时延为 1.7 ms,进入/退出 Ad hoc 网络所需的平均时间为 3 s,网络管理协议的平均更新速率在 3 s 以内,实验室的试验结果也表明,在一个多种攻击且数据传输速率为 10 Mbit/s 的情况下,TTNT 数据链可以支持 2 000 多个用户。

6.5.7.6　数据链终端采用软件无线电设计理念

数据链终端是数据链设备的核心,软件无线电技术的兴起,使新型数据链终端设备正逐渐向软件可编程、宽频段覆盖方向发展。而软件无线电的核心则是建立在软件兼容体系结构(SCA)基础之上的。

思　考　题

1.什么是短波通信?

2.短波通信有哪几种传播模式?

3.电离层变化有哪几种? 都与哪些因素有关?

4.简述舰艇短波通信的特点。

5.简述短波单边带通信的特点。

6.画出单边带通信系统框图,并简要说明各部分的作用。

7. 超短波通信设备与短波通信设备相比较有何特点？

8. 在超短波通信系统中，收/发信机常采用哪些方案？各有何特点？

9. 与其他通信手段相比，卫星通信有何特点？

10. 卫星通信系统由哪几部分组成？

11. 卫星通信线路包括哪些内容？画图说明卫星通信的过程。

12. 简述通信卫星的组成和功能。

13. 数据链是如何定义的？具有哪些基本特征？

14. 数据链由哪些基本要素构成？

15. 数据链由哪些设备组成？

16. 简述数据链的一般工作过程。

17. 数据链一般工作在什么频段？为什么？

18. 数据链与数据(电文)通信之间有什么关系？

19. 可以从哪些方面建立数据链参考模型？建模的目的是什么？

参 考 文 献

［1］ 薛桂芳.《联合国海洋法公约》体制下维护我国海洋权益的对策建议［J］.中国海洋大学学报(社会科学版),2005(6):18-21.

［2］ 韩增林,张耀光,栾维新,等.海洋经济地理学研究进展与展望［J］.地理学报,2004(增刊1):183-190.

［3］ 李玉成.海洋工程技术进展与对发展我国海洋经济的思考［J］.大连理工大学学报,2002(1):1-5.

［4］ 陈可文.中国海洋经济学［M］.北京:海洋出版社,2003.

［5］ 李汉清,戴修亮.美国海军正在发展的水下探测系统［J］.情报指挥控制系统与仿真技术,2004(4):37-38,50.

［6］ 西尔,鲁凯特,吉略特三世,等.水下通信系统及方法:CN102362438B［P］.2014-03-12.

［7］ 谢祚水.潜艇结构分析［M］.武汉:华中科技大学出版社,2004.

［8］ 董凤纯.中国潜艇实录［M］.沈阳:春风文艺出版社,1997.

［9］ 埃里克森,戈尔茨坦,默里,等.中国未来核潜艇力量［M］.刘宏伟,译.北京:海洋出版社,2015.

［10］ 何昫,张德,张峰,等.水下通信技术现状及趋势［J］.中国新通信,2018,20(8):26.

［11］ 鲁阳,王兴华,向新,等.Link-16 数据链分层模型分析［J］.计算机工程与设计,2015,36(10):2617-2621.

［12］ 钟山.分析水下通信技术现状及趋势［J］.信息周刊,2019(11):15.

［13］ HEADRICK R,FREITAG L. Growth of underwater communication technology in the U. S. Navy［J］. IEEE Communications Magazine,2009,47(1):80-82.

［14］ JAAFAR A N, JA'AFAR H, PASYA I et al. Overview of underwater communication technology［C］//Proceedings of the 12th National Technical Seminar on Unmanned System Technology 2020. Lecture Notes in Electrical Engineering,2021,770:93-104.

［15］ 韩东,贺寅,陈立军,等.水下通信技术及其难点［J］.科技创新与应用,2021(1):155-159.

［16］ 李森.水下通信技术及其难点［J］.数码设计(上),2021,10(2):20.

［17］ SCUSSEL K. Acoustic modems for underwater communication［M］. New York:John Wiley & Sons,Inc,2003.

［18］ 黎红长.海底光缆通信技术［J］.光通信技术,1997(4):265-270.

［19］ 高雯静.海底光缆通信系统经济性建模与规划技术研究［D］.北京:北京邮电大学,2023.

［20］ COATES R F W. The design of transducers and arrays for underwater data transmission［J］. IEEE Journal of Oceanic Engineering:a Journal Devoted to the Application of Electrical and

Electronics Engineering to the Oceanic Environment,1991,16(1):123-135.

[21] FEDOSOV V P,LOMAKINA A V,LEGIN A A,et al. Modeling of systems wireless data transmission based on antenna arrays in underwater acoustic channels[C]//Multisensor, Multisource Information Fusion:Architectures, Algorithms, and Applications 2016: Conference on Multisensor, Multisource Information Fusion:Architectures, Algorithms, and Applications 2016,20-21 April 2016,Baltimore,Maryland,USA.:Society of Photo-Optical Instrumentation Engineers,2016:98720G. 1-98720G. 10.

[22] 张明德,孙小菡.光纤通信原理与系统[M].南京:东南大学出版社,2003.

[23] 周学军,范文瑜,蔡扬金.海底光缆通信系统介绍[J].军事通信技术,2001,22(3):35-39.

[24] 杨可贵.海底光缆通信系统标准化初探[J].光通信术,2003,27(5):44-47.

[25] CLARK T R,DENNIS M L. Coherent optical phase-modulation link[J]. IEEE Photonics Technology Letters,2007,19(16):1206-1208.

[26] 周朴,刘泽金,许晓军.光纤激光相干合成与非相干合成的比较[J].中国激光,2009, 36(2):276-280.

[27] 郭志勇.π/4QPSK 调制原理分析[J].信息工程大学学报,2006,7(3):254-256.

[28] 齐刚,杨燕翔.基于 DSP 的 QPSK 调制的设计与实现[J].电子设计工程,2009,17 (1):26-27,30.

[29] 刘源,黄丽艳,雷学义.超低损耗光纤是超长站距光通信的新选择[J].电力系统通信,2011,32(6):35-38.

[30] LI Y,FU X,BOSE S K,et al. Scheduling strategies for network link upgradation with ultra low loss fibers[C]//2018 Asia Communications and Photonics Conference,New York:IEEE,2018.

[31] LIN Y C,WEI L,FAN Y. et al. Performance optimization of hollow-core fiber photothermal gas sensors[J].Optics Letters,2017,42(22):4712-4715.

[32] 赵雷康.空芯光纤研究进展[J].建材世界,2003,24(3):24-26.

[33] 刘伟,耿全领.远程供电源系统:CN201120515860. 0[P].2025-04-25.

[34] 文继秀.海底光缆系统[J].半导体光电,1985(4):69-72.

[35] 海底光缆系统发展概况[J].激光与光电子学进展,2001(2):49-53.

[36] 沈明学,崔维成,徐玉如,等.微细光缆的水下应用研究综述[J].船舶力学,2008, 12(1):146-156.

[37] 薛维琴,王歌.基于水下应用的微细光缆技术专利分析[J].中国科技信息,2018 (23):18-19.

[38] 魏国桢.国内外光纤通信工程应用简述[J].四川邮电技术,1989(4):41-57.

[39] 高诚德.光纤通信技术的应用与前景[J].中国信息化,2013(12):311-312.

[40] 王海斌,汪俊,台玉朋,等.水声通信技术研究进展与技术水平现状[J].信号处理, 2019,35(9):1441-1449.

[41] 程华康,王好贤.基于卡尔曼滤波的时变水声信道估计[J].声学技术,2022,41(6):833-837.

[42] 郭忠文,罗汉江,洪锋,等.水下无线传感器网络的研究进展[J].计算机研究与发展, 2010,47(3):377-389.

[43] KHAN H,HASSAN S A,JUNG H. On underwater wireless sensor networks routing protocols:a review[J]. IEEE Sensors Journal,2020,20(18):10371-10386.

[44] 高潭,吕成财,田川.面向 OFDM-MFSK 水声通信的差错控制方法[J].系统工程与电子技术,2022,44(5):1701-1708.

[45] STOJANOVIC M,CATIPOVIC J A,PROAKIS J G. Phase-coherent digital communications for underwater acoustic channels[J]. IEEE Journal of Oceanic Engineering:A Journal Devoted to the Application of Electrical and Electronics Engineering to the Oceanic Environment,1994,19(1):100-111.

[46] 宋庆军.基于稀疏贝叶斯学习的水声 OFDM 稀疏信道估计[D].哈尔滨:哈尔滨工程大学,2021.

[47] 邱逸凡,李爽,童峰.一种浅海信道自适应调制水声通信方案[J].舰船科学技术, 2021,43(19):158-162.

[48] 台玉朋,王海斌,杨晓霞,等.一种适用于深海远程水声通信的 LT-Turbo 均衡方法 [J].中国科学:物理学 力学 天文学,2016,46(9):094313.

[49] 徐立军,鄢社锋,曾迪,等.全海深高速水声通信机设计与试验[J].信号处理,2019, 35(9):1505-1512.

[50] 朱敏,武岩波.水声通信技术进展[J].中国科学院院刊,2019,34(3):289-296.

[51] QIAO G,LIU S,ZHOU F,et al. Experimental study of long-range shallow water acoustic communication based on OFDM-modem[J]. 2012 International Conference on Electrical Insulating Materials and Electrical Engineering(EIMEE2012),2012,1308-1313.

[52] RICE J,GREEN D. Underwater acoustic communications and networks for the US Navy's Seaweb program[C]//SENSORCOMM 2008:The Second International Conference on Sensor Technologies and Applications:25-31 August 2008 Cap Esterel,France,v. 2.: IEEE Computer Society,2008:715-722.

[53] 聂卫东,马玲,张博,等.浅析美军水下无人作战系统及其关键技术[J].水下无人系统学报,2017,25(5):310-318.

[54] 布列霍夫斯基赫.海洋声学基础[M].北京:海洋出版社,1985.

[55] 奥里雪夫斯基.海洋混响的统计特性[M].罗耀杰,赵清,武延祥,译.北京:科学出版社,1977.

[56] 王新晓,黄建国,张群飞.海洋混响仿真技术研究[J].声学与电子工程,2002(3):27-30.

[57] 张明辉.三维环境海洋混响强度衰减规律研究[D].哈尔滨:哈尔滨工程大学,2005.

[58] 贾兵,陈云飞,张阳,等.基于矢量水听器的海洋混响特性分析[C]//2016 年中国造船工程学会水中目标特性学组学术交流会论文集. 2016. DOI:ConferenceArticle/ 5af263bec095d716587cdfb4.

[59] 林俊轩.场匹配处理法反演介质层系声参数[J].青岛海洋大学学报,1996,26(4): 515-520.

[60] 杨慧.浅海多层介质混响特性建模及仿真研究[D].武汉:武汉工程大学,2023.

[61] 于歌,朴胜春.强海洋混响环境下的移动多目标检测方法[J].华中科技大学学报(自然科学版),2017,45(3):89-93.

[62] 钱杰.海洋环境噪声[J].中文科技期刊数据库(引文版)工程技术,2016,3(1):1.

[63] 林建恒,蒋国健,高伟,等.海洋环境噪声垂直分布测试和分析[J].海洋学报(中文版),2005,27(3):32-38.

[64] 何正耀,张翼鹏.舰船辐射噪声建模及仿真研究[J].电声技术,2005(12):52-55.

[65] 杨宏,李亚安,李国辉.基于集合经验模态分解的舰船辐射噪声能量分析[J].振动与冲击,2015(16):55-59.

[66] 李正刚.舰船辐射噪声模拟产生技术方法综合研究[J].声学技术,2000(4):66-68.

[67] 孙博,程恩,欧晓丽.浅海水声信道研究与仿真[J].无线通信技术,2006,15(3):11-15,19.

[68] 魏莉,许芳,孙海信.水声信道的研究与仿真[J].声学技术,2008,27(1):25-29.

[69] 刘力溟,冯伟佳,计方,等.典型浅海环境参数对声传播损失影响及试验验证[J].数字海洋与水下攻防,2024,7(3):246-252.

[70] 覃柳怀.基于BELLHOP射线模型的浅海水声信道传播特性研究[D].厦门:厦门大学,2005.

[71] 鹿力成.超低频水声传播理论建模研究[D].北京:中国科学院声学研究所,2007.

[72] ETTER.水声建模与仿真[M].4版.蔡志明,张明敏,译.北京:电子工业出版社,2019.

[73] 王文博,郑侃.宽带无线通信OFDM技术[M].北京:人民邮电出版社,2007.

[74] 魏昕,赵力,李霞,等.水声通信网综述[J].电路与系统学报,2009,14(6):96-104.

[75] 许肖梅.水声通信与水声网络的发展与应用[J].声学技术,2009,28(6):811-816.

[76] 王瑞臣,李建林,杨海波.美国潜射弹道导弹与战略核潜艇发展综述[J].飞航导弹,2013(2):52-56.

[77] 陶春波.核大国战略核潜艇需求量分析[J].船舶工程,1998(5):56-58,4.

[78] 郭震宇,陶御榴.092型战略核潜艇[J].科学大众(小学版),2024(增刊1):38-39.

[79] 陶伟,张世田,刘新安,等.极低频/超低频/甚低频宽带磁传感器技术研究[J].电波科学学报,2012,27(3):604-608.

[80] 奚小明.蓝绿激光对潜通信综述[J].中国科技信息,2007(22):326,329.

[81] 杨正兴,梁玉军,张静,等.蓝绿激光对潜通信研究[J].光机电信息,2006(2):48-51.

[82] 刘小涛.蓝绿激光在对潜通信应用中的研究[D].武汉:华中科技大学,2008.

[83] WIENER T F,KARP S.The role of blue/green laser systems in strategic submarine communications[J].IEEE Transactions on Communications,1980,28(9):1602-1607.

[84] 吴承治.水下无线光通信系统初探[J].现代传输,2014(5):72-79.

[85] 孙彩明,张爱东.蓝绿波分复用技术研究进展[J].激光与光电子学进展,2024,61(7):106-118.

[86] 王天亮,叶晖,胡永勤.卫星对潜激光通信激光光源研究[C]//中国空间科学学会

2013 年空间光学与机电技术研讨会会议论文集.上海卫星工程研究所,2013:94-97.

[87] 余扬,王江安,蒋兴舟.激光致声水中辐射声场的方向性研究[J].激光与红外,2007 (1):26-28,31.

[88] 王雨虹,王江安,宗思光,等.激光致声声呐换能器的设计[J].声学学报(中文版), 2008(6):562-565.

[89] 王雨虹,王江安,吴荣华.液体性质与吸收能量对激光致声特性的影响[J].强激光与 粒子束,2009,21(7):998-1002.

[90] 梁炎,陆建勋.Link22-北约国家的下一代战术数据链[J].舰船电子工程,2006(1):3-7.

[91] ZHANG P, TANG X, PANG Y, et al. Flexible laser-induced-graphene omnidirectional sound device[J]. Chemical Physics Letters,2020,745:137275.

[92] 杨虹.蓝绿激光对潜通信光信道特性研究[D].成都:电子科技大学,2008.

[93] 宋登元,王秀山.半导体蓝绿激光器的发展现状[J].半导体光电,1997(4):3-7.

[94] 侯冬,王昊远,邓琦,等.一种基于小型蓝绿激光器的水下无线同步系统及方法: CN201910362398.6[P].2020-08-18.

[95] 李海,于文莉,林忠海,等.麦克斯韦方程组及其电磁场特性分析[J].电子技术与软 件工程,2015(13):161-162.

[96] 陈俊华.关于麦克斯韦方程组的讨论[J].物理与工程,2002(4):18-20.

[97] 汪井源,徐智勇.自由空间光通信[J].解放军理工大学学报(自然科学版),2002, 3(5):19-21.

[98] 张英海,霍泽人,王宏锋,等.自由空间光通信的现状与发展趋势[J].中国数据通信, 2004,6(12):78-82.

[99] 谢益溪.无线电波传播:原理与应用[M].北京:人民邮电出版社,2008.

[100] 刘岚.电磁场与电磁波理论基础[M].武汉:武汉理工大学出版社,2006.

[101] 袁翊.超低频和极低频电磁波的传播及噪声[M].北京:国防工业出版社,2011.

[102] 孟玲玲,刘春亮.数字通信信号调制识别研究[J].无线电通信技术,2006,32(1):39- 40,61.

[103] 刘殿文.外军激光对潜通信的发展[J].计算机与网络,1991(增刊1):101-104.

[104] 方传顺.美海军极低频对潜艇通信系统简介[J].外军电信动态,2004(5):63-64.

[105] 李光明,温东,王永生.美军对潜战略通信环境评估预测系统简介[J].外军电信动 态,2003(6):2.

[106] 胡中豫.现代短波通信[M].北京:国防工业出版社,2003.

[107] 梅芳.短波通信的现状及发展趋势[J].数字通信世界,2016(4):293-293.

[108] 陈波,金瓯,涂娟.海上超短波通信距离分析[J].舰船科学技术,2010,32(6):88- 90,127.

[109] KAZBAEV A V, KITAEVA E, GERASIMOVA E. Analysis of providing of information exchange on shortwave and ultrashort wave channels[J]. Issues of Radio Electronics, 2018. DOI:10.21778/2218-5453-2018-12-14-19.

[110] 叶益龙,彭春荣.卫星通信常用调制方式的自动识别[J].无线互联科技,2023,

20(7):23-25.

[111] 陈振国.卫星通信系统与技术[M].北京:北京邮电大学出版社,2003.

[112] 吴诗其,李兴.卫星通信导论[M].北京:电子工业出版社,2002.

[113] HE Z X,LIU X. Modeling and Simulation of Link-16 System in Network Simulator 2 [C]//2010年IEEE多媒体信息网络与安全国际会议论文集.2010:154-158.

[114] SAVILE J J K,RICHARD H. Satellite communication systems:US24891363[P].1967- 11-07.

[115] 马拉尔.卫星通信系统[M].6版.北京:国防工业出版社,2016.

[116] 克劳斯,马赫夫克.天线[M].3版.北京:电子工业出版社,2011.

[117] 陈志远.东方红三号卫星通信天线分系统[J].空间电子技术,1994(3):55-60,66.

[118] 孙义明,杨丽萍.信息化战争中的战术数据链[M].北京:北京邮电大学出版社,2005.

[119] 余晓刚,王华,龚诚.美军主要战术数据链介绍[J].航空电子技术,2002,33(3):25-28.

[120] 罗高健,曹志耀.对Link16数据链通信的干扰效能评估[J].电子对抗,2006(2):27-30.

[121] LENGEL R. Datalink telecom terminology[J]. Flying,2018,145(4):24-25.

[122] 吕娜.数据链理论与系统[M].2版.北京:电子工业出版社,2018.

[123] 陈烨.数据链通信系统中新型仿真体制的研究与实现[D].北京:北京邮电大学,2016.

[124] 赵志勇,毛忠阳,张嵩,等.数据链系统与技术[M].北京:电子工业出版社,2014.

[125] 周锐锐,陈振华,崔蕴华,等.战术数据链层次化网络拓扑模型研究[J].弹箭与制导学报,2007(4):330-332.

[126] 杨磊.战术数据链协同分层模型及效能评估方法研究[D].长沙:国防科学技术大学,2006.